普通高等教育教材·食品科学与工程系列

食品工艺学概论

主　编◎王　愈（山西农业大学）
范三红（山西大学）
甘　晶（烟台大学）

编　者（排名不分先后）
王　愈（山西农业大学）
范三红（山西大学）
甘　晶（烟台大学）
王腾飞（山西农业大学）
赵云霞（河北北方学院）
陈　浩（山东大学）
陈振家（山西农业大学）
张锦华（山西大学）
尉立刚（山西大学）
张玉蕾（山西农业大学）

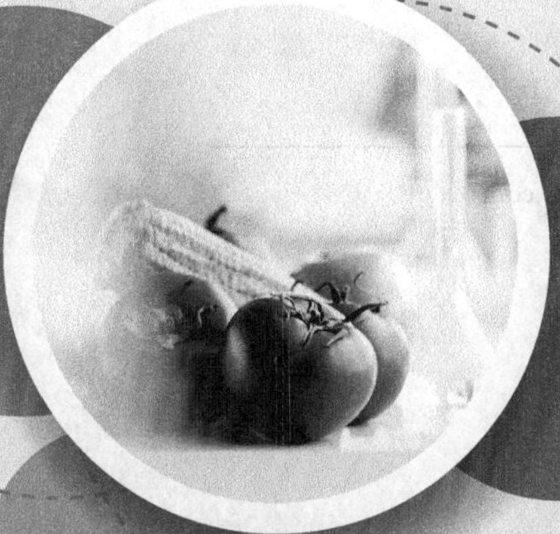

扫码查看资源

SHIPIN GONGYIXUE
GAILUN

北京师范大学出版集团
BEIJING NORMAL UNIVERSITY PUBLISHING GROUP
北京师范大学出版社

图书在版编目(CIP)数据

食品工艺学概论/王愈，范三红，甘晶主编. —北京：北京师范大学出版社，2023.7(2025.7 重印)
(普通高等教育教材·食品科学与工程系列)
ISBN 978-7-303-28061-2

Ⅰ. ①食… Ⅱ. ①王…②范…③甘… Ⅲ. ①食品工艺学—高等学校—教材 Ⅳ. ①TS201.1

中国版本图书馆 CIP 数据核字(2022)第 142368 号

出版发行：北京师范大学出版社 https://www.bnupg.com
北京市西城区新街口外大街 12-3 号
邮政编码：100088
印　　刷：北京天泽润科贸有限公司
经　　销：全国新华书店
开　　本：787 mm×1092 mm　1/16
印　　张：12.25
字　　数：290 千字
版　　次：2023 年 7 月第 1 版
印　　次：2025 年 7 月第 2 次印刷
定　　价：34.00 元

策划编辑：刘风娟　　责任编辑：刘风娟
美术编辑：焦　丽　　装帧设计：焦　丽
责任校对：陈　民　　责任印制：马　洁

读者服务电话：010-58806806
如发现印装质量问题，影响阅读，请联系印制管理部：010-58806364

普通高等教育教材·食品科学与工程系列
编委会

序

民以食为天。食品工业已经成为我国国民经济的重要支柱产业。2017 年，国家发展和改革委员会与工业和信息化部联合发布的《关于促进食品工业健康发展的指导意见》指出“以供给侧结构性改革为主线，以创新驱动为引领，着力提高供给质量和效率，推动食品工业转型升级、膳食消费结构改善，满足小康社会城乡居民更高层次的食品需求”。食品工业的快速和健康发展，促进了企事业单位对食品专业技术人才需求的持续增加。

近年来，科学技术和高等教育的全面快速发展，对食品类人才的培养也有了更多的要求，不仅需要有扎实的理论知识，还要有较强的创新能力和动手能力。《国家中长期教育改革和发展规划纲要(2010－2020 年)》明确提出：“适应国家和区域经济社会发展需要，建立动态调整机制，不断优化高等教育结构。优化学科专业、类型、层次结构，促进多学科交叉和融合。重点扩大应用型、复合型、技能型人才培养规模。”随着普通高校向应用型本科转型的落实，重基础、宽口径，加强基础教学，着力培养应用型、技术型人才，成为当前教学改革的重要方向。

应用型人才需具备一定的理论基础和实践技能，从事非学术研究性工作，其任务是将抽象的理论符号转换成具体操作构思或产品构型，将知识应用于实践，在较短时间内即能够胜任生产、管理或服务岗位的需要的人才。课程体系改革和教材建设是应用型人才培养模式改革的关键，也是目前建设应用型高等教育的薄弱环节。在食品类人才培养过程中，原有的教材偏理论、重研究、缺案例，难以满足应用型人才培养的要求。因此为食品类专业推出一套适合应用型本科的教材有着很强的实践意义。

为了符合教学改革需要，适应应用型本科教学，配合新的教学方式，丛书编委会从整体进行设计，邀请了部分地方院校的食品教学团队进行应用型本科教材的编写，为食品类应用型人才培养进行了崭新的尝试和开拓。本套教材重实践性，让教材与产业接轨，与生产实际接轨，突显工科特色。其主要特征为：①在介绍基本原理、基本知识、最新研究进展基础上，引入实操案例和应用案例；②在内容上尽可能拓宽知识面，尽量避免学科的重复，尽量控制其深度和难度；③通过立体教材建设和数字化手段，为教材的使用提供完整的配套资源。

本套教材主要面向食品科学、食品工程类应用型本专科生。

当然，由于种种原因，一定还会存在许多不完善的地方，需要进一步改进，也希望读者在使用的过程中提出宝贵意见。

丛书编委会

前言

“食品工艺学概论”是全国高等院校食品类专业的一门核心课程，主要讲授食品加工、保藏的基本原理与方法，以及相关因素对食品质量、安全性等的影响，具有较强的综合性和应用性，是其他核心课程的中心和桥梁。食品工艺是将原料加工成半成品或将原料和半成品加工成食品的工程技术和方法，它包括了从原料到成品或将配料转变成最终消费品所需要的加工步骤或全部过程。食品加工工艺将原料与产品联系在一起，每种产品都有自己的加工工艺，其加工工艺决定了产品的品质。食品品质的好坏取决于工艺的合理性以及每一道工序所采用的加工技术，采用不同的技术加工得到的产品品质会有所差异。

本书的编写是以习近平新时代中国特色社会主义思想为指导，全面融入党的二十大精神，力求将思政教育较好地纳入课堂教学中。健康是促进人体全面发展的必然要求，是经济社会发展的基础条件。实现国民健康长寿，是国家富强、民族振兴的重要标志，也是全国各族人民的共同愿望。在“健康中国 2030”的国家发展战略背景下，为推进健康中国建设，提升国民营养健康水平，食品工业向新兴营养健康食品产业发展已成必然趋势。我们应该不断强化风险意识，把保障人民群众食品数量安全和质量安全放在首位，不断探索绿色、安全、高效的食品保藏及加工新方法，延长食品保藏期限，提高保藏食品的质量，优化各类食品加工工艺，最大限度保留食品营养功能成分，满足人民群众的健康需求，让人民群众吃得饱的同时吃得安全健康、营养均衡，更要立足科技创新，把脉食品保藏加工与健康发展的新机遇与挑战，为“健康中国”建设做出积极贡献。

食品工艺学概论系统地阐明了食品在生产、流通和销售过程中的保藏原理、方法以及食品加工工艺。国内很多院校开设了食品工艺学这门课程，但食品工艺学内容繁多，涉及领域广泛，为便于大家在学习其他课程之前对食品加工工艺有基础的了解和掌握，食品工艺学概论应运而生。食品加工保藏原理和食品加工工艺是食品工艺学的核心内容。食品工艺学概论重点讲述了食品加工保藏原理及食品加工基本工艺与技术，是学生学习其他食品工艺学课程的基础。本教材通过介绍国内外前沿学术观点、食品加工新技术以及生活中相关过程实践，激发学生对食品加工工艺及新技术的学习兴趣，提高学生自主学习的动力，更好地掌握食品工艺学的内容；通过引导学生从科学角度对食品保藏和加工工艺的关键问题进行思考，培养学生的科学素养，提高学生对本学科前沿学术观点的关注度；通过理论和实践相结合的教学方式，提高学生的实践能力，同时也为后期学习食品工艺学分论，如果蔬加工工艺、粮油加工工艺、乳制品加工工艺、肉产品加工工艺等提供理论基础，为教师的教学内容提供了依据，有利于教学活动的实施。总而言之，通过该课程的学习，学生能够掌握食品加工及保藏的基本原理和技术方法，并能够灵活运用食品化学、食品微生物学、食品工程原理等相关课程的理论和技术，分析和解决与食品加工和食品品质密切相关的问题，具备指导食品生产的理论知识和实践技能，保障食品在加工及保藏等过程中的安全和品质。本课程要求学生具备食品原料学、食品微生物学、食品工程原理、食品化学、食品分析等必修课程的基础。

全书共分为10章，分别阐述了食品加工保藏基本原理、食品杀菌、食品的干制、食品的低温保藏、食品的腌制与烟熏保藏、食品焙烤与油炸、食品挤压与气流膨化、超临界流体萃取与微胶囊造粒以及食品发酵等。时代在发展，食品加工工艺也在快速更新。本书不仅介绍了传统的加工工艺，还阐述了现代新型食品加工工艺。在编写体例上，本教材更加符合教材要求，方便学生学习，有利于学生更好地掌握各章节重点内容。

本教材既可作为高等院校食品类专业的教材，也可为从事食品储藏加工方面的专业技术人员提供一定参考。本教材由全国多所高校教师参与编写，在编写过程中，得到了有关各方的大力支持和积极配合，在此，谨向所有为本教材的编写和出版付出辛勤劳动的人员表示由衷的感谢！参与编写本书的人员分工如下：第1章、第2章由山西农业大学王愈、王腾飞编写；第3章由山西大学范三红编写；第4章由河北北方学院赵云霞编写；第5章由山东大学陈浩编写；第6章由烟台大学甘晶编写；第7章由山西农业大学陈振家编写；第8章由山西大学张锦华编写；第9章由山西大学尉立刚编写；第10章由山西农业大学张玉蕾编写。以上人员在教学及学术研究中都是骨干，大部分均获得博士学位并具有高级职称，在自己专业研究领域深入钻研，了解国内外最新技术研究动态。

由于本书涉及内容与领域广泛，限于编者水平，书中难免存在不妥之处，敬请广大读者提出宝贵意见，以便补充、修正和完善。

王愈

目　录

第 1 章　绪论 / 1

1.1　食物、食品、食品加工的基本概念 …………………… 1

1.2　食品工业发展的历史与现状 …………………… 1

1.3　现代食品应该具备的品质特性与评价要点 … 3

1.4　食品工艺学与其他学科的关系 …………………… 4

第 2 章　食品加工保藏的基本原理 / 6

2.1　食品的分类 …………………… 6

2.1.1　按照食物原料分类 …………………… 6

2.1.2　按照食品加工工艺分类 …………………… 6

2.1.3　按照食品的用途分类 …………………… 7

2.2　食品的保藏性能与引起食品败坏的因素 …… 8

2.2.1　食品的保藏性能 …………………… 8

2.2.2　食品的腐败变质 …………………… 8

2.2.3　引起食品腐败变质的主要因素 …………………… 10

2.3　食品中的水分与加工的关系 …………………… 13

2.3.1　水分存在的状态 …………………… 13

2.3.2　水分活度 …………………… 13

2.4　食品保藏的基本原理 …………………… 15

2.4.1　加工食品的保藏与鲜活食品的贮藏 …………… 15

2.4.2　加工食品保藏的基本原理 …………………… 15

第 3 章　食品杀菌 / 20

3.1　食品加热杀菌的原理 …………………… 20

3.1.1　微生物的耐热性 …………………… 20

3.1.2　影响加热杀菌的因素 …………………… 22

3.2 食品加热杀菌方法 …… 24
3.2.1 巴氏杀菌(低温加热杀菌) …… 24
3.2.2 高温加热杀菌 …… 25
3.2.3 超高温杀菌 …… 28
3.2.4 微波杀菌 …… 28
3.3 其他杀菌方法 …… 30
3.3.1 射线杀菌 …… 30
3.3.2 超声波杀菌 …… 31
3.3.3 超高压杀菌 …… 33

第4章 食品的干制/35

4.1 食品干制保藏的原理 …… 35
4.1.1 水分活度与微生物的关系 …… 35
4.1.2 水分活度与酶的关系 …… 37
4.1.3 水分活度与其他变质因素的关系 …… 38
4.2 食品的干制过程 …… 39
4.2.1 食品干制过程中的湿热传递 …… 39
4.2.2 食品干制过程的特征曲线 …… 40
4.2.3 影响干制的因素 …… 42
4.3 食品常用的干制方法 …… 44
4.3.1 自然干制 …… 44
4.3.2 人工干制 …… 44
4.4 干制对食品品质的影响 …… 57
4.4.1 干制过程中食品的物理变化 …… 57
4.4.2 干制过程中食品的化学变化 …… 59
4.5 干制品的包装和贮藏 …… 62
4.5.1 干制品包装贮运前的处理 …… 62
4.5.2 干制品的包装 …… 63
4.5.3 干制品的贮藏 …… 64

第5章 食品的低温保藏/66

5.1 食品冷冻保藏原理 …… 66
5.1.1 低温对反应速率的影响 …… 67
5.1.2 温度对微生物生长的影响 …… 69

5.2　食品的低温处理方法 …… 71
5.2.1　食品的冷却 …… 71
5.2.2　食品的冷藏 …… 73
5.2.3　低温气调贮藏 …… 75
5.3　食品的冻结与冻藏 …… 76
5.3.1　食品的冻结 …… 76
5.3.2　冻结对食品品质的影响 …… 79
5.4　冷冻食品的解冻 …… 81

第6章　食品的腌制和烟熏保藏 / 84

6.1　食品的腌制保存 …… 84
6.1.1　食品腌制保存原理 …… 85
6.1.2　腌制防腐原理 …… 85
6.1.3　影响腌制的因素 …… 87
6.1.4　腌制品的成熟 …… 88
6.1.5　食品的腌制方法 …… 89
6.2　食品的烟熏保藏 …… 91
6.2.1　烟熏的目的及作用 …… 92
6.2.2　烟熏的防腐原理 …… 92
6.2.3　影响烟熏的因素 …… 93
6.2.4　烟熏对食品品质的影响 …… 94
6.2.5　烟熏的方法 …… 95

第7章　食品焙烤与油炸 / 98

7.1　食品焙烤 …… 98
7.1.1　食品焙烤的加热原理 …… 98
7.1.2　食品在焙烤过程中的变化 …… 103
7.1.3　食品烤炉的种类及特点 …… 106
7.1.4　食品焙烤技术 …… 107
7.2　食品油炸 …… 108
7.2.1　食品油炸过程中的传热方式 …… 108
7.2.2　油脂在油炸过程中的化学变化 …… 109
7.2.3　油炸对食品的影响 …… 110
7.2.4　食品传统油炸技术 …… 113

7.2.5 水油混合式深层油炸技术 …… 115
7.2.6 真空低温油炸技术 …… 116

第8章 食品挤压与气流膨化 / 119

8.1 挤压蒸煮 …… 119
8.1.1 挤压蒸煮技术的概念及特点 …… 119
8.1.2 挤压蒸煮技术的基本原理及应用 …… 119
8.1.3 挤压膨化的基本原理及特点 …… 121
8.1.4 挤压组织化的基本原理 …… 123
8.1.5 物料成分在挤压过程中的变化 …… 123
8.1.6 食品挤压机的结构与种类 …… 124
8.1.7 食品挤压生产工艺 …… 126
8.2 气流膨化 …… 131
8.2.1 气流膨化机的组成与工作原理 …… 131
8.2.2 气流膨化及其与挤压膨化的主要区别 …… 135
8.2.3 气流膨化食品生产工艺 …… 138

第9章 超临界流体萃取与微胶囊造粒 / 141

9.1 超临界流体萃取 …… 141
9.1.1 超临界流体的概念和性质 …… 141
9.1.2 超临界 CO_2 和夹带剂的溶解特点 …… 142
9.1.3 超临界流体萃取的基本特征 …… 143
9.1.4 超临界流体萃取的工艺过程 …… 143
9.1.5 超临界流体萃取的工艺流程(以超临界 CO_2 流体为例) …… 146
9.1.6 超临界流体萃取在食品工业中的应用 …… 146
9.2 微胶囊造粒 …… 148
9.2.1 微胶囊造粒的概念和作用 …… 148
9.2.2 微胶囊造粒的材料和方法 …… 150
9.2.3 微胶囊造粒的一般步骤和质量评定 …… 152
9.2.4 微胶囊造粒的主要制备方法 …… 154
9.2.5 微胶囊技术在食品工业中的应用 …… 158

第10章 食品发酵 / 161

10.1 食品发酵概述 …… 161

10.1.1　食品发酵的概念 …… 161
10.1.2　食品发酵保藏原理 …… 161
10.1.3　食品发酵的类型 …… 162
10.1.4　食品发酵的微生物 …… 162
10.1.5　发酵食品的分类 …… 164
10.1.6　我国传统发酵食品产业现状及发展趋势 …… 165
10.2　食品发酵的工艺流程及其影响因素 …… 167
10.2.1　食品发酵的一般工艺流程 …… 167
10.2.2　发酵对食品品质的影响 …… 168
10.2.3　影响食品发酵的因素及控制方法 …… 170
10.3　食品发酵工艺举例 …… 172
10.3.1　食醋 …… 172
10.3.2　酱油 …… 175
10.3.3　豆豉 …… 177
10.3.4　酸乳 …… 178

第1章 绪论

1.1 食物、食品、食品加工的基本概念

人类的一切生命活动，包括生长发育、细胞更新、组织修复等都必须从外界摄取物质和能量。食物是维持人的生命、维持人体生长发育、供给人体活动能源、调节人体生理机能必不可少的物质。食物应具备营养性和安全性两种基本属性。

一般地，把经过加工制作的食物统称为食品。具体来说，食品是将自然的食物，经过特定的加工处理，制成营养丰富，食用安全方便，易于消化吸收，具有一定色、香、味、形，便于保藏运输的加工品。食品与食物没有本质区别，有些物质既可以称为食物，也可以称为食品，如水果、干果以及部分蔬菜等。食品除了具备食物的基本属性以外，经过加工还会提高或增加其属性。因此，食物一般强调其自然属性，而食品更多地强调其商品属性。

每一种食品的生产过程都要经过多种多样的物理加工，如粉碎、乳化、萃取、干燥、搅拌、沉降、过滤等。因此，简单地说，食品加工就是利用食品工业的各种工艺，处理食物原料，制成食品的过程。具体来说，食品加工是指利用物理、化学、生物等方法处理新鲜、原始的食物原料，并且结合原料自身的特性，采用适宜的加工工艺，制成花样繁多的加工品的过程。

1.2 食品工业发展的历史与现状

食品工业主要以农业、畜牧业、渔业、林业或化学工业的产品或半成品为原料，制造、提取、加工成食品或半成品，具有连续而有组织的经济活动工业体系。它是连接农业与市场的桥梁，农业生产的初级农产品要进入市场必须经过适当的产后处理或加工。食品工业的发展将根据市场需求对农、牧业生产提出其发展方向，并且要指导农业生产，如：种植、养殖什么，培育什么样的品种等。因此食品加工业的发展是农民致富奔小康的重要途径，在调整农业产业结构，建设社会主义新农村过程中发挥着十分重要的作用。农业要向产业化、商品化方面发展，食品工业必将成为农业发展的“龙头”。

食品工业的发展历史比较悠久。在原始社会，人类的生活水平很低，食品几乎全部来源于大自然，多是简单的采摘和渔猎活动。到原始社会末期，人类开始了探索性的种植和养殖活动，通过利用自然、改造自然来获取自己的生产生活所需。近代食品工业与欧洲的工业革命相伴而生，可以追溯到18世纪末19世纪初。最早的文字记载是1810年法国的阿培尔提出用“排气、密封和杀菌”的基本方法保存食品，并于1829年建成世界上第一个工业化规模生产的罐头厂。1872年美国发明了喷雾式乳粉生产工

艺，1885年乳制品生产正式成为工业生产的一部分。19世纪末，英国工业革命带来的科学技术进步与制造业大发展，使得传统农业改革，实现了由传统农业向现代农业的历史性转变。广义的现代食品工业得以迅速发展，与相关的社会服务业共同组成经济学意义上的现代农业主体、标志和特征，食品加工业的范围和深度也在不断扩大，到目前已经成为世界制造业，也是中国制造业中的第一大产业。

我国的食品工业发展相对较晚。从鸦片战争开始到中华人民共和国成立前，我国长期处于半封建、半殖民地社会，生产力水平低，几乎不存在食品工业。中华人民共和国成立后，为了保证人民的基本生活，食品生产和供销部门提出"发展生产、保障供给"的口号，食品工业以作坊式、手工业生产为主。改革开放以来，我国食品工业逐步进入工业化、规模化、机械化、电控化时代。

1990年我国食品工业产值2 882亿元，2021年规模以上的食品企业主营业务收入10.354万亿元，大致相当于1990年工业产值的36倍。可见我国食品工业近年来发展迅速，已成为促进城乡协调发展和保障国民经济增长的重要支柱产业。

2021年，是"十四五"开局之年，面对复杂严峻的国际环境和国内新冠肺炎疫情等多重考验，我国食品工业坚持稳中求进的工作总基调，积极推进高质量发展，在新冠肺炎疫情常态化防控阶段，稳步前行，表现出强劲的发展韧性。全年食品工业(含农副食品加工业、食品制造业、酒饮料和精制茶制造业)以占全国工业5.9%的资产，创造了8.1%的营业收入，完成了8.5%的利润总额。但受国内外经济环境、上年基数等多重因素影响，食品工业增加值、出口交货值、营业收入和利润等经济指标的增长率均低于全国工业水平，效益增幅逐步收窄，行业持续稳定发展面临诸多挑战。

目前，我国食品工业经济运行情况主要表现为以下几点。

(1)生产总体稳定。2021年，全国规模以上食品企业完成增加值比2020年增长7.0%，比2019年增长7.2%。从大类行业看，2021年，农副食品加工业增加值比2020年增长7.7%，食品制造业增长8.0%，酒、饮料和精制茶制造业增长10.6%。

(2)食品消费恢复态势延续。随着居民收入持续恢复性增长，居民消费需求逐步释放。国家统计局数据显示，2021年，全国居民人均可支配收入实际增长8.1%，与经济增长基本同步。人均食品烟酒支出两年平均增长8.6%，快于全部消费支出两年平均增速。面对新冠肺炎疫情和极端天气等不利因素影响，各地区各部门积极落实"保基本民生"等政策措施，保供稳价政策落实力度不断加大，包括食品在内的基本生活类消费较快增长，食品市场供应充足，居民食品消费量继续稳步增长。从人均消费结构来看，2021年，全国居民人均食品烟酒消费支出7 178元，占人均消费支出的比重为29.8%，在居民消费支出中占主导地位。疫情防控常态化的要求，进一步推动了新型消费模式的快速发展，线上线下加快融合，社区团购、网络购物、无接触配送、直播带货等新模式加快发展，生鲜电商迎来爆发增长。

(3)效益涨幅收窄。2021年，全国规模以上食品企业实现利润总额7 369.5亿元，比2020年增长5.1%，比2019年增长15.3%。全年规模以上食品企业实现营业收入103 541.2亿元，比2020年增长11.4%；发生营业成本80 706.5亿元，增长12.3%；

营业收入利润率为7.1%，比2020年下降0.4%。2021年下半年以来，食品工业利润的增幅小于收入的增幅，营业收入增幅小于营业成本的增幅，利润率逐步下滑。

(4)固定资产投资恢复性增长。自“十二五”以来，食品工业投资增速逐渐放缓，2011年至2017年，投资增速分别为37.5%、30.7%、25.9%、18.6%、8.4%、8.5%、1.2%。食品工业逐步进入发展新常态，产业规模快速扩张已成为历史。国家统计局数据显示，2021年，全国固定资产投资(不含农户)544 547亿元，比上年增长4.9%，其中制造业投资增长13.5%。从行业看，农副食品加工业投资比上年增长18.8%，食品制造业增长10.4%，酒、饮料和精制茶制造业增长16.8%。

(5)食品价格指数回落。2021年，全国居民消费价格(CPI)比上年上涨0.9%，涨幅比上年回落1.6%，其中食品价格由2020年上涨10.6%转为下降1.4%，食品价格的下降减缓了CPI的上涨幅度。

此外，以满足人民对美好生活需要为目标，中国食品工业正面临着从规模扩张转向高质量发展的中长期挑战，主要表现为以下三个方面：一是产业抗风险能力仍要提升。部分大宗原料进口依存度过高。大豆等多种食品工业原料的全球供应链风险高、替代性差。某些关键食品添加剂国产化程度低，部分关键原辅材料受制于全球供应链。2020年暴发的新冠肺炎疫情暴露了中国食品工业的这些短板，加之食品工业中绝大部分是小微企业，行业集中度低，集群式发展基础薄弱，抗风险能力有限。二是产业链融合延伸不充分。食品工业在纵向产业一体化方面仍有很大的提升空间。与农业的产业连接方面，食用农产品原料基地建设仍要大力推进，食品工业与农业、农民的利益连接机制仍有待创新和巩固。与第三产业及商品流通环节的战略性融合仍然薄弱，全要素生产率有待提升。食品工业在横向产业融合方面仍有巨大空间。旅游产业中的食品工业旅游、餐饮产业中的食品预加工生产化等方面，跨界融合发展机遇仍需抓住、抓好。三是产业升级滞后。伴随国民经济和消费水平的持续提升，我国居民食品消费已从基本消费转向多样化消费。中国食品工业产品创新虽然取得了较大突破，但是仍然无法充分满足升级的、细分的、多元化的消费需求，针对特殊人群、特殊用途的食品产品发展还远远不够，高品质食品有效供给滞后市场需求。在创造食品消费新需求、引领食品消费新潮流、培育新消费文化等方面，更是有待提升。

经过改革开放40多年快速发展，我国食品工业正在迈向高质量发展新阶段。“十四五”时期是我国食品工业构建新发展格局的关键时期，将以满足人民日益增长的美好生活需要为根本目的，以高质量发展为主题，以深化供给侧结构性改革为主线，以“做实规模、做强集群、做长链条、做多品类、做优品质、做响品牌、做足价值、做大市场”为方向，着力破解发展不平衡不充分的矛盾和问题。

今后食品工业发展的趋势被认为是方便化、工程化、功能化、专用化和国际化。

1.3 现代食品应该具备的品质特性与评价要点

现代食品应该具备下述品质特性。

1. 基本特性

(1)营养性。食品的基本属性是提供人类生长发育、修补组织和进行生命活动的热能和营养素。食品中能够供应人体正常生理功能必需的物质称为营养成分，包括高分子物质、低分子物质和微量成分。其中，糖类、蛋白质和脂质被称为三大营养素。

(2)安全性。食品安全主要是指食品卫生质量的可靠性与可信赖性，是对消费者健康和安全的保证程度。目前，危害食品安全的因素包括：①生物性污染，如有害微生物、寄生虫及虫卵等；②化学性污染，如残留农药、重金属、工业“三废”等；③物理性危害，如玻璃碴、放射性物质、金属物质等。这些危害食品安全的因素一方面来源于食物原料，另一方面来源于食品加工与贮运过程。

2. 嗜好特性

嗜好是指人的某种特殊的偏爱。食品的感官嗜好主要指人对食品的色、香、味、形的倾向性态度和行为，会因人种、文化、地域、社会发展状况以及个人性别与年龄的不同而不同。食品感官嗜好特性包括色、香、味、形和力学特性。

3. 功能特性

食品中含有能够调节人体生理功能的物质，可以提高人体健康水平。常见的功能性物质有功能性多肽、功能性脂质、黄酮类物质、膳食纤维、维生素类、激素类等，具有抗变异、抗氧化衰老、调节血压、提高免疫力、预防心脏病和糖尿病等功效。

4. 流通特性

食品流通是指食品从生产领域向消费领域转移的过程，包括食品的贮藏性和运输性。

(1)贮藏性。食品在生产、流通领域中暂时存放的过程。

(2)运输性。实现食品在空间上的转移，从而解决食品生产和消费在时间上的矛盾。

5. 附加特性

食品的附加特性包括方便性、文化性、习惯性、地域性、宗教性、合理性、经济性等。

1.4 食品工艺学与其他学科的关系

食品工艺学是一门运用化学、物理学、生物学、微生物学和食品工程原理等各方面基础知识，研究食品资源利用、生产和储运的各种问题，探索解决问题的途径，实现生产合理化、科学化和现代化，为人们提供营养丰富、品质优良、种类繁多、食用方便的食品的一门应用学科。食品工艺学的主要内容包括食品保藏原理、食品工艺原理、食品加工方法和工艺过程，食品工艺学与其他学科的关系如图 1-1 所示。

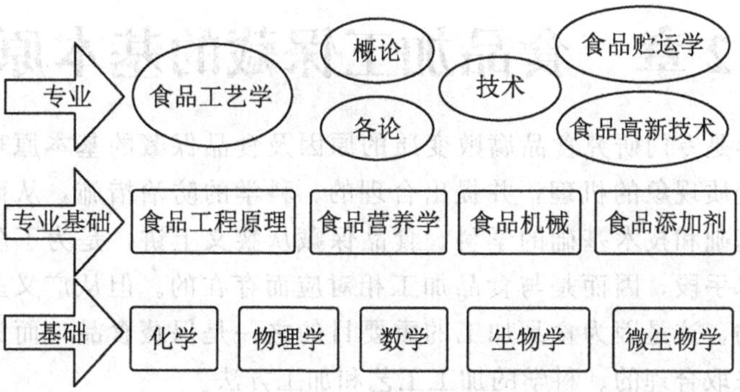

图 1-1 食品工艺学与其他学科的关系

食品工艺学的主要任务可以归纳为以下 5 点。

(1)开发利用食物资源，加工、研制新型食品。

(2)探讨解决食品加工保藏中出现的问题。

(3)利用先进科学技术、包装手段、加工方式，提高食品的质量和食品的保藏性能。

(4)依据科学的工艺原理，提高食品生产效率。

(5)研究解决食品加工的综合利用问题。

复习思考题

1. 什么是食物、食品、食品加工？

2. 食品的基本特性是指什么？

3. 现代食品应该具备哪些品质特性？

参考文献

[1]马长伟. 食品工艺学导论[M]. 北京：中国农业大学出版社，2002.

[2]高福成. 现代食品高新技术[M]. 北京：中国轻工业出版社，1997.

[3]张裕中. 食品挤压加工技术与应用[M]. 北京：中国轻工业出版社，1998.

[4]周家春. 食品工艺学[M]. 北京：化学工业出版社，2003.

[5]王建华，程力，纪剑，等. 食品工业高质量发展战略研究[J]. 中国工程科学，2021，23(5)：139-147.

[6]杨新泉，江正强，杜生明，等. 我国食品科学学科的历史、现状和发展方向[J]. 中国食品学报，2010，10(5)：5-13.

第2章 食品加工保藏的基本原理

食品保藏学是专门研究食品腐败变质的原因及食品保藏的基本原理和工艺，解释各种食品腐败变质现象的机理，并提出合理的、科学的防治措施，从而为食品的贮藏加工提供理论基础和技术基础的学科。食品保藏从狭义上讲，是为了防止食品腐败变质而采取的技术手段，因而是与食品加工相对应而存在的。但从广义上讲，保藏与加工是互相包容的，这是因为食品加工的重要目的之一是保藏食品，而为了达到保藏食品的目的必须采取合理的、科学的加工工艺和加工方法。

2.1 食品的分类

2.1.1 按照食物原料分类

按照食物原料，食品可以分为动物性食品、谷物类食品和果蔬类食品。

动物性食品是以乳、肉、蛋、鱼、贝、蟹等动物类食物为原料加工的食品。这类食品的特点是蛋白质含量高，主要为人类提供优质蛋白质。

谷物类食品是以谷物、薯类、豆类食物为原料加工的食品。这类食品主要为人类提供碳水化合物及植物性脂肪、蛋白质，为人类提供能量。

果蔬类食品是指水果蔬菜及果蔬的加工制品。这类食品主要为人类提供维生素、矿物质、膳食纤维等营养物质，保证人体代谢平衡。

2.1.2 按照食品加工工艺分类

按照食品加工工艺的不同，可将食品分为干制品、罐藏制品、冷冻制品、糖制品、腌熏制品、汁液制品、发酵制品和焙烤制品等。

干制品是指依据脱水保藏的原理，通过脱水干燥工艺，使得加工制品的水分含量降低到较低水平的加工制品。干制品中的水分含量多数在2%～25%。干制品保持了食物原料原有的主要营养成分、色泽、风味，且脱水后质量减轻、体积缩小，便于贮存运销，在备战、备荒、国防、航海、地质勘探及出口外贸中有着十分重要的意义，是现代方便食品的主要组成。目前，主要的干制产品有以下5种：①果干，如香蕉干、苹果干、杏干、红枣、柿饼等；②脱水蔬菜，如黄花菜、玉兰片、木耳、紫菜、干辣椒等；③肉干，如风干肉、金华火腿、鱿鱼干、干虾米、海参等；④粉末制品，如蛋黄粉、乳粉、果汁粉、咖啡等；⑤面类制品，如挂面、通心粉等。

罐藏制品是将经过一定处理的食品装入一个能够密封的容器中，经过杀菌处理而制成的产品。罐藏制品营养丰富，保持了食物原有的色、香、味、形，食用方便、卫生，保存期长。罐藏制品的容器种类包括金属罐、玻璃罐、复合材料软包装。根据罐头内容物的不同，可将罐头分为水果罐头、蔬菜罐头、肉罐头、豆类罐头、烹饪菜肴罐头(如红烧肉罐头、麻婆豆腐罐头)等。

冷冻制品又称速冻制品，是依据冷冻保藏的基本原理，通过冷冻工艺加工制成的处于冻结状态的食品。速冻食品可以最大限度地保持新鲜食物原有的色、香、味、形和营养价值。冷冻制品在发达国家和地区是方便食品与快餐食品的支柱。我国目前也已经远不局限于鱼、虾、蟹的冷冻，各种速冻蔬菜、速冻水果、速冻水饺、速冻烧麦以及速冻菜肴等已经畅销于国内外市场。

糖制品是指果蔬原料或半成品经过一定的处理后，通过渗糖工艺使得含糖量达到50％～60％，甚至60％以上的食品。糖制品生产历史悠久，生产工艺和设备相对简单，目前多作为调剂口味的休闲食品。主要产品有果脯类和果酱类。

腌熏过去作为食品的一种保藏方法，目前多用来制作一些风味独特的小菜。腌制品多指在加工过程中加放一定量的食盐和调味料，经过微生物发酵或微发酵或无发酵加工制成的产品。主要产品包括：蔬菜腌制品，如咸菜、酱菜、酸菜、泡菜、糖醋菜；动物性腌制品，如咸肉、板鸭、咸蛋等；熏制品在烟熏之前往往先进行腌制，再进行烟熏。熏制品多数为动物性食品，包括熏肉、熏鱼、熏蛋等。

汁液制品是20世纪80年代之后发展十分迅速的一类加工制品。随着食品工业的现代化、机械化、规模化发展，饮料加工设备和工艺技术日趋完备，各种高新技术在饮料加工中得到应用。如澄清汁的分离过滤(酶、膜)技术、混浊汁的均质稳定(高压均质)技术、浓缩汁的浓缩技术(真空、膜、冷冻、反渗透等)。汁液制品包括以食物为原料制作的各种营养型饮料，如果蔬汁、蛋白饮料、发酵饮料等；还有嗜好性饮料，如咖啡类饮料、碳酸饮料等。

发酵制品又称酿造制品，是将处理过的食物原料通过微生物发酵作用加工制成的产品。我国是世界上食品酿造加工历史十分悠久的国家。发酵制品种类繁多，并且许多制品具有地方特色，如各类酒，白酒、黄酒、葡萄酒(果酒)、啤酒等；各类醋，粮食醋、果醋等；发酵饮料制品；酱油、味精及各类氨基酸类产品等。发酵技术既包含传统酿造加工技术，又包括现代生物工程技术，如微生物工程、酶工程、细胞固定化技术、深层液体发酵技术等，以及产品的无菌化处理技术，澄清、过滤技术等。

焙烤制品多数是以谷物为主要原料，以油、糖、蛋为辅料，利用焙烤工艺成熟定型的食品。焙烤制品包括面包、饼干、中西式糕点。有些教材也把膨化食品、油炸食品等归到此类。目前，焙烤制品利用的技术有发酵技术、挤压膨化技术等。

2.1.3 按照食品的用途分类

按照食品的不同用途可将食品分为方便食品、婴幼儿食品、疗效食品、保健食品、功能性食品等。

方便食品主要指包装完好、卫生安全、便于携带、可直接(或经简单加工)食用的食品。近年来，方便食品的品种越来越多，按用途及制法可分为方便主食、冷冻方便制品、方便小食品、早餐谷物、罐头制品、快餐食品等。

婴幼儿食品是可以满足婴幼儿时期特殊生长发育需要的食品，如婴幼儿米婴、婴幼儿奶粉等。

疗效食品是针对某些特殊疾病(主要指现代成人病)加工成的具有一定预防、缓解、治疗作用的食品。高血压、高血脂、糖尿病、肥胖症等慢性疾病可以通过疗效食品预防或缓解。

保健食品具有特定的保健功能，是指针对特殊人群的特殊营养需求在食品中强化加入某种营养物质或其他特殊成分的食品，具有调节机体功能，不以治疗疾病为目的，并且对人体不产生任何急性、亚急性或者慢性危害，如矿工食品、中老年食品、妇女食品、地方性食品、宇航食品等。

功能性食品一般不针对某种疾病和人群，而是为了提高整体人群的身体素质的一类食品，如提高人体免疫功能、抗衰老、抗疲劳、抗癌等。

2.2 食品的保藏性能与引起食品败坏的因素

2.2.1 食品的保藏性能

由于食品原料是一种"活"的产品——食物收获后其代谢并未停止，果蔬的呼吸仍在进行，动物性材料中的酶活性仍然很高，这些残存的生物活性会在短期内使食品材料劣化。而且，这些富含营养的食品都是微生物生长繁殖的良好基质。因此，研究各类食品的保藏性能对有效利用食品资源、维护食品品质、减少损失具有重要的现实意义。

1. 天然食品(食物)的保藏性能

99%的天然食品来源于动植物，从形态上可将天然食品分为鲜活食品和生鲜食品。其中鲜活食品包括蔬菜、水果、鲜蛋、水产品等，生鲜食品包括畜禽肉、乳、水产鲜品等。

从生物生理学角度还可将天然食品分为繁殖器官和营养器官。属于繁殖器官的天然食品有各类谷物、干果(种子)、水果和具有繁殖作用的变态根(萝卜、胡萝卜等)、茎(马铃薯、姜、菊芋等)、叶(大白菜、甘蓝等)以及禽蛋等。属于营养器官的天然食品有植物的嫩茎、嫩叶、嫩果、畜禽肉、鲜鱼、鲜乳等。相对于繁殖器官来说，营养器官含水量大，且一般在动植物生命力最旺盛时宰杀或采收，此时营养器官自身的生理代谢最活跃，水解酶活性较强，受伤面不能及时形成保护层，更易感染微生物，造成腐败变质。

2. 加工食品的保藏性能

加工食品是将食品原料经过不同的加工工艺，形成了形态多样、特性各异的产品。加工食品除了少数无包装的即食食品保藏性能较差外，大多数产品由于经过一些工艺处理，如加热杀菌、干燥脱水、发酵、冷冻、加糖、加盐等，大大提高了食品的保藏性能。加工食品的包装可以防止和阻隔微生物的侵染，增加了产品的保藏性能。

2.2.2 食品的腐败变质

由于多数食品都含有丰富的营养物质和大量水分，无论是在加工过程中的原料、半成品，还是在保存、运输、销售以及消费者消费过程中的成品，都具有腐败变质的可能性。食品的腐败变质(food spoilage)是指在以微生物为主的各种因素作用下，食品降低或失去食用价值、营养价值及商品价值的一切变化。

1. 食品腐败变质的表现

(1)动植物食品新鲜度下降

动物宰杀后呼吸和血液循环停止，体内的糖原不能再继续氧化成二氧化碳和水，只能经水解和酶解途径转化成葡萄糖和乳酸，使得机体 pH 下降，激活蛋白酶，使蛋白质分解，形成多种代谢产物(食品风味物质)；同时也为细菌生长创造了条件，为食品保鲜带来了困难。新鲜果蔬含水量很高，细胞水分充足，组织坚挺脆嫩，具有光泽和弹性。在贮藏期间由于水分的蒸发，细胞的膨压降低，果蔬发生萎缩现象，失去新鲜感。

(2)食品的褐变

食品在保藏过程中往往发生变色。这不仅改变了食品的外观，而且内部营养成分也发生了分解或化合的变化。食品保鲜贮存的一个重要任务就是要采取有效的措施防止食品褐变。食品褐变根据其发生的机理可分为非酶褐变和酶促褐变两类。

非酶褐变最主要的类型是还原糖的羰基和氨基酸的氨基之间的反应，称为美拉德反应(maillard reaction)，又称为羰氨反应褐变。反应产生含有各种活泼中间产物的混合物，其中含羰基中间产物在氨基酸参与下随机聚合，在连续不断的醇醛缩合反应后，聚合为黑色素。这类反应与酶无关，是伴随较长时间的贮存和热加工而发生的，如大米变黄、脱脂乳粉等。

酶促褐变是酚酶催化酚类物质形成酮及其聚合物的结果。水果和蔬菜中酪氨酸、邻二酚等酚类化合物，在酪氨酸氧化酶、酚酶的催化下，生成红色或黑色物质。反应第一阶段需酶促，第二、第三阶段只要有氧存在即可发生反应。控制酶促褐变的方法有：①钝化酶活性(热烫、二氧化硫抑制剂、控制 pH)；②降低食品水分活度；③隔绝空气，使用抗氧化剂。

(3)蛋白质分解

食品中的蛋白质多以氨基酸为基本单位，通过主键(肽键)和次级键(二硫键、盐键、酯键、氢键等)相互连接形成一种螺旋卷曲或折叠的四级立体构型。在贮藏或加工过程中，蛋白质的分解产物大多有害，如氨、硫化氢等。

(4)脂肪酸败

脂肪酸败是由多因素引起的。酸败的过程皆以水解过程和氧化过程为基础。

①水解过程。水解过程是含脂肪的食品在不适宜条件下发生的不良变化。在有水或潮湿的空气存在的条件下，脂肪被分解为甘油和游离的脂肪酸。游离脂肪酸的形成是脂肪酸败的先决条件。除化学水解外，脂肪还发生生物化学和微生物化学水解，这是由食品中的酶和微生物的酶引起的。

②氧化过程。在食品流通的各个环节几乎都存在氧，因此食品氧化变质的可能性普遍存在。食品中含蛋白质、脂质、碳水化合物等多种成分，但其中最容易受氧影响的是脂质，特别是不饱和脂肪酸含量高的油脂，会结合比较稳定的游离基氧分子，成

为活性氧。

油脂氧化包括酶氧化和非酶氧化。酶氧化是指普遍存在于豆类和谷类中的酶，使亚油酸、亚麻酸等不饱和脂肪酸氧化的现象。氧化的结果是生成带异味、异臭的醛等低分子物质，使食品失去商品价值。但是食品氧化最重要的是油脂的自动氧化。油脂的自动氧化是指常温下空气中的氧与油脂中的脂肪酸发生的分解、聚合反应。油脂的自动氧化过程十分复杂，一般有 3 个阶段：诱导期、发展期和终止期。氧化作用产生大量的氧化物、过氧化氢。由于这类化合物不稳定，所以很快就会分解产生许多短链化合物，包括醛类、酯类、醇类、酮类和二聚化合物。这就是油脂酸败成哈喇味的主要来源。

(5)淀粉老化

淀粉老化的本质是，在温度逐步降低的情况下，糊化的淀粉分子运动减弱，分子成序排列，相互靠拢，经氢键紧密聚集，微晶束不再呈现原有的状态，而是零乱组合。由于淀粉羟基很多，结合得十分牢固，所以不能被水溶解，也难被酶水解。发生淀粉老化的面包和蛋糕吸水率减小，从而失去原有的柔软度，口感变差。

(6)维生素降解

维生素在食品运输和贮存中受到多种因素的影响，易被降解、氧化或完全破坏。维生素对各种影响因素的敏感程度不同，对氧敏感的维生素在食品贮存中最易被破坏。对热不稳定的维生素会在高温下被破坏，如在贮存过程或加热保藏食品(巴氏消毒)时会造成这种损失。紫外线对维生素也有破坏作用。因此在食品贮存过程中，合适的包装和避光保存可减少维生素的损失。

2. 食品腐败变质的鉴别

感觉器官鉴别：与新鲜食品相比，色、香、味是否变化，是否有异味(腐臭、哈喇味等)；组织弹性(动物性食物)；蛋白水化；油脂的稠化。

物理指标鉴别：黏度、硬度、弹性等。

化学指标鉴别：气体(NH_3、H_2S、CO_2 等)及化学产物的产生等。

生物-微生物检测与鉴别：微生物的种类、数量、产生的毒素。

2.2.3 引起食品腐败变质的主要因素

造成食品腐败变质的原因很多。自原料采收起，经过运输、预处理、加工、成品贮运与销售，直至食用前，食品都可能受到外来的和内在的因素作用而发生腐败变质。外来的因素主要指生物性因素，如空气和土壤中的微生物、害虫等；内在的因素主要指化学性因素和物理性因素，包括食品自身的酶作用以及各种理化作用的影响因素。

1. 生物性因素

生物性因素主要是指有害微生物在食品中活动繁殖致使食品发生腐败变质。生物性败坏是导致食品发生腐败变质的最主要原因，变质严重。食品发生了生物性败坏不仅失去了商品价值和营养价值，而且失去了食用价值，甚至危及人的生命。

(1)微生物

引起食品腐败变质的微生物种类很多，一般可分为细菌、酵母菌和霉菌 3 大类。

①细菌。不管食品是否经过加工处理，在绝大多数场合，其变质主要原因是由细菌引起的。细菌造成的变质一般表现为食品的腐败，是由于细菌活动分解食物中的蛋白质和氨基酸，使食物产生恶臭或异味。这种现象尤其容易在无空气(氧)的状态下发生，通常还会产生有毒物质，引起食物中毒。如产芽孢细菌非常耐热，肉毒杆菌在中性环境下，100℃加热数小时有时还不能被完全杀死。耐热性细菌在土壤中存在得较多，因此对于土壤中生长的莲藕、芋头、芦笋、竹笋等块根、块茎类原料，在加工时要特别注意。

②酵母菌。在含碳水化合物较多的食品中容易生长发育，而在含蛋白质丰富的食品中一般不生长；在 pH 5.0 左右的微酸环境中生长发育良好。容易受酵母菌作用而变质的食品有蜂蜜、果酱、果冻、酱油、果酒等。

③霉菌。霉菌容易在有氧、干燥环境中生长发育，在富含淀粉和糖的食品中也容易滋生霉菌。由于霉菌的好气性，无氧环境可抑制其侵害。水分含量在15%以下，也可抑制其生长发育。

(2)害虫和啮齿动物

害虫对食品贮存的危害性极大，它们不仅能蛀食粮食，增加贮粮损耗，降低食用品质与营养价值，造成数量和质量的重大损失，还由于害虫活动及排泄的分泌物、粪便、尸体、皮屑等混杂在粮食中，增加了贮粮的温度与湿度，促使粮食食品结露、生芽、发热、霉变、污染，影响食品卫生，严重威胁人体健康。

鼠类是食性杂、食量大、繁殖快及适应能力强的啮齿动物。鼠类有咬啮物品的习性，对包装食品及其他包装物品均有危害。鼠类还会传播多种疾病。鼠类的排泄物和咬食物品的残渣也会污染食品和环境，使食品产生异味，危害人体健康。

生物性败坏的表现如下。

①颜色变化。产品产生黄、橙、红、褐、黑、紫、蓝、绿及荧光等非正常颜色。

②产生腐臭等气味。在微生物引起腐败过程中，常产生挥发性的胺、吲哚、粪臭素、低级脂肪酸、羰基化合物、酯和硫化物等的混合物，因此使腐败食品产生腐臭气味。

③食品风味变化。如含蛋白质类的食品产生苦味、涩味等，含糖类食品产生酸味、酒味、霉味等。

④食品的外观及组织结构变化。如失去原有的形态，出现沉淀、浑浊，组织结构软化、水化，产生气体使包装胀袋等。

⑤产生毒素。如产生神经碱、黄曲霉毒素、肉毒毒素等。

2. 化学性因素

(1)酶的作用

酶是生物体内一类有高度催化活性的蛋白质。大多数食品来源于生物，尤其是生鲜食品，其体内存在着多种酶类。在食品加工贮藏过程中，食品的色、香、味及质地由于酶的作用而发生变化。

一般生物性加工原料中都有酶存在，在原料处理阶段就会发生酶引起的反应。常见的由于酶引起的腐败变质有酚酶引起的褐变、脂肪氧化酶引起的脂肪酸败、蛋白酶引起的蛋白质分解、果胶酶引起的组织软化。这些变化都会造成产品的变色、变味、变软及营养价值下降。酶活性受温度、pH、水分活度等的影响。隔绝氧气或控制酶活性(如热烫处理、降低pH)等处理方式可减少或完全避免食品褐变。

(2)非酶作用

非酶褐变是指没有酶参与的情况下所发生的褐变。主要有美拉德反应、抗坏血酸氧化及焦糖化反应等引起的褐变，且这些现象往往是由于加热及长期贮藏引起的。

①美拉德反应引起的褐变也称为羰氨反应，反应原理是食品原料中蛋白质、氨基酸、酰胺等物质的氨基和还原糖等的羰基经过缩合、聚合相互作用，最终形成黑褐色物质。

②抗坏血酸氧化引起的褐变。抗坏血酸属于抗氧化剂，可防止食品褐变。当抗坏血酸被氧化释放二氧化碳时，其中间产物会引起食品褐变。在此过程中，抗坏血酸氧化为脱氢抗坏血酸，进一步与氨基酸发生美拉德反应生成红褐色产物，同时抗坏血酸在缺氧的酸性条件下形成糠醛，进一步聚合为褐色物质。

③含单宁的食品与金属离子及碱发生反应生成黑色物质。食品中的成分也可以和包装容器发生反应，如罐头食品罐壁上的锡溶出会引起内容物发生褐变。这可通过降低温度、pH及二氧化硫或者钙离子处理等方式减少或防止非酶褐变的发生。

(3)其他作用

在食品的加工和贮存过程中会发生各种不良化学反应，如氧化、还原、分解、合成、溶解、晶析、沉淀等。这些化学性败坏与微生物败坏相比，一般程度较轻，无毒，但仍会造成色、香、味和维生素等营养成分的损失，这类败坏与食品的化学组成密切相关。

3. 物理性因素

(1)光

光线照射会促进产品中的化学反应。如脂肪的氧化、色素的褪色、蛋白质的凝固、维生素的损失等。另外，光线还会间接地引起升温。

(2)温度

温度的升高是引起食品腐败变质的最主要的物理性因素。其主要影响食品中的化学变化和由酶催化的生物化学反应速度，以及微生物生长发育程度等。

温度的升高加速了化学变化。根据范特霍夫(Van't Hoff)规则：温度每升高10℃，化学反应速度增加2～4倍。阿雷尼乌斯(Arrhenius)则利用活化能解释温度升高化学反应加快的原因。此外，温度还会影响由酶催化的生物化学反应速度。一方面，温度升高，酶催化的生物化学反应速度加快；另一方面，当温度升高到使酶的活性被钝化时，酶促反应就会受到抑制或停止。

(3)重力及机械损伤等

果品蔬菜在采收、贮运、加工前处理不当产生机械损伤后，不仅影响外观，还会加速水分蒸发、刺激乙烯产生，促进呼吸、加速酶促褐变、为微生物侵染打开通道等。

包装产品破损后易受微生物侵染，接触氧气易发生氧化等变化。

综上所述，引起食品腐败变质的这三类因素，并不是各自孤立发生的，往往是三者相互关联、交错，致使食品腐败变质。食品腐败变质后则失去食用价值、营养价值和商品价值。

2.3　食品中的水分与加工的关系

2.3.1　水分存在的状态

根据水与食品中非水成分的作用来划分，水在食品中可分为自由水、胶体结合水、化合水。

1. 自由水

自由水是由动植物组织的显微结构和亚显微结构与膜所阻留的滞化水，包括动植物组织细胞间隙和食品组织结构中毛细管力维系的毛细管水；动植物体内及细胞内可以自由流动的水分。

自由水与普通水具有基本相同的特性，可以溶解物质，起溶剂作用，流动性大，在冰点温度下易结冰，相对密度为1。食品中的自由水很容易被微生物活动、酶促反应所利用。在加工中，自由水可以借助毛细管作用和渗透作用，依据组织内外的水蒸气压差移动。自由水在食品干燥过程中很易被脱除，在腌制、糖制过程中很容易被渗出。

2. 胶体结合水

胶体结合水是被吸附于食品组织内亲水胶体表面的水分。胶体结合水与食品中的糖分、蛋白质及氨基酸等大量亲水官能团形成氢键，或与食品中的某些离子官能团(—COO—、—NH_3—)等产生静电引力而发生水合反应。

胶体结合水的特点：①不起溶剂作用；②冰点温度很低，甚至在−75℃下不结冰；③相对密度大，一般为1.028～1.450；④热容量大，为2.93 J/g，易升温降温。

胶体结合水不具有一般水的特性，不易被微生物活动、酶促反应所利用。在加工中不易变化。结合水不是完全静止的，它们同邻近的水分子之间的位置交换作用会随着水结合程度的增加而降低，但是它们之间的交换速度不会为零。

3. 化合水

化合水属于食品中某些化学物质所带的水，它按照一定比例与化学物质紧密结合，性质极其稳定，只有靠化学反应才有可能将其与化学物质分离。在食品加工中化合水不发生任何变化。

2.3.2　水分活度

1. 水分活度的定义

水分活度值是指溶液中水的逸度与纯水的逸度之比，即溶液中能够自由运动的水分子与纯水自由运动的水分子之比。水分活度近似值可表示为

$$A_w = \frac{P}{P_0} \tag{2-1}$$

$$A_w = \frac{n_2}{n_1 + n_2} \tag{2-2}$$

式中，P 与 P_0 分别为溶液的蒸气压与溶剂的蒸气压，n_1 和 n_2 分别为溶质的物质的量和溶剂的物质的量。

2. 微生物与水分活度

(1)水分活度与微生物发育

微生物的生长发育与水分活度息息相关，不同微生物都有其最适水分活度和最低水分活度。细菌类、酵母菌类及真菌类生长发育的水分活度下限分别为 0.90、0.88 及 0.80。

(2)水分活度与细菌芽孢及毒素的产生

食品中的腐败菌和中毒菌有一大部分是芽孢形成的菌。细菌芽孢的萌发要比细菌营养体发育需要更高的水分活度。例如，产气夹膜杆菌"营养体"发育的水分活度下限为 0.990，而其芽孢的萌发所需要的水分活度下限为 0.993。微生物分泌毒素及毒素的生成量也随着水分活度升高而增多，随着水分活度降低而减少。例如，金黄色葡萄球菌发育的水分活度下限为 0.87，但是它产生肠毒素时要求水分活度为 0.99，这时可以产生大量的肠毒素；当水分活度降低到 0.96 时，则基本上不会产生肠毒素。

3. 酶的活性与水分活度

酶在有水分存在时才能表现其活性。在食品中，酶促反应的速度与生成物的量与食品(物料)的水分活度成正比，水分活度越高反应速度就越快，生成物的量就越多。例如，淀粉与淀粉酶混合时：当 A_w 为 0.9 以上时反应很迅速，水解产物也多；当 A_w 下降为 0.7 时，淀粉不发生水解。但是，这还与物质存在的环境有关，如果将淀粉与淀粉酶混合物放到毛细管中，这时 A_w 为 0.46 也会引起淀粉酶解。有试验表明，多酚氧化酶、脂肪氧化酶等在毛细管中也会增加其酶解作用。

4. 化学反应与水分活度

(1)氧化反应

食品非酶氧化的代表性反应是油脂的自动氧化。例如，在炸薯片时，低水分活度时薯片的氧化速度稳定；当水分活度高于 0.4 时，随着水分活度的升高，其氧化速度变快。研究认为，当水分活度超过一定值时，金属"触媒"的活动性增高，食品组织由于水的膨润表面积增大，促进了氧化作用的进行。一般氧化速度伴随水分活度的增加而增加。这也表明，要想防止氧化，维持一定的水分活度是极其重要的。

(2)褐变反应

非酶褐变的代表反应是美拉德反应，在水分活度为 0.60～0.85 的范围内进行得最显著。在这个范围内，水分活度越高褐变越快，水分活度越低褐变越慢。水分活度变高时食品的相对黏度降低，使各成分间的反应容易进行，羰基和氨基之间的褐变反应容易进行。

总之，食品的水分含量、水分活度与食品的保藏加工有着十分密切的关系。在食品加工中，可以通过控制水分含量、水分活度来提高食品的保藏性能。此外，还可通过水分含量和水分活度来分析、判断食品的保藏性能。

2.4 食品保藏的基本原理

2.4.1 加工食品的保藏与鲜活食品的贮藏

1. 鲜活食品的贮藏

鲜活食品的贮藏是创造一个适宜的环境条件，该环境既能够保持鲜活食品进行正常的生命活动，很好地发挥它们自身的耐藏性、抗病性及其他生物学特性，又不使其生命活动过于旺盛、消耗过多的营养物质，同时这种环境条件还要尽可能地具有抑制微生物活动的能力。

2. 加工食品的保藏

当新鲜的食物原料经过一些加工工艺处理后，丧失了自己的生命力，也就丧失了其生物学特性，处理不当很容易腐败变质。食品加工主要是利用不同的工艺手段来控制和杀死有害微生物、钝化和灭活酶、抑制一些不良化学反应，从而使得加工食品得以长期保藏。

3. 食品加工保藏的原则

食品加工的方法很多，但是其本质都是在尽可能不影响食品本身的化学组成、增进食品风味的基础上，采取一定的措施和手段防止食品腐败变质，保证加工食品在一定时间(保质期)内具有其应有的特性和品质。

2.4.2 加工食品保藏的基本原理

1. 脱水保藏

食品脱水保藏就是通过一定手段将食品中的水分降低到足以防止食品腐败变质，并且始终保持在低水分状态进行长时间保藏的过程。水是生物生存的最基本的物质，还是微生物生长活动的必须物质。微生物无论是通过细胞壁从外界摄取营养物质，还是向外界排泄其代谢产物都需要水分作为溶剂或媒介。

(1)脱水保藏对微生物的影响

脱水干制时食品与微生物同时脱水，微生物所处环境水分活度不适于微生物生长，微生物不能够利用食品中的水分进行活动繁殖。不同微生物其生活所需的水分含量不同。绝大多数的细菌和酵母菌只在水分含量较高(>30%)的食品中生长繁殖，它们的孢子和芽孢的萌发也需要大量的水分。但是在干燥情况下，微生物不易死亡，只是处于假死或休眠状态，一旦干制品吸潮、吸湿后还会随之活动繁殖。

(2)脱水保藏对酶的影响

当酶缺乏有效水分作为反应介质时，不能很好地催化生化反应。但是，在低水分干制品中酶仍会缓慢活动，只有在水分含量降低到1%以下时，酶的活性才会完全消失。酶在湿热条件下易钝化，为了控制干制品中酶的活性，就有必要在干制前对食品进行湿热或化学钝化处理。所以，干制品不仅要求干制过程中要达到干燥指标，而且要求在保藏过程中严格防止干制品吸潮、吸湿。干制品在保存时就需要一个严格的包装、干燥的环境，最好是真空包装、恒温保存。

2. 高渗透压保藏

在食品加工中利用食糖或食盐，让其渗入食品组织中，降低食品的水分活度，提高食品的渗透压，以控制有害微生物的活动，防止食品腐败变质。食品中的糖制品和腌制品就是利用一定浓度的食糖、食盐，提高制品的渗透压，来进行保藏加工的。

微生物活动所需要的水分、营养物质是依靠微生物自身的高渗透作用从环境中摄取的。当微生物附着在一些渗透压低的产品上时就很容易吸取其养分和水分，得以生长繁殖，引起产品腐败变质。当产品中含有大量的糖分或食盐时则会大大提高制品的渗透压。微生物自身渗透压多在350～1 670 kPa。浓度为1%的食盐就可以产生617 kPa的渗透压，当食盐的浓度达到10%～20%时，就能够产生6 065～12 130 kPa的渗透压。浓度为1%的葡萄糖可以产生121 kPa的渗透压，1%的蔗糖可以产生71 kPa的渗透压。当糖的浓度达到60%～70%时，就能够产生4 549～8 086 kPa的渗透压。因此，腌制品、糖制品所产生的渗透压远远大于微生物的渗透压。当食品的渗透压提高以后，一方面可以抑制微生物的侵染，另一方面还会对微生物产生反渗透作用，将微生物体内的水分等物质反渗出来，致使微生物细胞发生质壁分离死亡，或处于生理干燥而休眠、假死，从而抑制微生物侵害。

(1)食盐的作用

食盐的作用主要有：①提高制品渗透压，使微生物细胞脱水、质壁分离；②减少有效水分含量，降低水分活度的作用；③食盐解离后的离子浓度达到足够高时，会对微生物产生毒害作用；④酶的活性经常会在较低浓度的盐溶液中遭到破坏。

(2)食糖的作用

食糖对微生物不具有毒害作用。食糖具有提高制品渗透压的作用，也具有减少有效水分含量、降低水分活度的作用。食糖在低浓度下会促使某些微生物生长，只有浓度达到50%以上时才会阻止微生物的生长。

(3)食盐与食糖的抗氧化作用

由于氧在糖溶液、盐溶液中的溶解度要小于在水中的溶解度，并且随着溶液浓度的增加氧的溶解度下降。例如，60%的蔗糖溶液在20℃时氧的溶解度只有纯水中的1/6。1%的食盐溶液能够抑制酶活性3～4 h，2.5%的食盐溶液能够抑制酶活性20 h，3%以上的食盐溶液则可以长期抑制酶活性。

高糖、高盐浓度虽然对绝大多数微生物有抑制作用，但并不是对所有微生物都起作用，对一些耐盐、耐高糖的酵母菌、霉菌以及一些微生物的孢子体并不能很好地产生抑制作用。所以，一些高糖、高盐制品在包装不当或保存不当时也会感染微生物，造成发霉、发黏等现象，因此，这些制品也需要进行适当的包装或经过一定的杀菌。

3. 发酵保藏

食品发酵保藏主要是指利用有益微生物活动的优势与有益微生物活动的产物(酒精、醋酸、乳酸等)来抑制有害微生物，提高食品的保藏性能。食品中的各类酒、醋、酸奶、奶酪等就是依据发酵保藏原理加工的产品。发酵还是提高、改善食品品质风味，增加食品花色品种的重要方法。

(1)酒精发酵

酒精发酵多被用于各种酒的酿造中，是利用优良的酒用酵母菌进行的，酵母菌在使用时根据酒的种类不同而不同。糖类物质在酵母菌的发酵作用下转化为酒精。一般酒精发酵后要使其酒精度达到10%以上才能起到一定的杀菌作用，酒才具有保存性能，酒精的存在会使制品具有醇香风味。

(2)醋酸发酵

醋酸发酵主要是指在有空气的条件下依靠醋酸菌的作用，将酒精发酵产生醋酸的过程。醋酸菌为需氧菌，因而醋酸发酵一般都是液体表面的发酵。一般食醋的醋酸含量为4%～5%。当醋酸含量达到1%～2%时，醋酸就可以抑制或杀死大多数腐败微生物，所以在利用食醋进行蔬菜腌制时要求其醋酸含量达到1%以上。

(3)乳酸发酵

乳酸发酵在食品加工中占有十分重要的地位，乳酸菌广泛存在于自然界。在许多食物原料中，如肉、乳、蔬菜中都存活有乳酸菌。乳酸菌引起的乳酸发酵是在缺氧条件下进行的。有益乳酸菌发酵时几乎可以将糖分全部转化为乳酸。乳酸发酵是在酸乳、奶酪、蔬菜腌制加工中进行的主要发酵过程。当形成的乳酸达到或超过0.4%时即可以抑制或杀死有害微生物，使乳酸发酵制品得以长期保存。乳酪发酵还可以增进产品的风味、改善产品的性状。一般乳酸的含量为0.4%～0.8%，但是乳酸菌也常常由于酸度过高抑制自身的生长与繁殖。

4. 冷冻保藏

食品的冷冻保藏就是通过降低食品的温度，维持食品处于冰冻状态来阻止和延缓食品腐败变质，提高食品的保藏性能。冷冻保藏目前多使用速冻保藏，就是利用－30℃以下的低温将处理后的食品迅速冻结，再放于－18℃的低温条件下长期贮存的加工方法。

(1)冷冻低温对于微生物的影响

降低温度就会减缓微生物的生长繁殖速度，当温度降低到其“最低生长点”时，微生物就会停止生长、并开始死亡。

(2)冷冻低温对酶的影响

酶的活性与温度密切相关。低温可以抑制酶的活性。

(3)冷冻低温对化学反应的影响

化学反应速度与温度相关。降低温度可以抑制化学反应速度。但是，应该注意的是，低温冷冻并非杀菌，所以产品一旦脱离冷冻环境，发生解冻就必须立即食用或进行其他加工处理，否则解冻后的产品放置稍久不仅会流汁，而且会很快变软，很容易感染微生物。

5. 杀菌保藏

食品杀菌保藏是加工食品保藏最有效的手段，因为在食品杀菌的同时往往也会灭酶。在食品杀菌保藏过程中还要注意杀灭容器、加工环境中的微生物。杀菌后的食品需要包装在能够密闭的容器内，与外界隔绝，不受微生物二次污染。杀菌保藏主要被应用于罐藏制品、汁液制品等产品的加工过程中。杀菌是食品加工保藏最主要的方法，往往和其他方法配合使用。食品杀菌的方法很多，主要有加热杀菌、冷杀菌、化学杀菌等。

6. 化学保藏

食品的化学保藏是指在食品加工贮运过程中添加某种对人体无害的化学物质，增加食品保藏性能的方法。加入食盐、食糖、食醋等的方法也可以说是化学保藏。但化学保藏主要使用的是一些小剂量就可以明显地抑制和防止食品腐败变质的化学物质，主要指食品防腐剂、食品杀菌剂、食品抗氧化剂。

(1)食品防腐剂

食品防腐剂可以使微生物蛋白质凝固变性，抑制微生物生长繁殖；改变微生物原生质膜的正常通透性，使其内部有效成分逸出，导致菌体失活；还可以干扰酶系活动，破坏正常代谢。食品防腐剂分为人工合成防腐剂与天然防腐剂。人工合成防腐剂抑菌效果明显，广谱，毒性相对大，常见的有苯甲酸类、山梨酸类、丙酸盐类以及亚硫酸类等。天然防腐剂抑菌效果较弱，多属于天然食物成分，毒性小，常见的有香辛料成分中的羰基化合物、萜类化合物，葱蒜中的含硫芳香油、橘子油等，以及溶菌酶、乳酸链球菌素等。

(2)食品杀菌剂

食品杀菌剂是指能够杀灭微生物的一类化学药剂。食品杀菌剂也属于广义的防腐剂，可分为氧化型杀菌剂和还原型杀菌剂。

①氧化型杀菌剂具有很强的氧化能力，依靠其氧化作用可以有效地杀灭食品与环境中的有害微生物。氧化型杀菌剂主要分为过氧化物和氯制剂两大类。过氧化物，如过氧化氢、过氧乙酸，它们主要通过氧化分解时释放的具有强氧化作用的新生态氧，使微生物细胞氧化致死；氯制剂，如漂白粉、漂白精等，主要通过分解时形成的具有强氧化作用的“有效氯”渗入到微生物细胞，从而破坏其酶蛋白、核蛋白上的巯基，还可以抑制对氧化作用敏感的酶类，使微生物死亡。氧化型杀菌剂主要用于食品车间、工具、用具、容器等的消毒杀菌。漂白粉可以用于鲜蛋品的表面消毒、加工用水(饮用水的)消毒处理等。

②还原型杀菌剂主要指亚硫酸类物质。其作用机理是利用亚硫酸的强还原作用消耗食品及环境中的氧，使好气微生物缺氧致死，以致微生物生理活动中的氧化还原酶失去活性，控制微生物的生长繁殖。亚硫酸类杀菌剂属于酸性杀菌剂，除了杀菌作用外，还具有抗氧化作用和漂白作用，多数用于原料的预处理和一些果蔬的半成品保藏。

(3)食品抗氧化剂

食品抗氧化剂是防止和延缓食品氧化变质、延长食品保藏期的一类化学物质。抗氧化剂的作用机理主要是以其还原性为理论依据的。抗氧化剂的主要作用机理：首先，抗氧化剂作为供氢体，提供氢离子或电子来阻断食品发生的自动氧化连锁反应；其次，抗氧化剂本身被氧化，消耗食品及环境中的氧；最后，抗氧化剂通过其还原作用抑制氧化酶的活性。抗氧化剂按可溶性分为油溶性抗氧化剂和水溶性抗氧化剂。油溶性抗氧化剂有丁基羟基茴香醚(BHA)、二丁基羟基甲苯(BHT)、没食子酸丙酯(PG)以及维生素 E，它们主要是阻断和防止油脂类物质的氧化变质。水溶性抗氧化剂有抗坏血酸类、植酸、乙二胺四乙酸二钠、二氧化硫等，主要用于防止食品氧化变色。

复习思考题

1. 食品按照加工工艺可以分为几类？各自有何特点？
2. 疗效食品、保健食品、功能性食品有何区别？
3. 什么是食品的腐败变质？引起食品败坏的主要因素有哪些？
4. 什么是食品的褐变？如何防止褐变的发生？
5. 脂肪酸败有哪几种类型？如何防止脂肪酸败？
6. 水分在食品中以哪几种状态存在？加工时的变化如何？
7. 什么是水分活度？水分活度与微生物、酶有什么关系？
8. 为什么说食品的贮藏与加工的本质不同？
9. 试述食品加工的保藏原理。

参考文献

[1]杨钰莹. 普通食品与保健食品的对比识别[J]. 现代食品，2021(9)：91-93.

[2]邓志程，叶为果，巫少芬. 天然生物活性物质及其功能食品的研究进展[J]. 现代食品，2018(10)：83-85.

[3]刘岩莲. 食品保藏原理与方法的类型[J]. 现代食品，2017(10)：34-36.

[4]张春野，张爽. 罐头食品腐败变质的微生物因素及防控[J]. 现代食品，2019(7)：6-8.

[5]连风，赵伟，杨瑞金. 低水分活度食品的微生物安全研究进展[J]. 食品科学，2014，35(19)：333-337.

[6]李兴军，王双林，王金水. 谷物平衡水分研究概况[J]. 中国粮油学报，2009，24(11)：137-145.

[7]白艺朋，郭晓娜，朱科学，等. 降低水分活度延长荞麦半干面保质期的研究[J]. 中国粮油学报，2018，33(3)：27-33.

[8]王继盼，徐双意，吴丹璇，等. 干燥方式对调理猪肉干水分分布及其品质变化规律的影响[J]. 食品科技，2021，46(9)：124-130.

[9]黄晓燕，刘铖珺，李长城，等. 低水分活度食品微生物控制技术研究现状[J]. 食品与发酵工业，2020，46(23)：286-292.

[10]张辉，贾敬敦，王文月，等. 国内食品添加剂研究进展及发展趋势[J]. 食品与生物技术学报，2016，35(3)：225-233.

第3章 食品杀菌

3.1 食品加热杀菌的原理

3.1.1 微生物的耐热性

1. 微生物耐热性的表示

(1)加热时间与微生物致死率的关系

在某一热处理温度下，单位时间内，微生物被杀灭的比例是恒定的。

$$-dN/d\tau=kN \tag{3-1}$$

式中，N 为残存微生物的浓度(单位容积的数量)，τ 为热处理时间，k 为反应速率常数。

对式(3-1)积分，设 $\tau=0$ 时，某种微生物初始活菌数为 a，残存数量为 b，则

$$\tau=\frac{1}{m}(\lg a-\lg b) \tag{3-2}$$

(2)热力致死速率曲线

$$令\frac{1}{m}=D，则$$

$$\tau=D(\lg a-\lg b) \tag{3-3}$$

①D 值，指在一定的环境和热力致死温度条件下，杀灭某种微生物 90% 的菌数所需要的时间。D 值反映微生物的耐热性强弱，D 值的大小和细菌耐热性的强度成正比；与热处理温度、菌种及环境的性质有关，与原始菌数无关。D 值的计算公式为

$$D=\frac{\tau}{\lg a-\lg b} \tag{3-4}$$

②TRT 值(thermal reduction time)，指在任何特定热力致死温度下，使微生物的数量减少到 10^{-n} 时所需要的时间，公式为

$$TRT_n=D(\lg 10^n-\lg 100)=nD \tag{3-5}$$

$TRT_6=10$ 表示在某一致死温度下，原始菌数减少到 10^{-6}，需要 10 min。菌数减少到 10^{-n} 表示残存菌数出现的概率。

(3)加热温度与微生物致死率的关系——热力致死时间曲线

①TDT 值(thermal death time)，指在某一恒定温度下，将食品中一定数量的某种微生物活菌全部杀死所需要的时间(min)。TDT 曲线与环境条件有关，与微生物数量和种类有关。TDT 曲线可用于比较不同的温度-时间组合的杀菌强度，计算公式为

$$t_0-t=Z(\lg\tau-\lg\tau') \tag{3-6}$$

式中，t 和 t_0 分别为标准杀菌温度和实际杀菌温度，τ 和 τ' 分别为在 t 和 t_0 温度下的 TDT 值。

②Z 值，指热力致死时间降低一个对数循环，致死温度升高的度数。Z 值反映不同微生物对温度的敏感程度，Z 值小对温度的敏感程度高。不同的微生物有不同的 Z 值，同一种微生物只有在相同的环境条件下才有相同的 Z 值。

③F 值，指在一定的标准致死温度条件下，杀灭一定浓度的某种微生物所需要的加热时间。当 Z 值相同时，F 值越大者耐热性越强。F 值表示杀菌强度，随微生物和食品的种类不同而异，一般必须通过试验测定。

2. 不同微生物的耐热性(表 3-1)

表 3-1　常见微生物的耐热性

腐败菌	腐败特征	耐热性
嗜热脂肪芽孢杆菌	平盖酸败	$D_{121}=4.0\sim5.0$ min
嗜热解糖梭状芽孢杆菌	产酸产气	$D_{121}=3.0\sim4.0$ min
致黑梭状芽孢杆菌	致黑硫臭	$D_{121}=2.0\sim3.0$ min
肉毒杆菌 A、B	产酸产气产毒	$D_{121}=6\sim12$ s
生芽孢梭状芽孢杆菌(P. A3679)	产酸产气	$D_{121}=6\sim40$ s
凝结芽孢杆菌	平盖酸败	$D_{121}=1\sim4$ s
巴氏固氮梭状芽孢杆菌	产酸产气	$D_{100}=6\sim30$ s
酪酸梭状芽孢杆菌	产酸产气	$D_{100}=6\sim30$ s
多黏芽孢杆菌	产酸产气	$D_{100}=6\sim30$ s

3. 影响微生物耐热性的因素

(1)微生物本身的特性

①菌株和菌种：芽孢菌＞非芽孢菌、霉菌、酵母菌；芽孢菌的芽孢＞芽孢菌的营养细胞；嗜热菌芽孢＞厌氧菌芽孢＞需氧菌芽孢。

②初始活菌数：初始活菌数越多，全部杀灭所需的时间就越长。

③生理状态与培养温度：稳定生长期的营养细胞＞对数生长期的营养细胞；成熟的芽孢＞未成熟的芽孢；较高温度下培养的微生物耐热性较强。

(2)热处理条件

温度、时间：微生物的致死时间随杀菌温度的提高而成指数关系缩短。

(3)食品成分的因素

①酸度：pH 偏离中性的程度越大，耐热性越低。

②水分活度：细菌芽孢在低水分活度时有更高的耐热性。

③脂肪：脂肪含量高则细菌的耐热性会增强。

④盐类：低浓度食盐(＜4%)对微生物有保护作用，而高浓度食盐(＞8%)对微生物的抵抗力有削弱作用，食盐的浓度高于14%时，一般细菌将无法生长。

⑤糖类：糖的浓度越高，越难以杀死食品中的微生物。

⑥蛋白质：食品中蛋白质含量在5%左右时，对微生物有保护作用。

⑦植物杀菌素：有些植物的汁液以及它们分泌的挥发性物质对微生物有抑制或杀灭作用。

3.1.2 影响加热杀菌的因素

1. 杀菌前食品的状态及微生物的耐热性

(1)微生物的种类和数量

微生物的种类和数量取决于原料的状况、工厂的环境卫生、车间卫生、机器设备和工器具的卫生、生产操作工艺条件、操作人员个人卫生等因素。

(2)微生物的耐热性

各种微生物的耐热性不同，即使是同一种菌种，其耐热性也因菌株而异，正处于生长繁殖的微生物的营养细胞的耐热性较它的芽孢弱。

各种芽孢的耐热性也不尽相同，一般厌氧菌芽孢的耐热性较需氧菌芽孢的耐热性强，嗜热菌的芽孢耐热性最强。

2. 加热杀菌时的热传递

(1)巴氏杀菌和热烫

巴氏杀菌和热烫是相对温和的两种热处理过程。这两种方法都是将热处理应用到食品上以改善产品在贮藏期间的稳定性。

尽管热处理程度相似，但这两种过程却应用于不同类型的食品。巴氏杀菌经常用于液体食品，目的在于延长产品冷藏期间的保质期，并确保人们的健康不受致病菌的危害。影响巴氏杀菌的因素主要是食品的时间-温度的关系。

热烫常用于固体食品中，其首要目的是钝化食品中特定的酶。另外，它同样具有杀灭或减少热敏感致病菌和腐败微生物数量的作用，尤其是残留在食品表面的微生物。影响热烫杀菌的因素有食品的种类、食品物料的大小和热烫的方法。

(2)商业无菌

商业无菌是一种较强烈的热处理形式，通常是将食品加热到较高的温度并维持一段时间以杀死所有致病菌、腐败菌和大部分微生物，使杀菌后的食品符合保质期的要求。商业无菌是罐藏食品工艺的微生物检验指标。

影响罐藏食品的热杀菌因素如下。

①罐型大小。罐型大小影响罐中心温度升高的速度，罐型越大，传热到中心所需的时间越长，杀菌所需要的时间就越长；罐型越小，传热越快，杀菌时间越短。

②罐内食品的性质。与热传导有关的食品物理特性主要是形状、大小、黏度、浓度、密度等，食品的这些性质不同，传热的方式就不同，传热速度自然也不同。

③罐内食品的初温。罐内食品的初温是指杀菌锅开始加热升温时食品的温度。罐内食品初温较高，就可以很快达到杀菌的温度。因此，提高罐内食品的初温可以使杀菌得到较好的效果，特别是传导型食品物料的初温对传热的影响极大。

3. 食品的性质

(1)pH 的影响

pH 对微生物的繁殖及酶的活性影响很大，对热敏感性的影响也很显著。pH 能影响蛋白质的凝固速度，细胞的表层结构、机能以及细胞的代谢系统，因此是影响杀菌效果的显著因子。

(2)水分活度

水分活度是影响微生物耐热性的一个重要因素。

在 110℃对凝结芽孢杆菌、嗜热脂肪芽孢杆菌、E 型肉毒梭菌、枯草芽孢杆菌等微生物芽孢耐热性反应进行比较，结果显示，$A_w=0.2\sim0.4$ 时芽孢具有最强的耐热性；$A_w>0.4$ 时，D 值显著下降；$A_w=1.0$ 时为最低。

微生物耐热性因不同的菌种而有差异。凝结芽孢杆菌、嗜热脂肪芽孢杆菌的耐热性随 A_w 的提高而下降的显著性不高，$A_w=1.0$ 时要比 $A_w=0$ 时的 D 值大，而 E 型肉毒梭菌在高湿度下的热敏感性极强。

(3)糖的影响

糖类对微生物耐热性有一定的影响。高浓度糖液能够吸收细菌细胞的水分，致使细胞原生质脱水，影响蛋白质凝固速度，从而增强芽孢的耐热性。糖的浓度越高，杀灭芽孢所需的时间越长，低浓度糖对芽孢的耐热性影响很小。

(4)盐类的影响

盐类对微生物耐热性的影响随盐的种类、浓度及菌种等因素而有相当大的差异。盐类对微生物产生的作用包括：不同浓度的盐类可以调节细胞内外渗透压平衡，从而减少一些重要成分在加热过程中向胞外泄漏；能够透过细胞壁的盐类对细胞内的 pH 有影响；NaCl、KCl 之类的盐对蛋白质的水合作用影响效果明显，因此对酶及其他重要蛋白质的稳定性产生影响；二价阳离子与蛋白质结合生成稳定的复合体而有助于耐热性的增强；一定浓度盐类的存在使水分活度降低，从而使细胞的耐热性增强。

食盐是盐类中最重要的一种，其影响效果因菌种、盐浓度及其他环境条件而变化。在低浓度下食盐对细胞有保护作用，高浓度(5%以上)则使其耐热性减弱，当浓度增大到 10%左右时，对细胞耐热性影响又减小。

(5)植物杀菌素的影响

一些高等植物的液汁和分泌的挥发性物质对微生物有抑制和杀菌作用，这种具有抑制和杀菌作用的物质称为植物杀菌素。

某些罐头食品在杀菌前加入适量的富有植物杀菌素的蔬菜和调料，如葱、辣椒、丁香、蒜等，可以在杀菌过程中加速微生物的死亡。

4. 酶的作用

(1)酶的种类

酶的分子越大，结构越复杂，它对高温就越敏感。

(2)温度

在一定范围内，温度升高，酶反应的速率也随之增大。

(3)加热速率

加热速率越快，热处理后酶活力再生的越多。

(4)pH

大多数酶的最适 pH 为 4.5～8，超出这一范围，酶的热稳定性降低。

(5)水分含量

食品水分含量越低，其中的酶的耐热性越高。

(6)食品成分

蛋白质、脂肪、碳水化合物等都可能会影响酶的耐热性。

3.2 食品加热杀菌方法

3.2.1 巴氏杀菌(低温加热杀菌)

1. 巴氏杀菌的特点

巴氏灭菌法(pasteurization)，也称低温消毒法，是由法国微生物学家巴斯德发明的低温杀菌法，是一种利用较低的温度既可杀死病菌又能保持物品中营养物质风味不变的消毒法，常常被广义地用于定义需要杀死各种病原菌的热处理方法。其主要特点如下。

(1)巴氏杀菌是一种相对较温和的热杀菌形式，处理温度通常在100℃以下，典型的巴氏杀菌条件是62℃～65℃加热30 min。巴氏杀菌可杀灭食品中的致病菌和不耐热的微生物，对食品中的酶有一定程度的破坏作用。

(2)钝化可能造成产品变质的酶类物质，以延长冷藏产品的保质期。

(3)杀灭食品物料中可能存在的致病菌营养细胞，以保护消费者的健康不受危害。

2. 低温加热杀菌设备

低温长时间杀菌的设备为圆筒式杀菌缸。设备的主要工作部件为不锈钢制成的圆筒形立式缸体，缸壁为夹层，通以蒸汽(或冷媒)。夹层外壁包有保温层，保温层外再包以不锈钢皮。缸内装有一个桨式搅拌器，由位于其顶部的电动机通过减速器、联轴器驱动旋转，其转速为20～30 r/min，用以搅拌缸内物料。

加热杀菌时，先关闭冷媒进口阀门，放尽夹层内剩余液体，再由进口输入物料，开动搅拌器，然后开启蒸汽阀门，达到所需温度后，先关闭蒸汽阀门，过2～3 min再关掉搅拌器，保温至所需时间，即可达到杀菌目的。然后开启出料口，将杀菌后的物料放尽，随后开始下一个工作循环。这种杀菌由于设置有冷媒进出口，故除了能用于杀菌，还可用来冷却物料，其操作程序与杀菌相同。

圆筒式杀菌缸的结构简单，操作方便，既可用于杀菌，又可用于冷却，但它生产能力较小，且只能间歇生产。多用于牛乳、冰激凌生产中的低温长时间杀菌操作。

该机在操作与保养时应注意：使用前应将圆筒形立式缸体用热水清洗干净，然后用蒸汽进行消毒，设备不使用时，一定要用温水清洗，以免受到腐蚀。

3.2.2 高温加热杀菌

1. 常压杀菌

常压杀菌是指通过热蒸汽使蛋白质变性而杀灭微生物的方法。湿热穿透力强，灭菌效果较干热好。

(1)煮沸或流通蒸汽灭菌

常压下沸水和蒸汽的温度是100℃，一般处理30～60 min可杀死细菌繁殖体，但不能完全杀灭芽孢。此法适用于不能高压蒸汽灭菌的物品。

(2)低温间隙灭菌(巴斯德灭菌法)

将物品先用60℃～80℃加热(或煮沸)1 h，然后置于20℃～25℃保存24 h(或常温过夜)，使其中残存的芽孢萌发成繁殖体，再用以上条件灭菌，如此反复三次。本法适用于不耐高温或高温下易变质的物品，但很费时。

2. 加压杀菌

加压杀菌又称为高压杀菌，其机理是将食品物料以某种方式包装以后，置于高压(200 MPa以上)装置中加压，使微生物的形态结构、生物化学反应、基因机制以及细胞壁膜发生多方面的变化，从而影响微生物原有的生理活动机能，甚至使原有的功能破坏或发生不可逆变化致死，达到灭菌的目的。高压杀菌的原理如下。

(1)改变细胞形态

极高的流体静压会影响细胞的形态，包括细胞外形变长、胞壁脱离细胞质膜、无膜结构细胞壁变厚等，这些现象在一定压力下是可逆的，但当压力超过某一点时，细胞的形态便发生不可逆变化。

(2)影响细胞生物化学反应

根据化学反应的基本原理，加压有利于反应向减小体积的方向进行，不利于增大体积的化学反应，由于许多生物化学反应都会产生体积上的改变，所以加压将对生物化学过程产生影响。

(3)影响细胞内酶的活力

高压会引起主要酶系的失活，一般来说压力超过300 MPa时蛋白质的变性是不可逆的。

酶的高压失活根本机制是：①改变分子内部结构；②活性部位上构象发生变化。

通过影响微生物体内的酶，进而对微生物基因机制产生影响，主要表现在由酶参与的DNA复制和转录步骤会因压力过高而中断。

(4)高压对细胞膜的影响

在高压下，细胞膜磷脂分子的横切面减小，细胞膜双层结构的体积随之降低，细胞膜的通透性将被改变。

(5)高压对细胞壁的影响

20～40 MPa 的压力能使较大细胞的细胞壁因受应力机械断裂而松解，200 MPa 的压力下细胞壁遭到破坏。真核微生物一般比原核微生物对压力更为敏感。在食品加工中主要应用于以下方面。

①在肉制品加工中的应用。采用高压技术对肉类进行加工处理，与常规方法相比，在高压下制品的柔嫩度、风味、色泽、成熟度及保藏性等方面都会得到不同程度的改善。如在常温下 250 MPa 的压力处理质粗廉价的牛肉，能得到嫩化的牛肉制品；300 MPa 压力处理鸡肉和鱼肉 10 min，能得到类似于轻微烹饪的组织。

②在水产品加工中的应用。高压处理水产品可最大限度地保持水产品的新鲜风味。如在 600 MPa 压力下处理水产品 10 min，可使水产品(如甲壳类水产品)中的酶完全失活，细菌量大大减少，并完全呈变性状态，色泽为外红内白，仍保持原有的生鲜味。这对喜食生水产制品的消费者来说尤为重要。另外，高压处理还可增大鱼肉制品的凝胶性。

③在果酱加工中的应用。在果酱加工中采用高压杀菌，不仅可杀灭微生物，而且还可使果肉糜烂成酱，简化生产工艺，提高产品质量。如日本明治食品公司采用室温下加压 400～600 MPa、10～30 min 的方法来加工草莓酱、猕猴桃酱和苹果酱，所得制品保持了新鲜水果的色、香、味。

3. 高温杀菌常用的设备

由于低温杀菌不能将微生物全部杀死，特别是芽孢，所以需要低温保藏，但保质期最多也只有 3 个月。为了延长保质期，罐头(包括铁听包装和软包装)要采用高温高压杀菌(即 121℃)，这样能保存 2 年以上。但现在的厂家为了保证香味，一般只规定保质期为半年或一年。对于高温杀菌，要求包装材料有较高的隔断性和一定的耐蒸煮强度，如马口铁、铝箔袋、PVDC 膜等。

(1)瞬时高温杀菌机

在啤酒中的应用表明，瞬时高温杀菌机利用高效的板式换热器实现啤酒与热水的换热，使啤酒瞬间加温到啤酒的巴氏杀菌温度，并经过恒温杀菌后再经过冷媒介质降至原有温度。通过瞬间加温、保温和降温的过程使啤酒完成巴氏杀菌，达到杀菌 25pu (pu 是巴氏杀菌单位)，并可使啤酒中的 CO_2 含量和啤酒口味保持不变。该设备适用于啤酒灌装前配套使用。生产出的啤酒基本上保持了鲜啤酒原有的风味。

JHS 薄板杀菌机主要由三段式薄换热器、高压啤酒泵、加热系统、保温系统、冷却系统、管道系统和控制部分组成。从啤酒清酒罐运输来的 4℃的冷啤酒经高压泵加压后，进入板式换热器的第二区(预热段)，与刚经过杀菌加热后进入第二区的 73℃啤酒对流换热，从而被预热到 18.5℃，经过预热的啤酒从第二区流出后进入第三区(加热区)，被 85℃的热水加热到工艺要求的杀菌温度(73℃)，随后进入保温管，在此温度下保持25 s，实现对酵母的杀菌，杀菌后的73℃啤酒返回到板式换热器的第二区，将热能传给4℃的冷啤酒，从而被冷却至18.5℃，再进入换热器的第一区，被冷却到4℃，至此完成整个杀菌过程。经过杀菌的啤酒输送到缓冲罐等候灌注。

(2)喷淋式杀菌锅

喷淋式杀菌锅(图3-1)是注入少量工艺用水，达到预定位置(不能浸泡产品)通过高效循环泵-过滤器-高效换热器将水注入喷淋管道，然后通过喷淋嘴将热水喷射成雾化状至食品表面，锅内热分布均匀，无死角杀菌。水通过换热器进行加热和冷却，升温和冷却速度迅速，能高效、全面、稳定地对产品进行杀菌。设备特点如下。

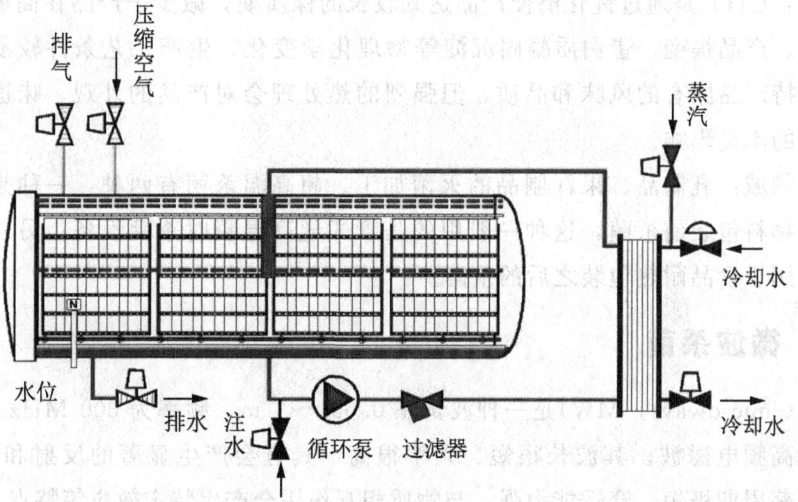

图3-1 喷淋式杀菌锅工作原理图

①间接加热间接冷却，冷却水与工艺用水不接触，避免了食品的二次污染，无须用水处理化学制剂。高温短时间杀菌。

②减少蒸汽消耗，蒸汽雾化后的杀菌水在杀菌釜内直接进行混合，提高升温降温的速度。

③低噪声，创造安静、舒适的作业环境。

④水从不同角度喷射，蒸汽、空气和水混合对流，形成完美的温度分布。

⑤少量的工艺用水快速循环，快速达到预定杀菌温度。

⑥釜内配备四支可移动温度传感探头，可随时监控食品中心的F值、釜内的热分布情况，随时了解热穿透(温度从食品表面到达食品几何中心的时间)情况。

⑦完美的压力控制，整个生产过程压力在不断调节，以适应产品包装内部压力的变化，使产品包装的变形度达到最低，特别适合含气包装的产品。

⑧工艺用水预热系统可确保保温、热填充的产品得到持续的升温。

⑨杀菌用水采用软化水避免工艺用水水质问题。

⑩蒸汽杀菌功能。

⑪节约安装空间，方便操作，节省人力(只需用控制柜直接操作)。

⑫适合饮料等食品行业，大规模生产时自动进出料装卸。更方便未来该产业无人车间的自动配置设备。

3.2.3 超高温杀菌

超高温杀菌(ultra-high temperature instantaneous sterilization，UHT)就是采用高温，短时间使液体食品中的有害微生物致死的灭菌方法，灭菌温度一般为130℃～150℃，灭菌时间一般为数秒。

特点：UHT是通过钝化酶使产品达到较长的保质期，减少了产品在高温下发生的营养损失、产品褐变、蛋白质凝固沉淀等物理化学变化。生产工艺条件较易控制，能较好地保持产品原有的风味和品质，但强烈的热处理会对产品的外观、味道和营养价值有一定的不良影响。

应用领域：乳制品、果汁制品的灭菌加工。超高温杀菌有两种：一种是饮料、豆浆等液体物料包装前杀菌，这种一般用的是管式超高温瞬时杀菌设备；另一种是用杀菌锅，适用于食品耐热包装之后的杀菌。

3.2.4 微波杀菌

微波(microwave，MW)是一种波长在0.001～1 m、频率为300 MHz～300 GHz的一种超高频电磁波。其波长很短、频率很高，具有会产生显著的反射和直线传播、电场的振荡周期极短、穿透能力强、与物质相互作用会产生特定效应等特点。

微波灭菌法是采用微波照射产生的热能杀灭微生物和芽孢的方法。该法适合液体和固体物料的灭菌，且对固体物料具有干燥作用。

微波是一种高频电磁波，对加热的物料具有热效应与非热效应。微生物在强电磁波下，其代谢及遗传过程遭到阻断，细胞膜及遗传物质遭到破坏，从而被杀灭。其特点是在物料流过系统中特殊设计的微波处理器时，受到高强度微波作用而进行杀菌。

1. 热效应灭菌

微波加热时，细菌体内的蛋白质、核酸等分子极性基团，在微波场下高速旋转、振动，一方面加热使细菌蛋白质凝固而死亡，另一方面也可以使蛋白质、核酸变性而死亡。它主要基于介质在高频率电磁场中被加热的原理。一定强度的微波可让微生物中的水分子形成电偶极性并随电场改变而高速转动，导致细胞膜结构破裂，生物分子间氢键破坏，同时吸收微波能升温。由于它们是凝聚态物质，分子间的作用力加剧了微波能向热能的转化，从而使体内蛋白质同时受到无极性热运动和极性转动两方面的作用，使其空间结构变化或破坏，细胞中的蛋白质凝固而造成微生物的死亡，从而达到灭菌的目的。

2. 非热效应灭菌

微波能的非热效应在灭菌中起到了常规物理灭菌所没有的特殊作用，也是造成细菌死亡的原因之一。非热效应灭菌具有时间短，速度快，低温灭菌，均匀彻底，节约能源，便于控制，易实现自动化生产，设备简单，工艺先进等优点。

(1)在食品业中的应用

在20世纪末期，国外学者已对微波灭菌在食品消毒中应用有所研究。研究表明，用微波灭菌脱脂乳可代替传统的超高温灭菌。传统的超高温灭菌，虽然可以存放时间很长，但是其使牛乳质量大打折扣。用微波炉灭菌不仅可以延长牛乳的保质期，而且色泽、口味好，营养成分损失较少，故微波灭菌是脱脂牛乳超高温灭菌的极好替代方法。

(2)在临床中的应用

近年来，微波灭菌开始在临床工作中加以应用。在实验操作中，将被菌株污染的手术刀、手术剪、钢板、螺钉、钢针等器械辐射3～5 min即可完全杀灭大肠杆菌、金黄色葡萄球菌及乙肝病毒。微波炉可以对手术中急需的金属类器械实现灭菌。

(3)在组织培养中的应用

传统的组织培养器皿需应用高压蒸汽灭菌进行灭菌，费时费力，不便于应用。我国学者研究表明，微波灭菌可以代替高压蒸汽灭菌用于组织培养器皿的消毒灭菌。用微波灭菌代替传统的压力蒸汽灭菌，具有灭菌时间短、操作简便及对营养破坏作用小等特点。此外，我国学者研究了影响微波灭菌的因素和效果，及用液体培养基代替固体培养基培养脱毒马铃薯菌的方法和效果，实验表明在组织培养中，用家用微波炉可代替高压蒸汽灭菌。微波灭菌可应用于组织培养，是一种方便快捷省时的灭菌方法。

(4)在制药业中的应用

药品最忌讳污染，而且被细菌污染的药品还不能应用高压蒸汽灭菌，以防高温破坏药物有效成分，进而使药物失效。我国学者研究表明，微波灭菌常用于中药材及各种中西药成品、保健品及生物制品的快速灭菌处理，在灭菌同时无任何残留物留于药品中，而且不会破坏药物有效成分。所以微波灭菌将成为一种对药品无污染的灭菌新工艺。

(5)在中药生产中的应用

直接入药的药材，由于生长在细菌繁殖的环境，因此在洗药、常规干燥时，难以将微生物或卵、螨等清除或杀灭。因而，此种药材即使经常规干燥粉碎过筛后，也难以符合《中华人民共和国药典》所规定的杂菌指标要求，必须对其进行灭菌处理。微波用于中药灭菌也取得良好的效果，曾用2 450 MHz隧道式微波加热器、2 450 MHz直波导微波机、2 450 MHz组合波导微波机，分别对丸药样品进行灭菌，发现含菌量比未处理的样品降低74%～99%。

3.3 其他杀菌方法

3.3.1 射线杀菌

1. γ射线杀菌

食品辐射(或辐照)杀菌是利用一定剂量的波长极短的电离射线对食品进行杀菌(包括原材料)，延迟新鲜食物某些生理过程(发芽和成熟)的发展，或对食品进行杀虫、消毒、杀菌、防霉等处理，达到延长保藏时间，稳定、提高食品质量的操作过程。在食品杀菌中常用的射线有X射线、γ射线和电子射线。电子射线主要由电子加速器产生，X射线由X射线发生器产生，γ射线主要由放射性同位素获得，常用的放射线同位素有钴-60和铯-137。γ射线的穿透力很强，适合于完整食品及各种包装食品的内部杀菌处理，电子射线的穿透力较弱，一般用于小包装食品或冷冻食品的杀菌，特别适用于对食品的表面杀菌处理。

γ射线频率高达 $3\times10^{18}\sim3\times10^{21}$ Hz，被辐射的分子、原子、离子及电子尚未极化，不随电磁场变化而转动，故不产生热效应。γ射线能量大于分子键能，故可使分子电离和断键，因而杀菌。一般来说，γ射线可使所有蛋白质变性；在溶液中的酶失去活性；脱氧核糖核酸在溶液中黏度下降，干燥状态时交联或降解，或两者都有。γ射线杀菌机理分为直接作用和间接作用。

(1)直接作用

γ射线直接破坏微生物的核糖核酸、蛋白质和酶而使其致死。微生物内核糖核酸、蛋白质和酶分子吸收γ射线能量而被激发或电离；激发态分子的共价键断裂或与其他分子反应经电子传递产生自由基；电离分解或其他分子反应，导致微生物分子结构破坏而亡。

(2)间接作用

γ射线能量被微生物内生命重要分子周围物质如水吸收而激发或电离，产生激发的水分子、电子水离子，或裂解为氢自由基、羟自由基，由此产生一系列与核糖核酸、蛋白质、酶进行的氧化还原等反应，致微生物死亡。

2. 紫外线杀菌

波长为200～300 nm的紫外线都有杀菌能力。在波长一定的条件下，紫外线的杀菌效率与强度和时间的乘积成正比。紫外线杀菌原理：一方面使细菌细胞内的脱氧核糖核酸DNA(细胞核内的重要遗传物质) 发生突变，阻碍其复制，封锁蛋白质的合成；另一方面产生的自由基引起光电离，导致分子结构破坏，引起细菌的死亡，达到杀菌的目的。

紫外线穿透力不大，所以只适用于无菌室、接种箱、手术室内的空气及物体表面的灭菌。紫外线灯距照射物以不超过1.2 m为宜。

真正具有杀菌作用的是UVC紫外线，因为C波段紫外线很容易被生物体的DNA

吸收，尤以253.7 nm左右的紫外线最佳。紫外线杀菌属于纯物理消毒方法，具有简单便捷、广谱高效、无二次污染、便于管理和实现自动化等优点。随着各种新型设计的紫外线灯管的推出，紫外线杀菌的应用范围也在不断扩大。

根据生物效应的不同，紫外线按照波长可划分为以下4个波段。

①UVA波段，波长320～400 nm，又称为长波黑斑效应紫外线。它有很强的穿透力，可以穿透大部分透明的玻璃以及塑料。日光中含有的长波紫外线有超过98%的能穿透臭氧层和云层到达地球表面，UVA可以直达肌肤的真皮层，破坏弹性纤维和胶原蛋白纤维，将皮肤晒黑。360 nm波长的UVA紫外线符合昆虫类的趋光性反应曲线，可制作诱虫灯。UVA紫外线可透过完全拦截可见光的特殊着色玻璃灯管，仅辐射出以365 nm为中心的近紫外光，可用于矿石鉴定、舞台装饰、验钞等场合。

②UVB波段，波长275～320 nm，又称为中波红斑效应紫外线。中等穿透力，它的波长较短的部分会被透明玻璃吸收，日光中含有的中波紫外线大部分被臭氧层吸收，只有不足2%的能到达地球表面，在夏天和午后会特别强烈。UVB紫外线对人体具有红斑作用，能促进体内矿物质代谢和维生素D的形成，但长期或过量照射会晒黑皮肤，并引起红肿脱皮。紫外线保健灯、植物生长灯就是由特殊透紫玻璃(不透过254 nm以下的光)和峰值在300 nm附近的荧光粉制成的。

③UVC波段，波长200～275 nm，又称为短波灭菌紫外线。它的穿透能力最弱，无法穿透大部分的透明玻璃及塑料。日光中含有的短波紫外线几乎被臭氧层完全吸收。短波紫外线对人体的伤害很大，短时间照射即可灼伤皮肤，长期或高强度照射还会造成皮肤癌。紫外线杀菌灯发出的就是UVC短波紫外线。

④UVD波段，波长100～200 nm，又称为真空紫外线。

3.3.2 超声波杀菌

超声波是一种频率高于20 kHz的声波，它的方向性好，穿透能力强，易于获得较集中的声能，在水中传播距离远，可用于测距、测速、清洗、焊接、碎石、杀菌消毒等，在医学、军事、工业、农业上有很多的应用。超声波因其频率下限大于人的听觉上限而得名。

超声波频率高、波长短，除了具有方向性好、功率大、穿透力强等特点之外，还能引起空化作用和一系列的特殊效应，如机械效应、热效应、化学效应等。

一般认为，超声波具有的杀菌效力主要由其产生的空化作用所引起。超声波处理过程中，当高强度的超声波在液体介质中传播时，产生纵波，从而产生交替压缩和膨胀的区域，这些压力改变的区域易引起空穴现象，并在介质中形成微小气泡核。微小气泡核在绝热收缩及崩溃的瞬间，其内部呈现5 000℃以上的高温及50 000kPa的压力，从而使液体中某些细菌致死，病毒失活，甚至破坏体积较小的一些微生物的细胞壁，但是作用的范围有限。超声波杀菌具有如下特点：①速度快，技术成熟，设备易操作，对人体无伤害，对物品无损伤；②消毒不彻底，影响因素较多，一般只适用于液体或浸泡在液体里的物体，且处理量不能太大。目前对超声波在食品非热杀菌中的应用研究还不够系统和全面，对于具体的食品成分影响以及最终导致的潜在安全性问题研究还不足。

1. 声强

为了在液体介质中产生空化效应(这是杀菌的主动力)，声强的必要条件是大于具体情况下的空化阈值。据研究，杀菌所用的声强最低也要大于 1 W/cm²。声强增大，声空化效应增强，杀菌效果增强，但也使声散射衰减增大；同时，声强增大所引起的非线性附加声衰减亦随之增大，因而为取得同样的杀菌效果所付出的功率消耗增加。为获得满意的超声杀菌效果，杀菌声强宜取 1～61 W/cm²。

2. 频率

频率越高，越容易获得较大的声压和声强。同时，随着超声波在液体中传播，液体中微小核泡被激活，由振荡、生长、收缩及崩溃等一系列动力学过程所表现的超声空化效应也越强，从而超声波对微生物细胞繁殖能力的破坏性也就越明显，宏观上表现出来的微生物灭菌效果就越好，但频率升高，声波的传播衰减将增大。因此，一般说来，为了获得同样的杀菌效果，对于高频声波则需要付出较大的能量消耗。目前用于超声杀菌的超声频率多选择 20～50 kHz。

3. 杀菌时间

杀菌效果与杀菌时间大致成正比关系，但进一步增加杀菌时间，杀菌效果并没有明显增加，而趋于一个饱和值。因此一般的杀菌时间都定在 10 min 内。另外，随着杀菌时间的增加，介质的温度会升高，这对于某些热敏性食品的杀菌是不利的。

4. 超声波形的影响

超声杀菌可取连续波和脉冲波两种波形。连续波工作时，声能在整个杀菌过程中不断连续作用。而脉冲是间断作用的，可防止介质的显著热效应，这对于热敏性食品的杀菌是有利的。当使用脉冲超声波时，为了建立稳定的混响场，以期获得高的杀菌效率，应使脉冲宽度有足够的宽余(一般取 10 ms 左右)，这种情况下所获得的杀菌效率等效于连续波辐射。

超声波灭菌适合于果蔬汁饮料、酒类、牛乳、矿泉水、酱油等液体食品。超声波杀菌与传统高温加热杀菌相比，超声作用既不改变食品的色、香、味，也不会破坏食品组分。而超声空化能提高细菌的凝聚作用，使细菌毒力丧失或死亡，从而达到杀菌的目的。

(1)果蔬汁饮料

用超声波杀菌技术可以减少茶多酚的褐变，提高绿茶饮料的品质。

(2)牛乳

超声波杀菌用于原料乳保鲜，杀菌率达 87%，营养物质无任何破坏，且在 15℃条件下保鲜 45 h，仍有优良的感官性能。

(3)酱油

用超声波对酱油进行杀菌，速度快，无外来添加物，对人体无害，对物品无损伤。

3.3.3 超高压杀菌

1. 食品超高压处理

食品超高压处理就是在密闭的超高压容器内，用水作为介质对软包装食品等物料施以400～600 MPa的压力或用高级液压油施以100～1 000 MPa的压力，从而杀死其中几乎所有的细菌、霉菌和酵母菌，而且不会像高温杀菌那样造成营养成分破坏和风味变化。

2. 超高压作用原理

食品超高压杀菌技术(ultra-high pressure processing，UHP)，又称超高压技术(ultra-high pressure，UHP)，高静压技术(high hydrostatic pressure，HHP)，或高压食品加工技术(high pressure processing，HPP)，是以水或其他液体介质为传递压力的媒介物质，加在液体中的压力(100～1 000 MPa)，通过介质，以压力作为能量因子，将放在专门密封超高压容器内的食品，在常温或者低温(低于100℃)下对食品加压，压力达到数百兆帕，从而达到杀菌的目的。高压会影响细胞的形态，如使液泡破裂，从而使形态发生变化，且这种破坏是不可逆的。另外，高压也会引起食品原料及所含微生物主要酶系的失活。一般情况下，当压力超过300 MPa后，会对蛋白质造成不可逆的变性，从而抑制酶的活性和DNA等遗传物质的复制来实现杀菌。超高压还会破坏细胞膜，改变细胞膜的通透性。这些因素综合作用导致了微生物的死亡。

超高压技术在食品保藏中的应用研究最早是由伯特·海特(Bert Hite)在1899年提出的，Bert Hite首次发现450 MPa的高压能延长牛乳的保存期，证实了高压对多种食品及饮料的灭菌效果。从这以后，有关UHP技术的研究一直没有间断。布里奇曼(Bridgman)因发现高静水压下蛋白质发生变性、凝固而获得了1946年诺贝尔物理奖。但直到1990年有关HHP装备、技术和理论的研究才得到了突破与发展。20世纪90年代日本明治食品公司首先实现了HHP技术在果酱、果汁、沙拉酱、海鲜、果冻等食品的商业化应用。之后，欧洲和北美的大学、公司和研究机构也相继加快了对HHP技术的研究。超高压杀菌同加热杀菌一样，经100 MPa以上超高压处理可以杀死大部分或全部的微生物，钝化酶的活性，从而达到保藏食品的目的，这是一个物理过程，在食品加工过程中主要是利用勒夏特列原理和帕斯卡原理。

复习思考题

1. 什么是巴氏杀菌？什么是高温杀菌？
2. 食品加热杀菌的方法有哪些？不同的杀菌方法各有什么特点？
3. 食品杀菌的目的是什么？什么叫作食品杀菌？
4. 影响微生物耐热性的因素有哪些？影响食品加热杀菌的因素有哪些？
5. 简述食品冷杀菌的方法与特点。
6. 常用的化学杀菌剂有哪些？

参考文献

[1]段鸿斌，王文静，乔新荣，等．食品微生物检验技术[M]．重庆：重庆大学出版社，2015.

[2]贾洪锋，段丽丽．食品微生物[M]．重庆：重庆大学出版社，2015.

[3]彭静．肉制品厂消毒方案设计及有效性控制[D]．张家口：河北北方学院，2019.

[4]刘霞．推动人类历史进程的50大发明[N]．科技日报，2013-11-12(008).

[5]冯少俊，伍振峰，王雅琪，等．中药灭菌工艺研究现状及问题分析[J]．中草药，2015，46(18)：2667-2673.

[6]刘云宏，朱文学，董铁有，等．食品高压杀菌技术[J]．食品科学，2005(S1)：155-158.

[7]BH T Kebede Van L A，Grauwet T. Comparing the impact of high pressure high temperature and thermal sterilization on the volatile fingerprint of onion，potato，pumpkin and red beet[J]．Food Research International，2014，56：218-225.

[8]唐丽丽，王光耀．食品机械与设备[M]．重庆：重庆大学出版社，2014.

[9]孙晋跃，孙芝兰，吴海虹，等．非热杀菌技术在低温鸡肉制品致病菌控制中的应用研究进展[J]．肉类研究，2020，34(8)：84-90.

[10]宋绍富，张铜祥，王玉罡，等．油田杀菌工艺及杀菌剂研究进展[J]．石油化工应用，2012，31(3)：1-5.

[11]周家春．食品工业新科技[M]．北京：化学工业出版社，2005.

第 4 章 食品的干制

食品的干制(或干燥)是指利用自然条件或者人工控制使食品水分蒸发的过程。干制包括自然干燥(如晒干、风干等)和人工干燥(如热风干燥、接触式干燥、辐射干燥、升华干燥等)。无论采用何种干燥方法所制的产品均称为干制品或者脱水食品。

食品干制是一项重要食品加工方法，也是食品保藏的重要手段，通过干制把食品中的大部分水分除去，可以达到降低水分活度，抑制微生物的生长繁殖、酶的活性以及其他理化成分的变化，从而延长食品的贮藏期限，这一过程就是食品的干制保藏，简称干藏。食品干制后质量减轻、容积缩小，一般质量变为原来的 1/8～1/2，可以显著地节省包装、贮藏和运输费用，便于储运、供应。

4.1 食品干制保藏的原理

4.1.1 水分活度与微生物的关系

1. 食品中水分的存在形式与水分活度

食品的腐败变质与食品中水分含量具有一定的关系，人们知道食品在潮湿时容易腐败变质，而干燥状态时则保藏期更长一些。但仅仅知道食品中的水分含量还不足以预言食品的稳定性。比如鲜肉与咸肉，水分含量差不多，但保藏期却明显不同，这与水在食品中的存在状态和形式有关。

根据食品中水的存在形式，可以将水分为结合水和自由水。结合水是指不易流动，不易结冰(即使在−40℃下)，不能作为外加溶质的溶剂，其性质显著不同于纯水的性质，这部分水分被化学或物理的结合力所固定。食品中除了结合水以外的水统称为自由水，是食品湿物料内的毛细管或空隙中保留和吸着的水分，以及物料外表面附着的润湿水分，依靠表面附着力、毛细管力和水分黏着力而存在于湿物料中。这部分水在食品加工时表现的性质几乎与纯水相同，容易结冰也能溶解溶质，在干燥过程中既能以液体形式又能以蒸汽的形式移动。

食品的腐败变质，通常是由微生物作用和生化反应造成的，任何微生物进行生长繁殖以及多数化学反应都需要以水作为溶剂和介质。自由水最容易被微生物、酶、化学反应所利用，而结合水难以被利用，结合力越大，越难以被利用。因此，影响食品稳定性的并不是水分的总量，而是能为微生物、酶和化学反应所利用的水分，即有效水分，这部分水分与水分活度有关。

水分活度是食品固有性质，描述了水在食品中与非水成分相互作用的程度，反映了食品中水分的结合状态，是食品中可以被微生物所利用及参与化学反应的有效水分的估值。食品的水分活度在 0～1，水分活度越小，则水被结合的力就越大，能被微生物和生化反应利用的水分就越少。干制就是通过对食品中水分的脱除，进而降低食品的水分活度，从而限制微生物的生长繁殖、酶的活力以及化学反应的进行，达到长期贮藏的目的。

2. 水分活度与微生物生长发育的关系

微生物的生命活动离不开水，任何微生物都有其适宜生长的水分活度范围，这个范围的下限称为最低水分活度，即当水分活度低于这个极限值时，该种微生物就不能生长、繁殖，最终可能导致死亡。水分活度与微生物生长的关系如表 4-1 所示。

表 4-1　食品的 A_w 与微生物的生长关系

A_w 范围	在此范围的最低 A_w 一般能抑制的微生物	在此 A_w 范围的食品
0.95～1.0	假单胞菌、大肠杆菌变性杆菌、志贺菌属、克霍伯氏菌属、芽孢杆菌、产气荚膜梭状芽孢杆菌、一些酵母	极易腐败变质(新鲜)食品、罐头食品、蔬菜、肉、鱼以及牛乳、熟香肠和面包，含有约 40% 蔗糖或 7% 氯化钠的食品
0.91～0.95	沙门氏杆菌属、副溶血红蛋白弧菌、肉毒梭状芽孢杆菌、沙雷杆菌、乳酸杆菌属、足球菌、一般霉菌、酵母(红酵母、毕赤酵母)	一些干酪、腌制肉(火腿)、一些水果汁浓缩物，含有 55% 蔗糖或 12% 氯化钠的食品
0.87～0.91	许多酵母(假丝酵母、球拟酵母、汉逊酵母)、小球菌	发酵香肠、松软蛋糕、干酪、人造奶油，含 65% 蔗糖或 15% 氯化钠的食品
0.80～0.87	大多数霉菌(产生毒素的青霉菌)、金黄色葡萄球菌、大多数酵母菌(拜耳酵母)、德巴利氏酵母菌	大多数浓缩水果汁、甜炼乳、巧克力糖浆、糖浆和水果糖浆、面粉、米、含有 15%～17% 水分的豆类食物、水果蛋糕、家庭自制火腿、微晶糖膏、重油蛋糕
0.75～0.80	嗜旱霉菌(谢瓦曲霉、白曲霉、*Wallemia Sebi*)、二孢酵母	果酱、加柑橘皮丝的果冻、杏仁酥糖、糖渍水果、一些棉花糖
0.65～0.75	耐渗透压酵母(鲁酵母)、少数霉菌(刺孢曲霉、二孢红曲霉)	含有约 10% 水分的燕麦片、颗粒牛轧糖、棉花糖、果冻、糖蜜、粗蔗糖、一些果干、坚果
0.60～0.65	微生物不增殖	含有 15%～20% 水分的果干、一些太妃糖与蔗糖、蜂蜜
0.50	微生物不增殖	含约 12% 水分的酱、含约 10% 水分的调味料
0.40	微生物不增殖	含约 5% 水分的全蛋粉
0.30	微生物不增殖	含 3%～5% 水分的曲奇饼干、脆饼干、面包硬皮等

续表

A_w 范围	在此范围的最低 A_w 一般能抑制的微生物	在此 A_w 范围的食品
0.20	微生物不增殖	含 2%～3% 水分的全脂乳粉、含约 5%水分的脱水蔬菜、含约 5%水分的玉米片、家庭自制的曲奇饼、脆饼干

大多数细菌在 A_w<0.94 时不能生长发育，大多数酵母菌在 A_w<0.85 时不能生长发育，A_w 为 0.70～0.74 时，大多数霉菌生长发育受到限制，大多数耐盐细菌最低 A_w 为 0.75，耐干燥霉菌和耐高渗透压酵母菌的最低 A_w 为 0.60～0.65。一般认为，在 A_w<0.60 时几乎所有微生物的生长都被抑制。从食品的角度看，大多数新鲜食品的水分活度在 0.99 以上，适合各种微生物生长，只有当水分活度降至 0.75 以下时，食品的腐败变质才显著减慢，水分活度降到 0.70 以下时，物料才能在室温下进行较长时间的贮存。

值得注意的是，虽然常用的干燥方法会伴随着温度的升高而变化，但通常采用的干燥温度不是很高，即使是高温干燥，因脱水时间极短，微生物只能随着干燥过程中水分活度的降低慢慢进入休眠状态。干燥过程并不能将微生物全部杀死，不能代替食品必要的消毒杀菌处理，只是抑制它们的活动。因此，干制品并非无菌，当遇潮湿气候或复水后，残留微生物仍能复苏并再次生长，引起干制品腐败变质。

4.1.2 水分活度与酶的关系

1. 水分活度与酶活性的关系

水分在酶促反应中，既起到媒介的作用(促进底物和酶的扩散)，又起到反应物的作用(水解反应的底物)，有时还可能起到激活酶活性的作用。如图 4-1 所示，酶活性随水分活度的降低而降低，通常在水分活度为 0.75～0.95 的范围内酶活性达到最大，在 A_w<0.65 时，酶活性降低，但要抑制酶活性，A_w 应在 0.15 以下，而通常的干燥很难达到这样低的水分活度。同干燥对微生物的作用一样，食品干燥过程不能替代酶的钝化和失活处理，干制品中，酶仍会缓慢地活动，从而可能引起食品品质劣化或变质，因此，仅靠减小水分活度来抑制酶对干制品品质的影响并不十分有效。

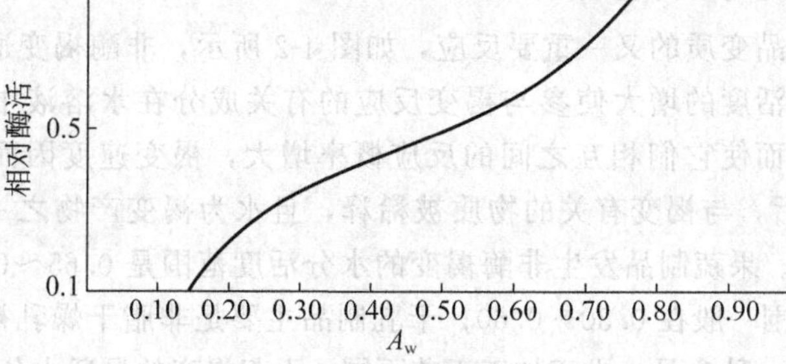

图 4-1 水分活度与酶活性的关系

2. 水分活度与酶热稳定性的关系

水分活度与酶热稳定性之间存在一定的关系，水分含量越高，酶的失活温度越低。酶在湿热条件下易钝化，如在湿热条件下，100℃瞬间即能破坏它的活性，但在干热的条件下难于钝化，即使用204℃这样的高温热处理，钝化效果也极其微小。因此，控制干制品酶的活性，最为有效的办法是在干燥前对食品进行湿热或化学钝化处理，使酶钝化、失活。

4.1.3 水分活度与其他变质因素的关系

1. 水分活度与脂肪氧化的关系

脂肪氧化是食品腐败变质的主要反应之一，其反应速度受到温度、氧气的供应、水分活度、光照等因素的影响。水分活度与脂肪氧化反应的关系如图4-2所示，$A_w<0.10$的干燥食品因氧气与油脂结合的机会多，氧化速度非常快，所以即使水分活度很低，含有不饱和脂肪酸的食品也极容易氧化酸败。之后，随着水分活度的升高，氧化速度降低，其原因是食品中的水分子与过氧化物发生氢键结合，减缓了过氧化物分解的速度，且水能与微量的金属离子结合，产生不溶性金属水合物而使其失去催化活性或降低催化活性。当$A_w>0.50$时，水的存在提高了催化剂的流动性而使油脂的氧化速度增加。

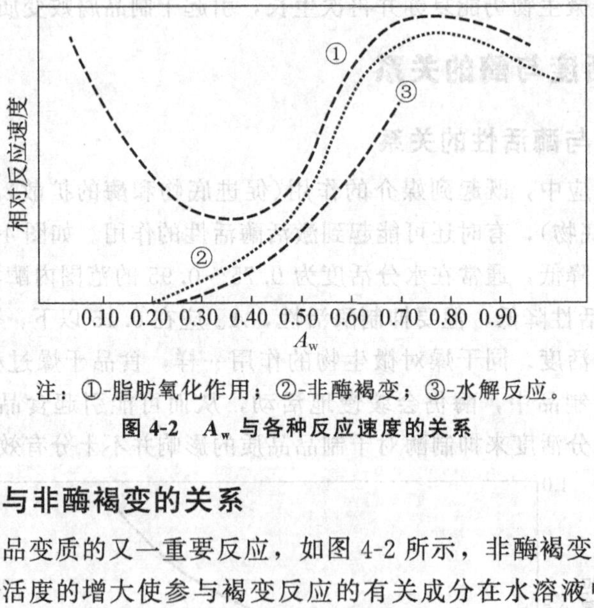

注：①-脂肪氧化作用；②-非酶褐变；③-水解反应。

图4-2 A_w与各种反应速度的关系

2. 水分活度与非酶褐变的关系

非酶褐变是食品变质的又一重要反应，如图4-2所示，非酶褐变适宜的水分活度为0.60～0.80。水分活度的增大使参与褐变反应的有关成分在水溶液中的浓度增加，流动性逐渐增大，从而使它们相互之间的反应概率增大，褐变速度因而逐渐加快。但水分活度超过0.80后，与褐变有关的物质被稀释，且水为褐变产物之一，水分增加将使褐变反应受到抑制。果蔬制品发生非酶褐变的水分活度范围是0.65～0.75；肉制品发生褐变的水分活度范围一般在0.30～0.60；干乳制品主要是非脂干燥乳褐变，水分活度大约在0.70。即使同一种食品，由于加工工艺不同，引起褐变的最适水分活度也有差异。

4.2 食品的干制过程

4.2.1 食品干制过程中的湿热传递

食品的干制过程实质上是指食品物料从干燥介质中吸收足够的热量，使其所含水分向表面转移并排放到环境中，从而导致其含水量不断降低的过程。这个过程包含两个方面，一方面是食品中水分子从内部迁移到与干燥热空气接触的表面，再根据表面与空气中的蒸汽压差扩散到空气中的水分转移；另一方面是热空气中的热量从空气传到食品表面，再传到食品内部的热量传递。因此，食品干燥过程既有水分转移又有热量传递，是湿热传递的过程。

图 4-3 表示食品干燥过程的水分传递和热量传递。当潮湿的食品从干燥介质中吸收热量使其温度升高到蒸发温度后，其表层水分就由液态变成气态向外界转移，结果在食品表面与中心出现水分梯度。在水分梯度的作用下，食品内部的水分不断向表面扩散和向外界转移，从而使食品的含水量逐渐降低。同时，在热空气中，食品表面受热高于其中心受热，因而在物料内部会建立一定的温度差，即温度梯度，这种温度梯度的存在也会影响食品干燥过程。因此，食品湿热传递过程包括水分从食品表面向外界蒸发转移的给湿过程，以及物料中心水分向表面扩散转移的导湿过程。

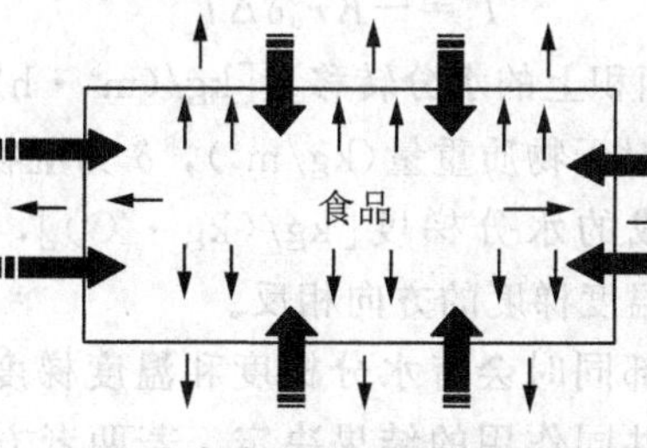

图 4-3 干燥过程湿热传递模型

1. 给湿过程

干燥过程中，湿物料表面的水分受热蒸发，向周围空气介质扩散，这个过程称为给湿过程，同时，物料表面又被内部向外转移的水分所湿润。水分的这种给湿过程与自由液面蒸发水分相似，但因为食品表面粗糙，水分蒸发面积大于几何面积，再加上毛细管多孔性物料内部也有水分蒸发，给湿过程的干燥强度就会大于自由液面的水分蒸发强度。给湿过程中的水分蒸发强度可用式(4-1)表示：

$$q=\alpha_{mp}(P-P_0)\frac{760}{B} \tag{4-1}$$

式中，q 为湿物料的给湿强度[kg/(m² · h)]，α_{mp} 为湿物料的给湿系数[kg/(m² · h)]，可根据公式 $\alpha_{mp}=0.022\,9+0.017\,4\nu$（$\nu$ 为介质流速）来计算，P 为湿物料湿球温度下的饱和蒸气压(N/m²)，P_0 为热空气的水蒸气分压(N/m²)，B 为当地大气压(N/m²)。

由式(4-1)不难看出，给湿过程的干燥速率主要取决于空气的温度、相对湿度、空气流速以及食品表面向外扩散的蒸气条件。

2. 导湿过程

(1)导湿性

干制过程中，由于表面水分的不断蒸发，食品的水分含量由表至里逐渐减少，因此，食品内部存在一个由表面指向中心的水分梯度(湿度梯度)。水分梯度的存在使内部水分向表层迁移，这种现象称为导湿现象，也可称为导湿性。导湿过程中所引起的水分转移量计算公式为

$$I_w = -Kr_0 \Delta M \tag{4-2}$$

式中，I_w 为单位时间内单位面积上的水分转移量[kg/(m^2·h)]，K 为导温系数(m^2/h)，r_0 为单位体积内湿物料中绝对干物质重量(kg/m^3)，ΔM 为水分梯度(kg/kg·m)，“—”表示水分转移的方向与水分梯度的方向相反。

式(4-2)中的 K 为导温系数，表示待干物料水分扩散能力，它在干燥过程中并非稳定不变，因物料湿度和物料水分的状态而异。

(2)导湿温性

在空气对流干燥中，干燥初期，物料表面受热高于它的中心，因而在物料内部会建立一定的温度梯度。温度梯度将促使水分(不论液态或气态)从高温处向低温处转移。这种由温度梯度引起的导湿温现象称为导湿温性。导湿温性引起水分转移的量计算公式为

$$I_t = -Kr_0 \delta \Delta T \tag{4-3}$$

式中，I_t 为单位时间内单位面积上的水分转移量[kg/(m^2·h)]，K 为导温系数(m^2/h)，r_0 为单位体积内湿物料中绝对干物质重量(kg/m^3)，δ 为湿物料的导湿温系数，即温度梯度为1℃/m 时物料内形成的水分梯度[kg/(kg·℃)]，ΔT 为温度梯度(℃/m)，“—”表示水分转移的方向与温度梯度的方向相反。

干燥过程中，湿物料内部同时会有水分梯度和温度梯度存在，因此，水分流动的方向将由导湿性和导湿温性共同作用的结果决定。若两者方向一致，则在两者共同的推动下水分总流量 I_{total} 是两者之和，即 $I_{total} = I_w + I_t$。对于空气对流干燥和一般的辐射干燥，物料内部的温度梯度和水分梯度方向相反。若导湿性比导湿温性强，水分将向物料水分减少方向转移，以导湿性为主，而导湿温性成为阻碍因素，水分扩散则受阻。若导湿温性比导湿性强，水分随热流方向转移，并向物料水分增加方向发展，而导湿性成为阻碍因素。在大多数食品的干燥中，导湿温性是阻碍水分扩散的因素。

当干燥较薄的湿物料时，可以认为物料内部不存在温度梯度，因此物料内部只进行导湿过程。此外，对于采用接触干燥和微波加热的干燥，两种梯度方向一致，水分由内向外传递速度加快，从而缩短了干燥时间。

4.2.2 食品干制过程的特征曲线

食品干制的特征可以用干燥曲线、干燥速率曲线、食品温度曲线完整表达，根据3条特征曲线，可将干燥过程分为3个阶段，即预热阶段Ⅰ、恒率干燥阶段Ⅱ、降率干燥阶段Ⅲ，食品干燥特征曲线如图4-4。

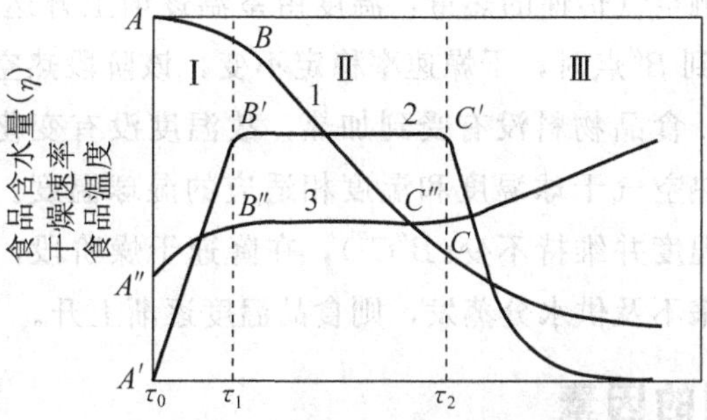

注：1-干燥曲线；2-干燥速率曲线；3-食品温度曲线。

图 4-4　食品干燥特征曲线

1. 干燥曲线

干燥过程中食品绝对水分与干燥时间的关系曲线，表示食品水分含量随干燥时间的变化曲线，称为干燥曲线，典型的干燥曲线如图 4-4 中曲线 1 所示。

当潮湿食品被置于加热的空气中进行干燥时，首先食品被预热，食品表面受热后水分就开始蒸发，但此时由于存在温度梯度会使水分的迁移受到阻碍，因而水分的下降较缓慢(AB)；随着温度的传递，温度梯度减小或消失，则食品中的自由水(毛细管水分和渗透水分)蒸发和内部水分迁移快速进行，水分含量出现快速下降，几乎是直线下降(BC)；当达到较低水分含量(C 点)时，水分下降减慢，此时食品中水分主要为多层吸附水，水分的转移和蒸发则相应减少，该水分含量被称为干燥的第一临界水分；当水分减少趋于停止或达到平衡时，最终食品的水分含量达到平衡水分。平衡水分取决于干燥时的空气状态如温度、相对湿度等。水分含量曲线特征的变化主要由内部水分迁移与表面水分蒸发或外部水分扩散所决定。

2. 干燥速率曲线

干燥速率是水分子从食品表面跑向干燥空气的速度，图 4-4 中曲线 2 就是典型的干燥速率曲线。

食品被加热，水分开始蒸发，干燥速率由小到大一直上升，随着热量的传递，干燥速率很快达到最高值($A'B'$)，为升速阶段；达到 B' 点时，干燥速率最大，此时水分从表面扩散到空气中的速率等于或小于水分从内部转移到表面的速率，干燥速率保持稳定不变，是第一干燥阶段，又称为恒速干燥阶段($B'C'$)。干燥速率曲线达到 C' 点，对应于食品第一临界水分(C 点)时，物料表面不再全部为水分润湿，干燥速率开始减慢，由恒速干燥阶段到降速干燥阶段的转折点 C'，称为干燥过程的临界点。干燥过程跨过临界点后，进入降速干燥阶段，这就是第二干燥阶段的开始。该阶段开始汽化物料的结合水分，干燥速率随着物料含水量的降低、迁移到表面的水分不断减少而逐渐下降。

3. 食品温度曲线

食品温度曲线表示干燥过程中食品的温度和干制时间的关系曲线，图 4-4 中曲线 3 是食品温度曲线。

干制初期食品接触空气传递的热量，温度由室温逐渐上升达到 B''点，是食品初期加热阶段($A''B''$)；达到 B''点时，干燥速率稳定不变，该阶段热空气向食品提供的热量全部消耗于水分蒸发，食品物料没有受到加热，故温度没有变化。物料表面温度等于水分蒸发温度，即和热空气干球温度和湿度相适应的湿球温度。在恒速阶段，食品物料表面温度等于湿球温度并维持不变($B''C''$)，在降速干燥阶段，温度上升直到干球温度，说明水分的转移来不及供水分蒸发，则食品温度逐渐上升。

4.2.3 影响干制的因素

食品在干燥过程中，湿热传递的速度受到很多因素的影响，一方面食品物料的成分及其在干燥过程中的变化都会极大地影响热量与水分的传递，从而影响其干燥速率；另一方面干燥速率还受到干制条件的影响，如干燥机类型和操作工艺条件等。

1. 食品物料的组成与结构

(1)食品成分与质地的均一性

从分子组成角度来看，真正具有均一组成结构的食品物料并不多。正在干燥的一片肉，肥瘦组成不同的部位将有不同的干燥速率，尤其当水分的迁移需要通过脂肪层时对干燥速率影响更大。因此，干燥肉类时将肉层与热源相对平行，避免水分透过脂肪层，可获得较快的干燥速率。食品成分在物料中的位置对干燥速率的影响也发生于乳状食品，油包水型乳浊液的脱水速率慢于水包油型乳浊液。

(2)溶质的类型和含量

食品组成决定了干燥时水分子的流动性，特别是在低水分含量的时候，食品中的溶质如糖、淀粉、盐和蛋白质与水相互作用，会抑制水分子的流动性。在高浓度溶质(低水分含量)时，溶质会影响水分活度和食品的黏度。黏度增大降低水分转移速率，从而降低干燥速率。溶质的存在提高了水的沸点，影响了水分的汽化，另外像糖等溶质浓度高时容易在外层形成硬壳而阻碍水分的汽化。因此溶质浓度越高，维持水分的能力越大，相同条件下干燥速率下降。

(3)细胞结构

天然动植物组织都是具有细胞结构的活组织，其细胞内及细胞间维持着一定的水分，具有一定的膨胀压，可保持其组织的饱满与新鲜状态。当动植物死亡，其细胞膜对水的透性加强。尤其在受热(如漂烫或烹调)时，细胞蛋白质发生变性，失去了对水分的保护作用。因此，经热处理的果蔬与肉、鱼类的干燥速率要比其新鲜状态时快。

2. 物料的表面积

湿热传递的速度随食品表面积的增大而加快，把被干燥的物料分割成薄片、小块或粉碎后再进行干燥，不仅可以增加食品与传热介质的接触面积，使水分逸出面积增大，而且缩短了热与质的传递距离，从而加速了水分的扩散和蒸发。食品表面积越大，料层厚度越薄，干燥效果越好，这几乎适用于所有类型的食品干燥。

3. 干制工艺条件的影响

(1)温度

以空气作为干燥介质时，提高空气温度可以使干燥加快。由于温度提高，传热介质与食品间温差加大，热量向食品传递的速率越大，水分外逸速率因而加速。对于一定相对湿度的空气，随着温度提高，空气相对饱和湿度下降，这会使水分从食品表面扩散的动力增大。另外，温度高，水分扩散速率也加快，从而使内部干燥加速。然而需要注意的是，若以空气作为干燥介质，温度并非主要因素，因为食品内水分以水蒸气的形式外逸时，将在其表面形成饱和水蒸气层，若不及时排除掉，将阻碍食品内水分进一步外逸，从而降低水分的蒸发速度，温度的影响也将因此而下降。

(2)空气相对湿度

脱水干制时，如果用空气作为干燥介质，空气相对湿度越低，食品干燥速率也越快。因为食品表面和干燥空气之间的水分蒸汽压差是影响食品表面水分向外扩散的推动力。近于饱和的湿空气进一步吸收水分的能力远比干燥空气差，饱和的湿空气不能再进一步吸收来自食品的蒸发水分。空气的相对湿度不仅会影响干燥速度，同时食品的水分能下降的程度也是由空气湿度所决定的。食品的水分始终要和周围空气的湿度处于平衡状态。

(3)空气流速

以空气作为传热介质时，空气流速加快，食品干燥速率提高。其原因是空气流速增大，能及时将聚集在食品表面附近的饱和湿空气带走，以免其阻止食品内水分进一步蒸发；同时还因和食品表面接触的空气量增加，而显著加速食品中水分的蒸发。

(4)大气压力和真空度

气压影响水的平衡，因而能够影响干燥，在相同温度及其他条件不变的情况下，气压下降，水沸点相应下降，水的沸腾蒸发加快。因此，如果食品处于真空条件下干燥，水分就会在较低的温度下蒸发，而较低的蒸发温度对热敏性物料具有很好的保护作用。

4. 食品干制工艺条件选择

干制品的质量在很大程度上取决于所用的干制工艺条件，因此如何选择干制工艺条件是食品干制最重要的问题之一。食品干制工艺条件因干制方法而异，以热空气为干燥介质时，其空气温度、相对湿度、流速和食品的温度为主要工艺条件，真空干燥时主要包括干燥温度、真空度等。

最理想的干制工艺条件为：使干制时间最短、热能和电能的消耗量最低、干制品的质量最高。但在具体干燥设备中难以达到理想的干燥工艺条件，为此可以根据实际情况选择相对合理的工艺条件。合理选用干制工艺条件的基本原则如下。

①食品干制过程中选用的工艺条件必须使食品表面的水分蒸发速率尽可能等于食品内部的水分扩散速率，同时力求避免在食品内部建立起和湿度梯度方向相反的温度梯度，以免降低食品内部的水分扩散速率。在导热性较小的食品中，若水分蒸发速率大于食品内部的水分扩散速率，则表面会迅速干燥，表层温度升高到介质温度，建立

温度梯度，更不利于内部水分向外扩散，而形成干硬膜。降低空气温度和流速，提高空气相对湿度就能对表面水分的蒸发进行有效的控制。降低空气温度有利于减少食品内部的温度梯度，提高空气相对湿度有利于增加食品导湿性，必要时可以防止干裂。

②在恒速干燥阶段，物料表面温度不会高于湿球温度，为了加速蒸发，在保证食品表面的蒸发速率不超过内部的水分扩散速率的原则下，应尽可能提高空气温度。此时提供的热量主要用于水分的蒸发，物料表面温度是湿球温度。

③在降速干燥阶段，应设法降低表面蒸发速率，使它能和逐步降低的内部水分扩散速率一致，同时也可以避免食品表面过度受热，导致不良后果。可通过降低干燥介质的温度和空气的流速，提高空气的相对湿度(如加入新鲜空气)进行控制。

④干燥末期干燥介质的相对湿度应根据预期干制品水分加以选用。一般应达到与当时介质温度和相对湿度条件相适应的平衡水分。当干制品水分低于与当时介质温度和相对湿度条件相适应的平衡水分时，就需要降低空气相对湿度，才能达到最后干制品水分的要求。

4.3 食品常用的干制方法

食品的干制根据所用热量的来源，分为自然干制和人工干制两大类。自然干制主要是晒干和风干。人工干制方法很多，按照连续与否分为间歇式干燥和连续干燥，按照真空与否分为常压干燥和真空干燥，按照工作原理分为空气对流干燥、接触干燥、冷冻干燥和辐射干燥。

4.3.1 自然干制

自然干制是在自然环境条件下干制食品的方法，是将食品或食品原料置于晒场、晒席或晒架上，利用阳光及空气，将食品物料中的水分含量降低到和空气温度及其相对湿度相适应的平衡水分为止。有晒干和风干两种形式。

晒干是将原料放置在阳光直射和通风良好的地方，利用太阳照射促使物料的水分蒸发，同时利用风力把原料周围的水蒸气不断带走以达到干燥目的。风干是在无太阳直接照射的情况下，主要利用风力使干燥空气不断流经食品物料表面，带走物料中的水分，并补充水分蒸发所需要的热量而达到干燥的目的。晒干过程通常包含风干的作用。炎热、干燥和通风良好的气候环境条件适宜采用自然干燥，我国北方和西北地区的气候常具备这种特点。

自然干燥的优点是方法简单、不需设备投资、节省能耗、费用低廉；缺点是干燥过程缓慢，干燥时间长；受气候条件的限制，如遇阴雨天，微生物容易繁殖；干燥过程不能人为控制，难以制成品质优良的产品；容易遭受灰尘、杂质、昆虫等污染及鸟类、啮齿动物的侵袭，产生损耗又不卫生。

4.3.2 人工干制

人工干制就是在人工控制工艺条件下干制食品的方法，可以克服自然干制的一些缺点，不受气候条件的限制，因此干燥迅速，干燥时间短，干制品品质好，但人工干制需要一定的干制设备，且操作比较复杂，生产成本较高。按照热交换的方式和水分除去的方式不同，人工干制分为空气对流干燥、接触干燥、冷冻干燥和辐射干燥。

1. 空气对流干燥

空气对流干燥是最常见的食品干燥方法，是以空气作为介质，将热量传递给食品，食品表面上的水分就会发生气化，并且通过表面的气膜向空间扩散，这时候由于食品表面水分蒸发就会造成和食品中心水分的水分梯度差，造成食品中心水分不断地向食品表面扩散，进一步地蒸发离开食品。热空气即是载热体，把热量传递给食品，又是载湿体，把水分从食品中带出。

(1)箱式干燥

箱式干燥是一种比较简单的间歇式干燥设备的干燥方法，该类设备主要由加热器、鼓风机、干燥室、物料盘等组成。空气由鼓风机送入干燥室，经加热器加热及滤筛清除灰尘后，流经载有食品的料盘，直接和食品接触，将热量传递给食品，完成干燥，同时携带着从食品中蒸发出来的水蒸气，由排气道排出。图 4-5 所示为典型并流箱式干燥设备结构示意图。

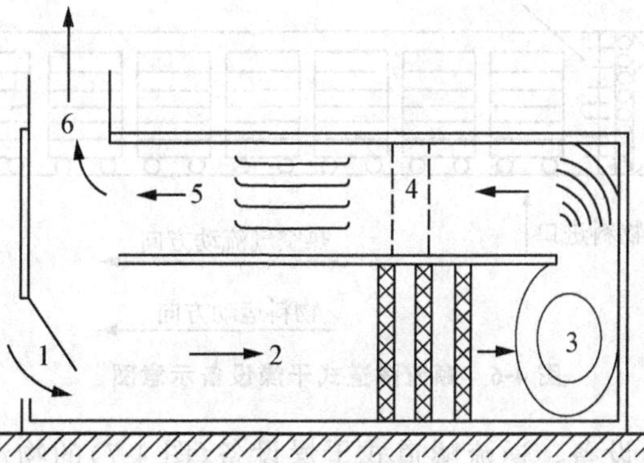

注：1-新鲜空气进口；2-排管加热器；3-送风机；4-滤筛；5-料盘；6-排气口。

图 4-5 典型并流箱式干燥设备结构示意图

箱式干燥中，根据强制通风方式可以分为不同类型。热风沿湿物料表面平行通过的称为并流箱式干燥；热风垂直通过湿物料表面的称为穿流箱式干燥，该设备只需在有孔的料盘之间插入斜放的挡风板，引导热风垂直通过料层即可。穿流箱式干燥中，干燥动力消耗较并流箱式干燥器大，对设备密封性要求较高，但由于热空气和湿物料的接触面积大，内部水分扩散距离短，其干燥速率通常是并流箱式干燥的 3～10 倍。

箱式干燥设备制造和维修方便，属于间歇式干燥设备，工艺条件易控制，多用于固体食品物料的干燥，但设备容量小，适于小批量生产。该设备存在热能利用不经济，生产效率较低等缺点。

(2)隧道式干燥

隧道式干燥是使用最为广泛的干燥方法之一，是在箱式干燥设备的基础上扩大加长，长度可达 10～15 m，可容纳 5～15 辆装满料盘的小车。其结构基本保持不变，如

图 4-6 所示。小车可以连续地进入隧道，从另一端出去，热空气也从一端进入，和小车的物料进行热量传递和水分的传递，最终使物料脱水。

隧道式干燥中，高温低湿空气进入的一端称为热端，低温高湿空气离开的一端称为冷端，湿物料进入的一端称为湿端，干制品离开的一端称为干端。按物流和气流运动的方向，隧道式干燥设备分为顺流隧道式干燥设备、逆流隧道式干燥设备及顺逆流组合式隧道式干燥设备。

①顺流隧道式干燥设备。在顺流隧道式干燥设备(图 4-6)中，热空气方向和湿物料运动的方向相同，它的热端是湿端，冷端为干端。当物料进入到隧道时，接触的热空气是高温低湿的热空气，相对来说干燥的速率比较快，如果快到一定程度会在食品表面形成干燥硬膜，而物料仍继续干燥和干缩时，内部就会干裂并形成多孔状结构。随着物料向冷端转移，物料变得越来越干，同时热空气的湿度也增大，导致热空气和物料传质的动力减少，同时温度下降，使物料水分蒸发极其缓慢，干制品平衡水分也将相应增加，以致食品最终的水分含量比较高，一般在10%以上。因此，吸湿性较强的食品不宜选用顺流隧道式干燥方法。

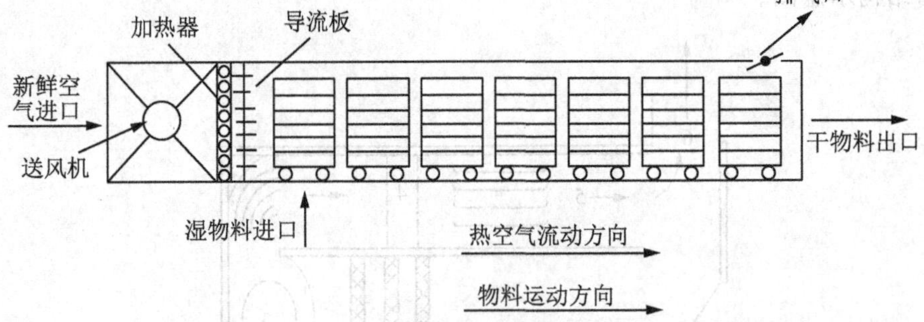

图 4-6　顺流隧道式干燥设备示意图

②逆流隧道式干燥设备。逆流隧道式干燥设备(图 4-7)的物流和气流方向恰好相反，它的湿端为冷端，而干端则为热端。当食品进入到隧道时，湿物料所接触的空气，基本上是完成了湿热传递的空气，所以是低温高湿的气体，气体传热传质的能力比较差，所以物料刚刚进入隧道时的干燥速率比较慢，表面不会形成硬壳，不会出现开裂现象。但湿物料载量不宜过多，否则湿端处于饱和状态，物料长时间与低温高湿的空

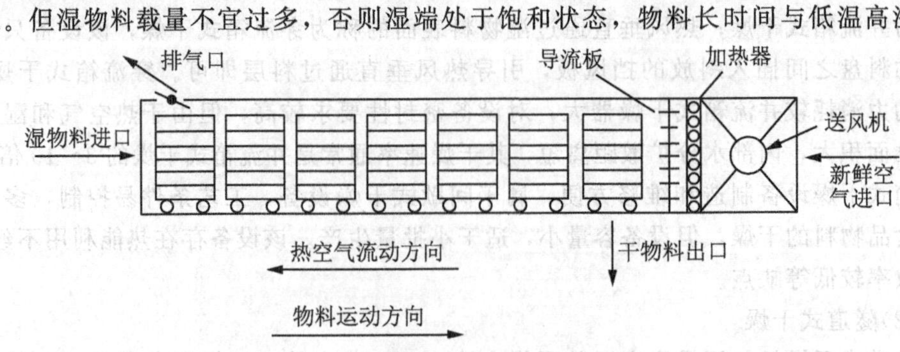

图 4-7　逆流隧道式干燥设备示意图

气相接触，易发生腐败变质现象。当物料流经整个隧道到达出口时，它所接触的空气是刚进来的高温低湿的空气，传热传质的能力非常高，可以把食品干燥到比较低的水分含量，所以最终食品的水分含量低，但干端进口温度不能过高，一般不超过 70℃，否则物料容易焦化。

逆流隧道式干燥设备对水果干制颇为适宜，软质水果更是如此，可避免因初始干燥速率过快，水分蒸发过速而导致的干裂流汁现象。李、梅等水果常用此法干制。

③顺逆流组合式隧道干燥设备。这种方式吸取了顺流隧道式干燥设备前期水分蒸发速率高和逆流隧道式干燥设备后期干燥能力强这两个优点，组成了湿端顺流和干端逆流的两段组合方式，如图 4-8 所示。它有两个热空气入口，分布在干湿两端，一般情况下湿端顺流段的长度比干端逆流段短，各干燥段的温度可以分别调节。废气由中央部位排出。整个过程空气流速均匀一致，传热传质速率稳定，与采用单一式干燥设备相比，干燥比较均匀，生产能力高，干燥时间短，干制品质量好。因此食品工业生产普遍采用这种组合方式，但其投资和操作费用高于单一式隧道干燥器。

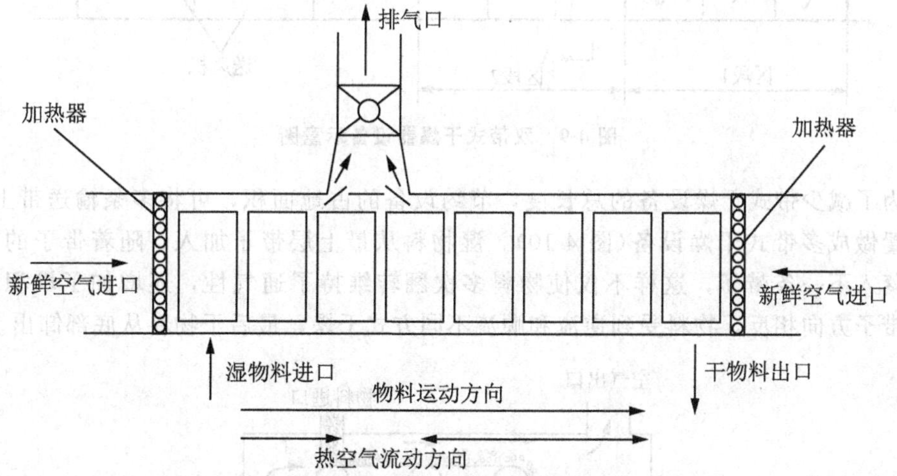

图 4-8 顺逆流组合式隧道干燥设备示意图

(3)输送带式干燥

输送带式干燥法除载料系统由输送带取代装料盘的小车外，其余部分基本和隧道式干燥设备相同。按照输送带的多少可以分为单带式、双带式和多带式。输送带通常是不锈钢的网状，也可以是多孔的板制成的，输送带本身是透气的，风可以穿过输送带，增加了干燥的面积，提高了换热的效率。可以达到穿流接触的目的。

单带式干燥器的带子较短，所以只适用于干燥时间短的物料。为了改善单带的不足，可以采用双带式干燥器，延长物料干燥的距离，使食品和干燥介质之间有一个充分的传热和传质过程，把食品彻底地干燥。双带式干燥器示意图如图 4-9 所示，物料从一段进入通过第一个输送带向前输送，然后进入第二个输送带，最后从出料口出去。当物料在输送带上干燥时可以区分不同的阶段，使空气的流向发生变化，同时可将不同区域空气的温度、湿度和流速单独控制，这样可以极大地改善物料干燥的效果。两条输送带串联组成，半干物料从第一个输送带末端到第二个输送带有一个抛撒的过程，物料不但混合了一次，而且还进行了重新堆积。物料的混合将改善干燥的均匀性，在物料容积因干燥而不断收缩的情况下，重新堆积还可以大量节省原来需要的载料面积。

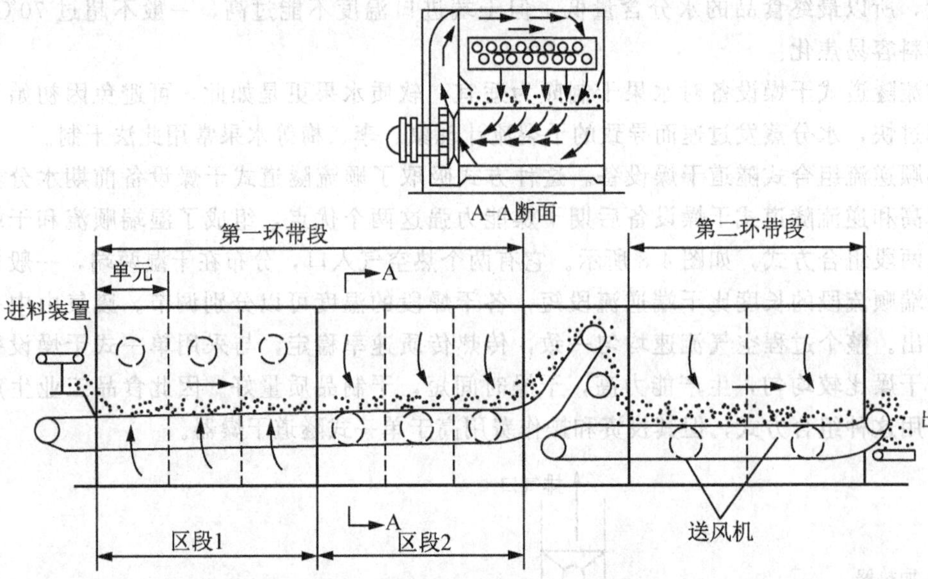

图 4-9　双带式干燥器设备示意图

为了减少带式干燥设备的总长度，节约设备的占地面积，可将多条输送带上下平行放置做成多带式干燥设备(图 4-10)。湿物料从最上层带子加入，随着带子的移动，依次落入下一条带子，这样不仅使物料多次翻转维持了通气性，还增加了堆积厚度，两条带子方向相反，物料受到逆流和顺流不同方式干燥，最后干物料从底部卸出。

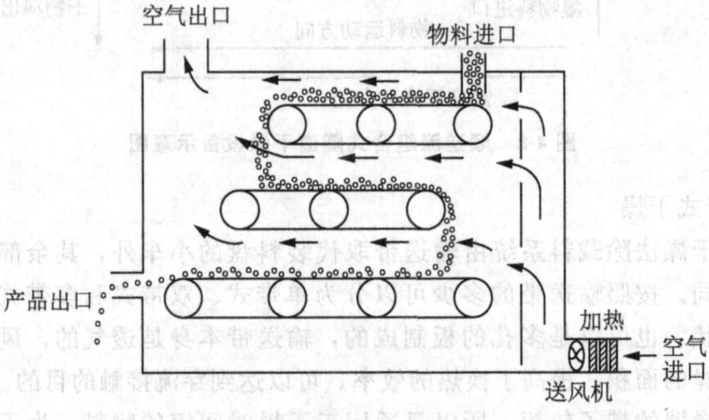

图 4-10　多带式干燥设备示意图

输送带式干燥的特点是可以实现连续化生产，劳动强度小，生产能力大；可使工艺条件更加合理和优化，获得品质更加优良的干制品；但是被干燥的湿物料必须事先制成分散的状态，以便减小阻力，使空气能顺利穿过带子上的物料层。

(4)气流干燥

气流干燥是一种连续高效的固体流态化干燥方法。它是把物料送入热气流中，物料一边呈悬浮状态与气流并流输送，一边进行干燥。气流干燥器只适用于潮湿状态下仍能在气体中自由流动的颗粒、粉状、片状或块状物料，如面粉、淀粉、葡萄糖、鱼粉等。典型的气流干燥器如图 4-11 所示。

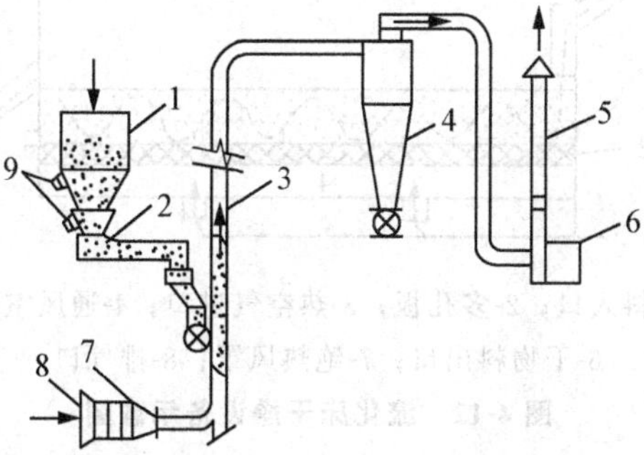

注：1-料斗；2-电磁给料器；3-干燥管；4-旋风分离器；5-排气管；6-风机；7-加热器；8-过滤器；9-振动器。

图 4-11　气流干燥器示意图

气流干燥设备由给料器、干燥管、风机、分离器等构成，湿物料通过给料器由干燥器的下端进入干燥管，被由下方进入的热空气向上吹起。在热空气与湿物料一起向上运动的过程中，互相之间充分接触，进行强烈的湿热传递，达到迅速干燥的目的。干燥好的产品由旋风分离器分离出来，废气由排气管排到空气中。

采用气流干燥时，由于干燥时物料在热风中呈悬浮状态，每个颗粒都被热空气所包围，因而能使物料最大限度地与热空气接触，因而干燥速度极快，大多数物料的气流干燥只需要 0.5～2 s，最长不超过 5 s。而且散热面积小，热效率高，可以实现小设备、大生产的目的。但由于空气流速高，对物料有损耗，故对结晶形状有一定要求的食品不宜采用，如白砂糖。此外，气流速度大，全系统阻力大，因而动力消耗大。

(5)流化床干燥

流化床干燥是将颗粒状食品置于干燥床上，使热空气以足够大的速度自下而上吹过干燥床，当流速为某一值时，颗粒即悬浮在上升的气流之中，随机运动颗粒与流体之间的摩擦力恰巧与其重力相平衡，物料呈流化状态，即保持缓慢沸腾状，故也将流化床干燥称为沸腾床干燥。流化促使物料向干燥室出口方向推移，调节出口挡板高度，保持干燥物料层深度，就可任意调节颗粒在干燥床内停留时间。流化床干燥示意图如图 4-12 所示。

流化床干燥的优点是设备设计简单，食品与空气接触面积大，湿热交换强烈，干燥速度快，并且不需要机械搅拌就能达到颗粒食品干燥均匀的要求。其缺点是风速过大，导致大多数热空气还没和物料接触完成湿热传递就经风道排出，造成热量的浪费。此外，颗粒食品易被高速气流带走而损耗。

(6)喷雾干燥

将溶液、浆液或微粒的悬浮液在热风中喷雾成细小的液滴，在其下落的过程中，水分迅速气化而成粉末或颗粒状的产品，称为喷雾干燥。喷雾干燥原理如图 4-13 所示。

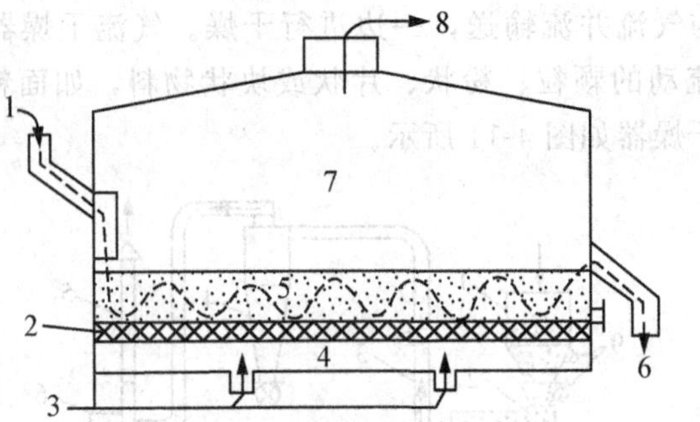

注：1-湿物料入口；2-多孔板；3-热空气进口；4-通风室；5-流化床；6-干物料出口；7-绝热风罩；8-排气口。

图 4-12　流化床干燥设备示意图

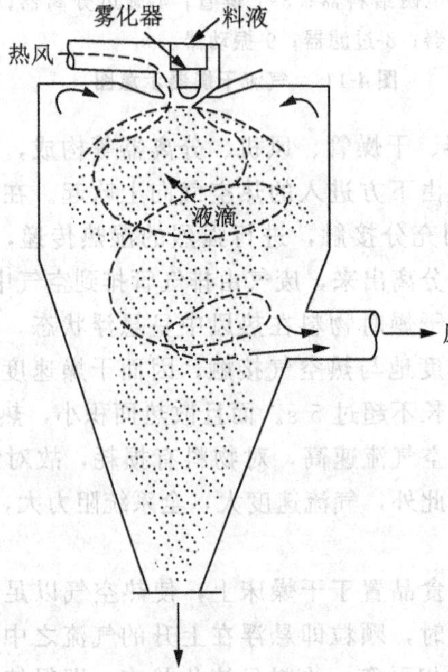

图 4-13　喷雾干燥原理示意图

喷雾干燥的基本流程：料液经过滤器由泵送至喷雾干燥器塔顶，同时空气进入鼓风机经过过滤器，空气加热器及空气分布器送入到干燥器顶端。料液经雾化装置喷成液滴，与高温热风在干燥器内迅速进行湿热传递，完成干燥过程。干制品从塔底卸料，热风降温增湿后，成为废气排出。废气中夹带的微粒用分离装置回收。

喷雾干燥器由雾化系统、干燥室、产品回收系统、供料及热风系统等部分组成。图 4-14 为喷雾干燥设备流程图。

雾化系统将待干燥料液喷洒成直径为 10～60 μm 的小液滴，以获得很大的汽化表面从而有利于水分的蒸发。合理选择雾化装置是喷雾干燥的关键，它不仅直接影响到产品品质，而且也在相当程度上影响干燥的技术经济指标。常用的雾化器有压力式、

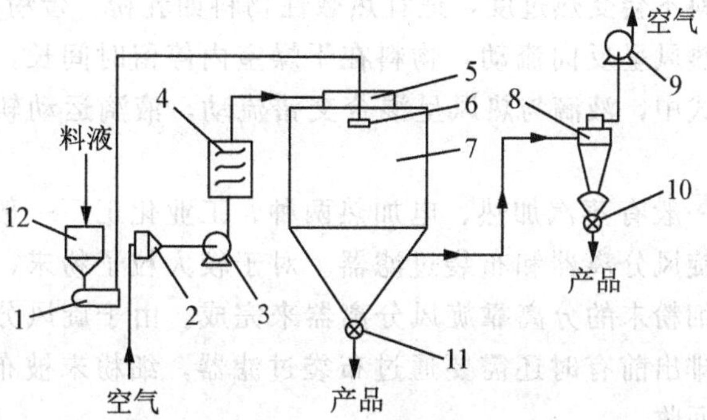

注：1-供料系统；2-空气过滤器；3-鼓风机；4-空气加热；5-热风分布器；6-雾化器；7-干燥室；8-旋风分离器；9-引风机；10，11-装卸阀；12-料液储槽。

图 4-14 喷雾干燥设备流程图

离心式、气流式三种。离心式雾化器是物料在高速转盘中（5 000～20 000 r/min）受离心力作用从盘边缘甩出而雾化。压力式喷雾器采用高压泵（1 700～3 500 kPa）使液体获得高压，高压液体通过喷嘴时，将压力能转变为动能而高速碰触时分散为雾滴。气流式雾化器是采用压缩空气或蒸汽以高速从喷嘴喷出，靠气流两相间的速度差所产生的摩擦力，使物料分裂为雾滴。三种雾化器特点的比较见表 4-2。食品工业中最常用的是压力式和离心式这两种。

表 4-2 雾化器的特点比较

形式	优点	缺点
离心式	①操作简单，对物料适应性强，适用于高浓度、高黏度物料的喷雾。 ②操作弹性大，在液量变化±25%时，对产品质量和粒度分布均无多大影响。 ③不易堵塞，操作压力低。 ④产品粒子成球形，外表规则，整齐	①喷雾器结构复杂，造价高，安装要求高。 ②仅适用于立式干燥机，且并流操作。 ③干燥机直径大。 ④制品密度小
压力式	①喷嘴结构简单，维修方便。 ②可采用多个喷嘴，提高设备生产能力。 ③可用于并流、逆流、卧式或立式干燥机。 ④动力消耗低。 ⑤制品密度大。 ⑥塔径较小	①喷嘴易堵塞、腐蚀和磨损。 ②不适宜处理高黏度物料。 ③操作弹性小
气流式	①可制粒径 5 μm 以下的产品，可处理黏度较大的物料。 ②塔径小。 ③并流、逆流操作均适宜	①动力消耗大。 ②不适宜于大型设备。 ③粒子均匀性差

干燥室是液滴和热空气接触的地方，液滴在雾化器出口处速度达 50 m/s，但很快降到 0.2～2 m/s，在整个干燥室的滞留时间为 5～100 s，食品水分含量降低至 5%～10%，甚至可达 2%。根据喷雾和气体的流动方向可分为并（顺）流、逆流及混流式三

种：并流式中，物料不会受热过度，适宜热敏性物料如乳粉、蛋粉、果汁粉等的干燥；逆流式中，液滴与热风呈反向流动，物料在干燥室内停留时间长，适宜水分含量高的物料的干燥；混流式中，液滴与热风呈混合交错流动，液滴运动轨迹长，适合不易干燥的物料。

空气加热系统一般有蒸汽加热、电加热两种，工业化工厂一般采用蒸汽加热。产品回收系统主要有旋风分离器和布袋过滤器。对于较大粒子粉末，由于自身重力而沉降到干燥室底部，细粉末的分离靠旋风分离器来完成。由于旋风分离器难以去除所有的细粉末，空气在排出前有时还需要通过布袋过滤器，细粉末被布袋捕获，最后用反向空气吹向布袋而回收。

喷雾干燥的特点是料液被雾化后，液体的比表面积非常大，这样大的比表面积与高温空气接触，瞬间就完成干燥，因此干燥时间很短，一般只需 5～40 s。由于干燥时间短，干燥过程液滴的温度较低，对热敏性物料较适合，易保持食品的色香味和营养成分。所有产品基本能保持与液滴相似的中空球状或疏松团粒状的粉末，故制品的分散性、疏松性好，可以在水中迅速溶解。喷雾干燥生产过程简单，操作方便，适宜连续化大规模生产。喷雾干燥的缺点是单位产品耗热量大，设备的热效率低。在进风温度不高时，一般热效率为 30%～40%。介质消耗量大，如用蒸汽加热空气，每蒸发 1 kg 水分需要 2～3 kg 蒸汽。

2. 接触干燥

接触干燥是指被干燥物料与加热面处于直接接触状态，蒸发水分的能量来自被加热的固体接触面，热量以传导方式传递给物料。接触干燥多为间壁传热，干燥介质可以选用蒸汽、热油或其他载热体，不像对流干燥那样必须加热大量空气，故热能的利用率比较高，但是被干燥物料的热导率一般很低，如果被干燥物料与加热面接触不良，热导率还会进一步降低。典型的接触干燥器是滚筒干燥器，按操作压力又可分为常压滚筒干燥和真空滚筒干燥。

(1)常压滚筒干燥

滚筒干燥器一般由一个或两个中空的金属圆筒组成。圆筒随水平轴转动，其内部由蒸汽或热水或其他载热体加热。滚筒可以浸渍在物料里边或将物料喷洒在滚筒表面，随着滚筒的转动可以在滚筒的表面形成一层物料膜，物料和滚筒进行充分的接触、传热和传质，转动一圈后再用刮刀从另一端把干燥好的物料刮下来，完成干燥过程。

滚筒干燥设备(图 4-15)常见的类型有单滚筒、双滚筒或对装滚筒等。单滚筒就是一个独立运转的滚筒，双滚筒由两个对向运转和相互连接的滚筒构成，调节双滚筒间距可控制干燥过程中滚筒表面上物料层厚度。对装滚筒是由相距较远、转向相反、各自运转的 2 个滚筒构成。按滚筒的供料方式又可分为浸液式、喷溅式及顶槽式等类型。

滚筒干燥的主要特点是可实现快速干燥，热效率高(可达 70%～80%)，热能经济，干燥费用低，对不易受热影响的食品，如麦片、米粉、马铃薯等，是一种费用较低的干燥方法，可适用于浆状、泥状、糊状、膏状物料。但由于滚筒表面温度较高，会使制品带有煮熟味和不正常的颜色。在干制水果、果汁一类热塑性的食品时，处于高温状态下的干制品会发黏并呈半熔化状态，干燥后很难刮下或即使刮下也难以粉碎，对此可在刮料前先行冷却，或在真空滚筒干燥设备中进行。

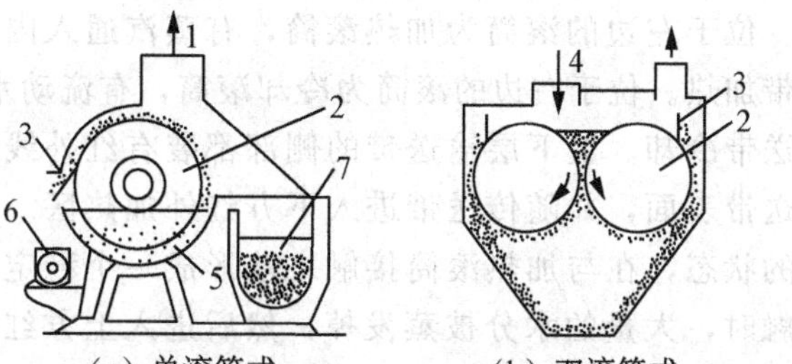

注：1-空气出口；2-滚筒；3-刮刀；4-加料口；5-料槽；6-螺旋输送器；7-贮料槽。

图 4-15　常压滚筒干燥器示意图

(2)真空滚筒干燥

为了处理热敏性较高的物料，可将滚筒密闭在真空室内，使干燥过程处在真空条件下即构成真空滚筒干燥器。真空滚筒干燥器也有单滚筒和双滚筒之分，图 4-16 为双滚筒真空干燥示意图。

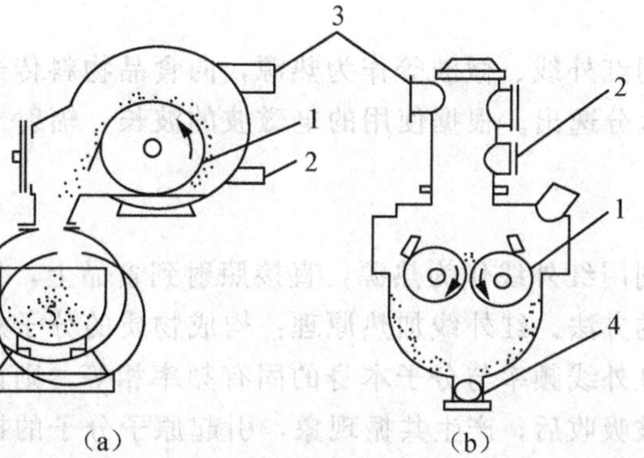

注：1-滚筒；2-加料口；3-接冷凝真空系统；4-卸料阀；5-贮料槽。

图 4-16　双滚筒真空干燥器示意图

对于在高温下会熔化发黏、干燥后很难刮下、即使刮下也难以粉碎的物料，可在刮料前先行冷却，使之成为较脆薄层的带式真空滚筒干燥器，如图 4-17 所示。

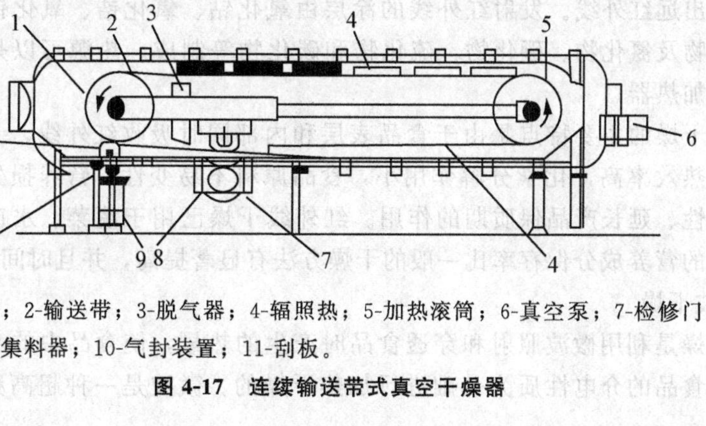

注：1-冷却滚筒；2-输送带；3-脱气器；4-辐照热；5-加热滚筒；6-真空泵；7-检修门；8-供料滚筒和供料盘；9-集料器；10-气封装置；11-刮板。

图 4-17　连续输送带式真空干燥器

干燥器的左端与真空系统相连接，器内的不锈钢输送带由两只空心滚筒支撑着并按顺时针方向转动。位于左边的滚筒为加热滚筒，有蒸汽通入内部，并以传导方式将移经该滚筒的输送带加热。位于右边的滚筒为冷却滚筒，有流动水通入内部进行循环，将移经该滚筒的输送带冷却。上下层输送带的侧部都装有红外线热源。物料由供料装置连续地涂布在传送带表面，并随传送带进入下方红外加热区。料层因受内部水蒸气的作用膨化成多孔的状态，在与加热滚筒接触之前形成一个稳定的膨松骨架，装料传送带与加热滚筒接触时，大量的水分被蒸发掉，然后进入上方红外加热区，进行后期水分的干燥，并达到所要求的水分含量，经冷却滚筒冷却变脆后，即可利用刮刀将干料层刮下。

真空干燥可使物料在干燥过程中的温度降低，避免过热；水分容易蒸发，干燥时间短；同时可使物料形成多孔状组织，产品的溶解性、复水性、色泽和口感较好；经济利用率高，适应性强。适用于热敏性物料，以及具有热黏结性，干燥后不易卸料、粉碎的食品。如果汁、番茄汁浓缩液、咖啡浸出液等。但与热风干燥相比，设备投资和动力消耗较大，干燥成本比较高。

3. 辐射干燥

辐射干燥是利用红外线、微波等作为热源，向食品物料传递能量，使物料内外部受热，从而使物料水分逸出。根据使用的电磁波的波长，辐射干燥分为红外线干燥和微波干燥两种。

(1)红外线干燥

红外线干燥是利用红外线作为热源，直接照射到食品上，使其温度升高，引起水分蒸发而获得干燥的方法。红外线加热原理：构成物质的分子总以自己的固有频率在振动着，若入射的红外线频率与分子本身的固有频率相等，则该物质就具有吸收红外线的能力，红外线被吸收后，产生共振现象，引起原子分子的振动和转动，从而产生热，使物质温度升高。水、有机物和高分子物质具有很强的吸收红外线的能力，特别是水，因此用红外线进行含水食品的干燥是非常合适的。

红外线干燥装置的形式有多种，其差别主要表现在红外线辐射元件上。红外线辐射元件虽然种类很多，但一般都由三部分组成，即金属或陶瓷的基体、基体表面发射远红外线的涂层以及使基体涂层发热的热源。由热源产生的热量通过基体传到涂层，使涂层发射出远红外线。发射红外线的涂层由氧化钴、氧化锆、氧化铁、氧化钇等氧化物的混合物及氮化物、硼化物、硫化物和碳化物等制成。热源可以是电加热器，也可以是煤气加热器。

红外线干燥的主要特点是由于食品表层和内部同时吸收红外线，干燥速率快，吸收均一，加热效率高，化学分解作用小，食品原料不易变性，营养损失小，兼有杀菌和降低酶活性、延长产品保质期的作用。红外线干燥已用于蔬菜、水产品、面制品的干燥，产品的营养成分保存率比一般的干燥方法有显著提高，并且时间大大缩短。

(2)微波干燥

微波干燥是利用微波照射和穿透食品时产生的热量，使食品中的水分蒸发而获得干燥，是以食品的介电性质为基础进行加热干燥的。微波是一种超高频的电磁波，其波长为0.001～1.000 m，频率为300～300 000 MHz，常用于食品加热和干燥的微波频率为915 MHz。

湿物料可以看作是电介质，而构成电介质的分子均是两端带有等量电荷的偶极子。这些偶极子通常是不定向排列的。当电介质置于电场中后，偶极子的排列方向就会随外加电场的方向而改变。由于外加电场是由微波产生的，因而电场方向将发生周期性改变，从而使偶极子的排列也跟随着做周期性转动。大量的偶极子在周期性转动中，必然会相互撞击、摩擦，从而产生热量。由于微波的频率极高，因而偶极子之间撞击、摩擦次数也极多，产生的热量也就相当大。

微波干燥设备由直流电源、微波发生器、波导管、微波干燥器及冷却系统等组成。微波发生器由直流电源提供高压并转换成微波能量，微波能量通过波导管输送到微波干燥器对被干燥物料进行加热。冷却系统用于对微波发生器的腔体及阴极部分进行冷却，冷却方式可分为风冷和水冷。

微波干燥的优点：微波干燥基本不存在内部传热现象，所以干燥速度极快，一般只需常规干燥法1/100～1/10的时间；食品加热均匀，避免了常规加热干燥时常出现的表面硬化和内外干燥不匀的现象，制品质量好；具有自动热平衡特性，在干燥时，微波将自动集中于水分上，而干物质所吸收的微波能极少，这样就避免了已干物质因过热而被烧焦；容易调节和控制，微波加热可迅速达到所要求的温度，而且微波加热的功率、温度等都可在一定范围内随意调节，自动化程度高；微波加热设备虽然在电源部分及微波管本身要消耗一部分热量，但由于加热作用始自加工物料本身，基本上不辐射散热，所以热效率高，热效率高达80%；同时，避免了环境高温，改善了劳动条件，也缩小了设备的占地面积。

微波干燥的主要缺点是耗电量较大，干燥成本较高。为此，可采用热风干燥与微波干燥相结合的方法，以降低干燥费用。即先用热风干燥法将食品的含水量降到30%左右，再用微波干燥法完成最后的干燥过程。如此既可使干燥时间比单纯用热风干燥时缩短3/4，又可使能耗比单独用微波干燥时减少3/4。另外，微波加热时，热量易向角及边处集中，产生所谓的尖角效应，这也是其主要缺点之一。

4. 冷冻干燥

冷冻干燥也称为升华干燥、真空冷冻干燥，是一种将食品先冻结，然后在较高的真空度下，通过冰晶升华作用将水分除去而获得干燥的方法。

(1)冷冻干燥的基本原理

根据水的三相平衡关系，在一定温度和压力下，水的三种相态之间可以相互转化。水的三相平衡图如图4-18所示，*AB*、*AC*、*AD*线分别称为升华曲线、溶解曲线和气化曲线，将整个坐标图分成3个部分，即气态G、液态L及固态S。三条曲线交点A为固、液、气三相共存的状态，称为三相平衡点，其温度为0.009 8℃，压强为610 Pa。升华现象是物质从固态不经液态而直接变成气态的过程，当压力低于610 Pa

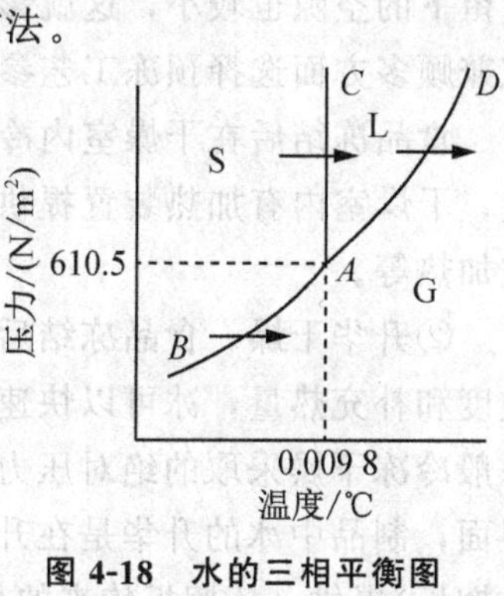

图4-18 水的三相平衡图

时，不论温度如何变化，水的液态都不能存在，这时如果对冰进行加热，冰只能越过液态直接升华成气态。

(2)冷冻干燥的过程

冷冻干燥过程分为三步：物料的冻结，升华干燥和解析干燥。冷冻干燥设备主要由制冷系统、真空系统、冻结系统、加热系统、冷凝系统及干燥室等部分组成，如图 4-19 所示。

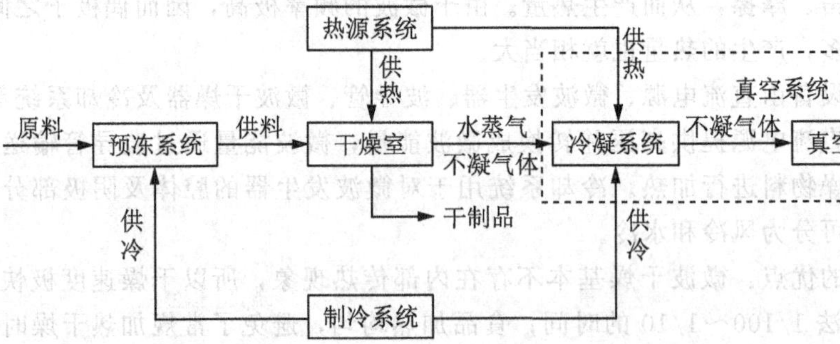

图 4-19　冷冻干燥设备组成示意图

①物料的冻结。冻结的目的是使食品具有合适的形状与结构，以利于升华过程的进行。冻结方法有自冻法和预冻法两种。自冻法是利用食品在真空下闪蒸吸收汽化潜热，使食品的温度降到冰点以下而自行冻结的方法。如能迅速造成高真空度，则水分就会在瞬间大量蒸发而吸收大量的热量，使食品很快完成冻结过程。这种方法由于水分瞬间大量蒸发，液态变成气态过程中会使食品形状变化，出现发泡剂沸腾现象，因此不适合外观和形态要求较高的食品，一般仅用于粉末状干制品的冷冻。

预冻法是采用常见的冻结方法(如空气冻结法、平板冻结法、浸渍冻结法、挤压膨化冻结法等)预先将食品冻结成一定形状的方法。该法可较好地控制食品的形状及冰晶的状态，因此，适合大多数食品的冻结。预冻过程对制品的品质也有较大影响，缓慢冻结时，形成的冰晶体较大，升华时会留下多孔性通道，使水蒸气容易扩散，从而加快干燥速度，但大冰晶引起的细胞结构的机械破坏及溶质浓缩效应引起的蛋白质变性等会降低干制品的弹性、复水性。快速冻结时，食品内部形成的冰晶较小，冰晶升华后留下的空隙也较小，这就影响内部水蒸气的外逸，从而降低冷冻干燥的速度。因此，宜兼顾多方面选择预冻工艺参数。

食品冻结后在干燥室内冷冻干燥，冰晶升华即冻结区域水分的蒸发都需要吸收热量，干燥室内有加热装置提供这部分热量。加热的方法有板式加热、红外线加热及微波加热等。

②升华干燥。食品冻结后在干燥器内进行升华干燥，通过控制冷冻干燥机中的真空度和补充热量，冰可以快速升华，从而使产品脱水干燥，这个过程也称为初级干燥。一般冷冻干燥采取的绝对压力为 0.2 kPa 左右。已干燥层和冻结部分的分界面称为升华界面，制品中冰的升华是在升华界面处进行的。升华时所需要的热量是由加热设备(通过搁板)提供，从搁板传来的热量以固体的传导、辐射、气体的对流几种途径传至产品

的升华界面。当全部冰晶去除时，升华干燥就完成了，此时可除去 70%～90%的水分。

③解析干燥。升华干燥后，食品仍有 10%～30%没有冻结而被物料牢牢吸附着的水，必须用比升华干燥更高的温度和较低的绝对压力，才能促使这些水分转移，因此当食品中的冰升华完毕后，升华界面消失时，干燥进入解析干燥也称为二级干燥阶段。由于残存的水为结合水，活度较低，因此这一阶段产品的温度应足够高，只要不超过允许的最高温度，不烧毁产品和不造成产品过热而变性即可。一般在解析干燥阶段采用 30℃～60℃，同时，为了使解析出来的水蒸气有足够的推动力逸出产品，必须使产品内外形成较大的蒸汽压差，因此这一阶段箱体内要保持高真空。解析干燥后，产品残余水分的含量一般可以控制在 0.5%～4%。

(3)冷冻干燥的优缺点

冷冻干燥的优点：物料处于低温及真空环境，可以较好保持食品的色、香、味、形及营养成分，特别适合热敏性和易氧化食品的干燥；由于物料升华脱水之前先经冻结处理，形成了稳定的固体骨架，水分升华后，固体骨架基本维持不变，所以其干制品不会失去原来固体形状，物料中原水分存在的空间又会使干制品形成多孔结构，具有非常理想的速溶性和快速复水性；由于冷冻干燥过程是水分的直接升华，避免了一般干燥方法因物料内部水分向表面扩散时携带无机盐、糖类物质等造成的表面硬化现象；水分升华时所需热源温度不高，采用常温或稍高于常温的加热载体即可满足要求，整个干燥设备往往不需要绝热处理，不会有很多热损失，所以热能利用率高。

冷冻干燥的缺点：操作要在真空和低温下进行，投资费用和操作费用都很大，因而产品成本较高。因此，目前冻干技术主要应用于一些高档产品的生产加工。

4.4 干制对食品品质的影响

在食品干燥过程中，由于处在高温的环境中，水分会变成蒸汽而离开食品，导致食品发生一系列变化，比如物理、化学、营养、色泽的变化，这些变化往往对食品干燥后的品质产生非常大的影响。

4.4.1 干制过程中食品的物理变化

食品干制时常出现的物理变化有干缩、表面硬化和多孔性形成等。

1. 干缩

食品在干燥时，因水分除去而导致体积缩小，肌肉组织细胞的弹性部分或全部丧失的现象称为干缩。细胞失去活力后，它仍能不同程度地保持原有的弹性，但受力过大，超出弹性极限，即使外力消失，它也难以恢复原有状态，干缩正是物料失去弹性时出现的一种变化，是食品干制时最常见、最显著的变化之一。

在理想的干燥过程中，物料将随水分的消失均衡地进行线性收缩，即物料大小(长度、面积和体积)均匀地按比例收缩。实际上，食品物料的内部环境十分复杂，物料的弹性并非绝对的，同时外界干燥环境对物料各部位的脱水也不尽相同，很难达到完全均匀的干缩。不同的食品物料，干缩的差异更大。图 4-20 所示为脱水干制时胡萝卜丁的典型变化，干制初期胡萝卜丁的边和角渐变圆滑，成圆角形态的物体，随着干燥过程的进行，水分的排出向深层发展，直至中心处，干缩也不断向物料中心进展，遂形成凹面状的胡萝卜丁。

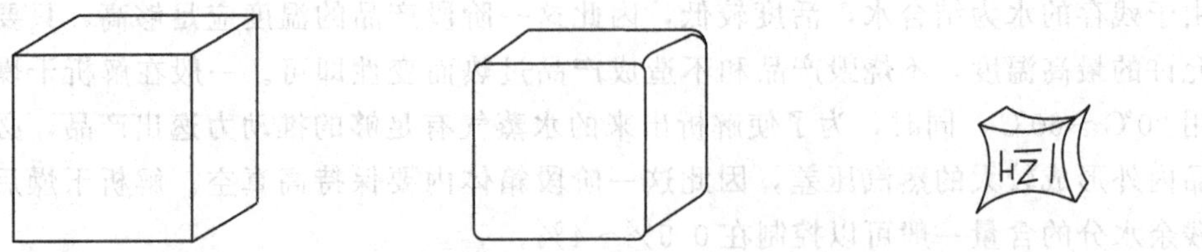

(a)干制前胡萝卜丁的原始状态　（b）干制初期胡萝卜丁表面的干缩形态　（c）胡萝卜丁干燥后的形态

图 4-20　脱水干燥过程中胡萝卜丁形态的变化

高温快速干燥时，由于食品表面的干燥速度比内部水分迁移速度快得多，因而食品表面层远在物料中心干燥前已干硬，其后中心干燥和收缩时就会脱离干硬膜而出现内裂、空隙和蜂窝状结构，出现显著的不均匀收缩。物料干缩的程度及均匀性对其复水性有很大的影响，干缩程度小、收缩均匀的物料复水性较好，反之较差。

2. 表面硬化

表面硬化实际上是食品表面收缩和封闭的一种特殊现象。干制品表面迅速形成一层渗透性极低的干燥薄膜，将大部分残留水分阻隔在食品内形成外部较硬、内部湿软、干燥速率急剧下降的现象称为表面硬化。

干燥过程中造成物料表面硬化的原因主要有两个：一是食品干燥过程中，物料内部的溶质随水分向物料表面不断移动，即在表面积累产生结晶硬化现象，如含糖量较高的水果及腌制品的干燥；二是由于干燥初期，食品物料与介质间温差和湿差过大，致使物料表面温度急剧升高，水分蒸发过于强烈，而使物料表面迅速达到绝干状态，形成一层干燥的薄膜，造成物料表面的硬化。物料表面出现的硬膜是热的不良导体，且渗透性差，又阻碍了物料内部水分的蒸发，给进一步干燥造成困难。

避免物料表面发生硬化的方法是调节干燥初期水分的外逸速度，保持水分蒸发的通畅性。一般是在干燥初期采用高温且湿度较大的介质进行脱水，使物料表层附近的湿度不致变化太快。另外，冷冻干燥中水直接升华干燥，没有溶质迁移，且所需要的升华温度低，因此不会形成表面硬化。

3. 物料内部多孔性的形成

食品在干燥过程中会形成多孔性结构，如快速干燥时食品物料表面硬化及其内部蒸汽压的迅速建立会促使物料成为多孔性制品，膨化马铃薯正是利用外逸的蒸汽促使它膨化；加有不会消失的发泡剂并经搅打发泡而形成稳定泡沫状的液体或浆质体食品干燥后，也能成为多孔性制品；真空干燥时的高度真空也会促使水蒸气迅速蒸发并向外扩散，从而制成多孔性的制品；冷冻干燥时，物料被冻结，干燥后物料维持原有结构，内部形成空隙呈现多孔性结构。

现在，有不少的干燥技术或干燥前预处理力求促使物料能形成多孔性结构，以有利于质的传递，加速物料的干燥速率。实际上多孔性海绵结构为最好的绝热体，会减慢热量的传递，但并不一定能加速干燥速率。最后的效果却决定于干制体系和该种食品物料的多孔性对两者的影响哪个大。不论怎样，多孔性食品能迅速复水或溶解，为其食用时主要的优越性。

4. 热塑性的出现

不少食品为热塑性物料，即加热时会软化的物料。糖分含量高的果蔬汁就属于这类食品，例如橙汁在坩埚干烧时，水分虽已全部蒸发掉，残留固体物质仍像保持水分那样是热塑性黏质状态，黏结在上难以取下，冷却时会硬化成结晶体而僵化，便于取下。为此，大多数输送带式干燥设备内常设有冷却区。

5. 溶质迁移

在食品物料所含的水分中，一般都有溶解于其中的溶质，如糖、盐、有机酸、可溶性含氮物等。当水分在脱水过程中由物料内部向表面迁移时，可溶性物质也随之向表面迁移。当溶液到达表面后，水分汽化逸出，溶质的浓度增加。当脱水速度较快时，脱水的溶质有可能堆积在物料表面结晶析出，或成为干胶状而使表面形成干硬膜，甚至堵塞毛细孔而降低脱水速度。如果脱水速度较慢，则当靠近表层的溶质浓度逐渐升高时，溶质在表层和内部浓度差的作用下又可重新向中心层扩散，使溶质在物料内部重新趋于均布。上述两种方向相反的溶质迁移，其结果是不同的，前者使食品内部的溶质分布不均匀，后者则使溶质分布均匀化。显然，可溶性物质在干燥物料中的分布程度与干燥速度有关，即取决于干制的工艺条件。采用适当的干制工艺条件，就可以使干制品内部溶质的分布基本均匀化。

4.4.2 干制过程中食品的化学变化

在食品干燥过程中，除物理变化外，还会发生一系列的化学变化。这些化学变化对干制品的品质如色泽、风味、质地、黏度、复水率、营养价值及贮藏期都会产生影响。

1. 干制对食品营养成分的影响

(1)蛋白质

干制对蛋白质的影响主要表现为高温下的蛋白质变性和组成蛋白质的氨基酸在干制过程中也因参与化学反应而损失。

含蛋白质较多的干制品在复水后，其外观、水分含量以及硬度等均不能恢复到原来的状态，这主要是由于蛋白质脱水变性导致的。蛋白质在干燥过程中的变性机理包含两个方面：一是热变性，即在热的作用下，维持蛋白质空间结构稳定的氢键、二硫键等被破坏，改变了蛋白质分子的空间结构而导致变性；二是由于脱水作用使组织中溶液的盐浓度增大，蛋白质因盐析作用而变性。另外，氨基酸在干燥过程中的损失也有两种原因，一种是通过与脂肪自动氧化的产物发生反应而损失氨基酸，另一种则通过参与美拉德反应而损失氨基酸。

蛋白质在干燥过程的变化程度主要取决于干燥温度、时间、水分活度、pH、脂肪含量以及干燥方法等。干燥温度对蛋白质在干制过程中的变化起着重要作用。一般情况下，干燥温度越高，蛋白质变性速度越快，而随着干燥温度的增加氨基酸损失也增加。干燥时间也是影响蛋白质变性的主要因素之一，一般情况下干燥初期蛋白质变性速度较慢，而后期加快，但对于冷冻干燥则正好相反。蛋白质在干燥过程中的变化与含水量之间有密切的关系，水分含量高者，易变性。通常认为脂质对蛋白质的稳定性有一定的保护作用，但脂质氧化的产物将促进蛋白质的变性。干燥方法对蛋白质变性也有明显的影响，整体而言，冷冻干燥法引起的蛋白质变性要比其他方法轻微得多。

(2)脂肪

干制品的水分活度较低，脂酶及脂氧化酶的活性受到抑制，但是由于缺乏水分的保护作用，极易发生脂质的自动氧化，导致干制品的变质。一般情况下，含脂量越高，不饱和度越高，储藏温度越高，氧分压越高，相对湿度越低，与紫外线接触以及存在铜、铁等金属离子和血红素，将促进脂质的氧化。预防脂肪氧化是保证脂肪含量高的食品品质的关键，干制前添加抗氧化剂能有效地控制脂肪氧化。

(3)碳水化合物

水果中含有丰富的碳水化合物，如葡萄糖、果糖等，这些糖类很不稳定，在长时间的高温条件下易分解。缓慢晒干过程中，初期的呼吸作用也会导致糖分分解而造成损耗。在高温下，碳水化合物含量高的食品极易焦化。还原糖还会在酸性条件下与氨基酸发生褐变反应。因此，碳水化合物的变化会引起果蔬变质和成分损耗。动物组织内碳水化合物含量低，除乳蛋制品外，碳水化合物的变化不至于成为干制过程中的主要问题。

(4)维生素

干燥会造成维生素的损失。维生素C和胡萝卜素易因氧化而遭受损失，其中维生素C氧化破坏最快。核黄素对光极其敏感，硫胺素对热敏感，故干燥处理时常会有所损耗。

维生素损耗程度取决于干制前物料的预处理条件，如预煮处理时蔬菜中硫胺素的损耗量达15%，而未经预煮处理的蔬菜其硫胺素的损耗量可达75%。除此之外，还取决于干燥方法和条件的影响。自然干燥由于长时间与空气接触，某些容易被氧化的维生素其损失率大于人工干制的损失。胡萝卜素在日晒加工时损失极大，而在喷雾干燥中损失极少。水果晒干时维生素C损失也很大，但升华干燥却能将维生素C和其他营养素大量地保存下来。维生素C在迅速干燥时的保存量大于缓慢干燥时的保存量。

乳制品中维生素含量将取决于原乳的含量及其在加工中可能保存的量。滚筒干燥或喷雾干燥有较好的维生素A保存量。牛乳干燥时维生素C也有损失，若选用升华干燥和真空干燥，制品内维生素C的保留量将和原乳大致相同。

通常干燥肉类中维生素的含量略低于鲜肉。肉类中的硫胺素在加工时会有损失，高温干制时损失量更大。核黄素和烟碱干制时的损失量则比较少。

2. 干制对食品色泽的影响

新鲜食品的色泽一般都比较鲜艳，经过干制处理后，食品的色泽会发生改变。造成干制品色泽变化的原因主要有两个，一是食品中的色素(类胡萝卜素、花青素、叶绿素、血红素等)对光、热等条件不稳定，易受加工条件的影响而发生变化，从而使食品的色泽变化；二是与加工过程中的一些褐变反应有关。

高等植物中存在的天然绿色是叶绿素 a 和叶绿素 b 的混合物。叶绿素呈现绿色的能力和镁有关。湿热条件下叶绿素将失去镁原子而转化成脱镁叶绿素，呈橄榄绿，而不再呈草绿色。类胡萝卜素、花青素也会因干制处理有所破坏。硫处理会促使花青素褪色，应加以重视。血红素对热极不稳定，受热后很容易失去鲜红色而变成暗红色。一般干燥过程温度越高，处理时间越长，色素变化量也就越多。

酶促褐变或非酶褐变反应是促使干制品褐变的原因。植物组织受损伤后，组织内氧化酶活动能将多酚物质或其他如鞣质、酪氨酸等一类物质氧化成有色色素。这种酶促褐变会给干制品品质带来不良后果。为此，干燥前需进行酶钝化处理以防止变色。可用预煮或巴氏杀菌对果蔬进行热处理，或用硫处理也能破坏酶的活性。酶钝化应在干制前，因为干制的物料温度不是灭酶温度，且热空气还有加速褐变反应的作用。

焦糖化反应和美拉德反应是脱水干制过程中常见的非酶褐变反应。前者反应中糖分首先分解成各种羰基中间物，而后再聚合生成褐色聚合物。美拉德反应是氨基酸和还原糖之间的反应，常出现于水果脱水干制过程中。脱水干制时高温和残余水分中反应物质的浓度对美拉德反应有促进作用。水果熏硫处理不仅能抑制酶促褐变，而且还能延缓美拉德反应。美拉德褐变反应在水分含量 20%以上时最迅速，水分含量降到 20%以下时，它的速度逐渐减慢，当干制品水分含量低到 1%以下时，褐变反应可减慢到甚至长期贮存时也难以觉察的程度。低温贮藏也能使褐变反应减慢。

3. 干制对食品风味的影响

食品失去挥发性风味成分是脱水干制时常见的一种现象，因为除去水分的物理力，也会引起一些挥发物质的去除，从而导致风味的变差。如果牛乳失去极微量的低级脂肪酸，特别是硫化甲基，虽然它的含量实际上仅为亿分之一，但其制品也会失去鲜乳风味。

干制时即使低温干燥也会导致化学变化，而出现食品变味的问题。例如，奶油内的脂肪有 δ-内酯形成时就会产生像太妃糖那样的风味，而这种产物在乳粉中也经常见到。低热处理极易促使风味发生变化，因为乳、蛋一类高蛋白质食品会分解出硫化物，它的变化程度则随硫化物分解情况而各异。喷雾干燥制成的全脂乳粉，虽经热处理，但挥发的硫含量仍然极少，甚至没有。

要完全阻止风味物质损失比较困难，生产上会采取三种方法来降低风味物质的损失。一是在干燥设备中添加冷凝回收装置，回收或冷凝外逸的蒸汽，再加回到干制食品中，以便尽可能保存食品的原有风味；也可从其他来源取得香精或风味制剂以补充干制品中的风味物质损失；二是采用低温干燥以减少挥发；三是在干燥前预先添加包埋物质如树胶等，将风味物质包埋、固定，以阻止风味物质外逸。

4.5 干制品的包装和贮藏

4.5.1 干制品包装贮运前的处理

根据产品的特性与要求，干制品包装前需要进行一些处理，包括均湿处理、筛选分级、除虫和压块处理等。

1. 均湿处理

均湿处理也称回软处理，有时晒干或烘干的干制品由于翻动或薄厚不均以及不同批次之间会造成制品中水分含量不均匀一致，而且水分含量在其内部也不是均匀分布，因此需要均湿处理。在一个密闭室或储仓内进行短暂贮藏，使水分在干制品内部及干制品之间进行扩散和重新分布，达到水分含量均匀一致。通过控制空气的相对湿度，加速干制品的吸附与解吸之间的平衡，达到干制品回软的目的。不同干制品均湿处理所需时间不同，一般水果干制品常需要 2～3 d，脱水蔬菜需要 1～8 d。

2. 筛选分级

包装前需按产品要求及标准进行分级处理，剔除大小不合标准的产品或其他碎屑杂质等物，以提高产品的质量。粉末体产品尤其是速溶产品，对颗粒大小有严格的要求，采用振动筛等筛分设备进行分级是质量控制的重要环节。对于一些无法用筛分分级和除杂的产品，需放在输送带上进行人工挑选，剔除杂质和变色、残缺或不良产品，并用磁铁吸除金属杂质。

3. 除虫处理

果蔬制品中常混有虫卵，虫害可从原材料携入或自然干燥中混入。果蔬干制品和包装材料在包装前必须经过灭虫处理。常用的方法有烟熏、低温贮藏、高温热处理，蒸汽处理等。

烟熏是杀灭干制品中昆虫和虫卵常用的方法。晒干的制品最好在离开晒场前进行烟熏，干制水果在贮藏过程中应该经常烟熏以防虫害发生。常用甲基溴作为有效的烟熏剂来处理干制品，一般用量 16～24 g/m^3，实际上需考虑季节、地点、干制品种类等因素。甲基溴的水溶性虽然极低，仍然可能有残留溴存在，对制品会产生一些影响并造成污染。为此烟熏必须设法保证残留溴量低于允许量，一般允许残留溴量应小于 150 mg/kg，有些水果干制品甚至在 100 mg/kg 以下。此外，氧化乙烯和氧化丙烯等环氧化合物也是目前常用的烟熏剂，但用于高水分下可能产生有毒物质，因此不适于高水分的食品。

低温贮藏(－10℃以下)能有效推迟虫害的出现，采用高温热处理以控制隐藏在干制品中的昆虫和虫卵，效果更显著。比如果干等制品可在 75℃～80℃高温中热处理 10～15 min 后再包装。对于某些干燥过度的果干，可用蒸汽处理 2～4 min，杀灭害虫，使产品软化。

4. 压块处理

食品干制后质量减少较多，体积缩小程度较小，造成干制品体积蓬松，不利于包装运输。

干制品压块，是指在不损伤或尽量减少损伤制品品质的条件下将干燥品压缩成密度较高的砖块。压块体积缩小，不仅可以节约包装和贮运溶剂，还可以降低包装与贮运过程的总费用。此外，成品包装越紧密，包装袋内含氧量越低，越有利于防止氧化变质。

蔬菜干制品一般在水压机中用块模压块；蛋粉可用螺旋压榨机装填；流动性好的汤粉可用制药厂常规的轧片机轧片。压块时需注意尽量减少物料破碎和碎屑的形成，例如，蔬菜干制品水分低，质脆易碎，压块前须经回软处理，以便压块并减少破碎率。此外，还需要考虑压块的密度、大小、形状和内聚力以及制品的贮藏性、复水性等要求。

4.5.2 干制品的包装

干制食品的包装宜在低温、干燥、清洁和通风良好的环境中进行，最好能进行空气调节并将相对湿度维持在 30%以下。包装间和工厂其他部门相距应尽可能远，门、窗应装有纱窗，以防止室外灰尘和害虫侵入。

1. 干制品的包装要求

干制品的耐藏性受包装影响极大，干制品的包装应能达到下列要求。

①防止干制品吸湿回潮以免结块和长霉，包装材料在 90%相对湿度中，每年水分增加量不超过 2%。

②防止外界空气、灰尘、虫、鼠和微生物以及气味等入侵。

③不透外界光线或避光。

④贮藏、搬运和销售过程中具有耐久牢固的特点，能维护容器原有特性，包装容器在 30～100 cm 高处落下 120～200 次而不会破损，在高温、高湿或浸水和雨淋的情况下也不会破烂。

⑤包装的大小、形状和外观应有利于商品的销售。

⑥和食品相接触的包装材料应符合食品卫生要求，无毒、无害，并且不会导致食品变性、变质。

⑦包装费用应做到低廉或合理。

2. 常见干制食品的包装

按食品本身的吸湿性可将干制品分为高吸湿性食品、易吸湿性食品、低吸湿性食品。根据干制食品中水分含量和吸湿性不同，对包装的要求也不同。

(1)高吸湿性食品的包装

高吸湿性食品有速溶咖啡、乳粉、蛋粉、果蔬干粉以及一些冷冻干燥的产品等，这类食品水分含量一般为 1%～3%，通常平衡相对湿度低于 20%，有一些产品不到 10%。显然，空气环境难以达到如此低的相对湿度，那么未加包装的高吸湿性食品，极易从空气环境中吸收水分。因此，高吸湿性食品的包装，要求包装环境有较低的相对湿度，包装材料隔绝水、气、光性能高，包装密封性要好。

适合高吸湿性食品包装的有金属罐、玻璃瓶、复合铝塑纸罐、铝箔袋及铝塑复合袋，并采用真空或充气包装。用软包装袋，比较可靠的包装方式是采用组合包装方式，即袋中装有小袋，小袋的装量适合每次消耗量。也可在外包装袋间放入干燥剂或吸氧剂以降低袋内湿度与氧气量。

(2)易吸湿性食品的包装

易吸湿性的典型食品包括茶叶、脱水汤料、烘烤早餐谷物、饼干等，水分含量在2%～8%，平衡相对湿度为10%～30%。对不同组成成分的产品包装要求略有不同。

对光、气体及香味的隔绝性与防潮性是茶叶包装材料选择的主要条件。传统的茶叶包装采用金属罐，其中铁罐最为普遍。复合软包装材料如铝箔复合膜，涂聚偏二氯乙烯的聚丙烯膜，防潮玻璃纸以及由防潮玻璃纸-聚丙烯-铝箔-聚乙烯复合的薄膜也适合茶叶的包装。茶叶的运输包装采用夹板箱，箱内用塑料薄膜袋的双重包装方式。

葱、蒜等一些调味粉常装于隔绝性好的玻璃瓶或塑料瓶中。复合铝塑袋也是调味料、乳粉等粉体常用的密封包装材料。工业用运输包装则采用铁桶或钢桶(顶开桶)，内衬塑料膜袋。

饼干、早餐谷物等焙烤食品容易从空气中吸湿，饼干的质构与水分含量有很大关系。这类食品要求包装时温度不宜过高，保证饼块内外湿度、水分平衡，并选择隔水汽性强的包装材料。饼干含有油脂，对异味敏感，要求包装隔油性、隔汽性、保香性较好；饼干的脆性也要求包装有一定的机械保护性。饼干常用的包装材料有聚丙烯薄膜、玻璃纸和各种复合材料等。

(3)低吸湿性食品的包装

坚果、豆类、淀粉、肉干等属于低吸湿性食品，其含水量为6%～20%，平衡湿度比较大，因其平衡湿度与常压大气差不多，可采用一般性的包装材料，有些不经包装也能保持较长时间，尤其是带有保护性外壳的坚果。这类食品的保藏，主要是控制贮藏前的水分，并在通风或阴凉的条件下贮藏。

4.5.3 干制品的贮藏

干制品的耐藏性与包装质量、干制品自身的性质、环境因素以及贮藏条件及贮藏技术等都有关系。

合理包装的干制品受环境因素的影响较小，只要包装材料、容器选择适当，包装工艺合理，贮运过程控制温度，避免高温高湿环境，防止包装破坏和机械损伤，其品质就可控制。未经特殊包装或密封包装的干制品在不良环境下容易发生变质现象，这类食品的贮运条件就显得更为重要。

干制品自身质量如原料的选择与处理、干制品含水量也是保证干制品耐贮性的因素之一。选择新鲜完好、充分成熟的原料，充分清洗干净，能提高干制品的保藏效果。经过漂烫处理的比未经漂烫处理的能更好地保持其色、香、味，并可减轻制品在贮藏中的吸湿性。经过熏硫处理的制品也比未经熏硫处理的易于保色和避免微生物及害虫的浸染危害。干制品的含水量对保藏效果影响很大。一般在不损害干制品质量的条件下，含水量越低效果越好。

环境因素中与制品直接接触的空气温度、相对湿度和光线对贮运有一定的影响，相对湿度为主要决定因素。干制品的水分低于平衡水分时，它会吸湿变质。空气的相对湿度最好在65%以下。贮藏温度越低，保质期也越长，因为一切反应无论是氧化还是褐变都随温度的升高而加快。例如，高温贮藏会加速高水分乳粉中蛋白质和乳糖之间的反应，从而导致产品的颜色、香味和溶解性发生不良变化。当温度较高又有光线时能促进很多化学反应，促使干制品变色和失去香味。因此，干制品必须贮藏在光线较暗、干燥和低温的地方。贮藏干制品的仓库要求清洁卫生、干燥、通风良好、具有防鼠设施，切记不要同时存放潮湿、有异味的其他制品。留有空隙和走道，以利于通风和管理操作。

复习思考题

1. 简述水分活度对微生物、酶、褐变反应的影响。
2. 干制条件有哪些？它们如何影响湿热传递过程？
3. 合理选用干燥条件的原则是什么？
4. 简述干制过程中食品水分含量、干燥速率和食品温度的变化。
5. 常见食品的干燥方法有哪些？分析其各自的优缺点。
6. 简述冷冻干燥的原理及过程。
7. 食品干制过程中会发生哪些变化？分析这些变化对食品质量的影响。
8. 干制品包装前需要进行哪些处理？
9. 简述影响干制品耐贮性的因素。

参考文献

[1]夏文水. 食品工艺学[M]. 北京：中国轻工业出版社，2017.

[2]赵征，张民. 食品技术原理[M]. 第2版. 北京：中国轻工业出版社，2014.

[3]曾名湧. 食品保藏原理与技术[M]. 第2版. 北京：化学工业出版社，2014.

[4]孟宪军. 食品工艺学概论[M]. 北京：中国农业出版社，2006.

[5]董全，黄艾祥. 食品干燥加工技术[M]. 北京：化学工业出版社，2007.

[6]朱蓓薇，张敏. 食品工艺学[M]. 北京：科学出版社，2015.

[7]朱文学. 食品干燥原理与技术[M]. 北京：科学出版社，2009.

[8]Potter N N，Hotchkiss J H. 食品科学：第5版[M]. 王璋，等，译. 北京：中国轻工业出版社，2001.

[9]蒲彪，张坤生. 食品工艺学[M]. 北京：科学出版社，2014.

[10]中国食品发酵工业研究院，中国海城工程科技股份有限公司，江南大学. 食品工程全书：食品工程(第1卷)[M]. 北京：中国轻工业出版社，2004.

第5章 食品的低温保藏

食品的低温处理是采用降低温度的方式对食品进行加工、运输和保藏的过程。通过低温处理可以阻止或延缓食品的腐败变质，从而达到远途运输和短期或长期贮藏的目的。其中，温度在0～8℃的低温处理称为冷却或冷藏，温度在－1℃以下的低温处理称为冻结或冻藏。

与其他食品保藏方法（如干燥保藏、罐藏、腌渍保藏等）相比，冷冻食品在风味、组织结构、营养价值等各方面都与新鲜食品更为接近，食品的稳定性也相对更好。这些因素使冷冻食品越来越受到消费者的欢迎。2021年，国务院印发《“十四五”冷链物流发展规划》，对“十四五”时期冷链物流发展做出全面部署。当前全国冷链基础设施不断完善，全国冷库总容量2.0亿立方米，冷链车32万辆，冷链规模超3 800亿元，以超过10%的年增长速度高速发展。在“高质量”发展要求和“双碳目标”的影响下，我国冷链物流基础设施迎来技术转型关键期，“提质增效”与“节能降本”成为政府与行业共同关注的焦点问题。2021年生鲜电商平台持续快速发展，受新冠肺炎疫情和极端天气等因素影响，居民减少出行，居家办公人群、老年人、特殊需求人群线上消费需求明显增长，网上生鲜品需求量激增。此外，冷冻、冷藏食品企业纷纷开拓电商业务，开拓新渠道，增加销售额，生鲜电商的强劲增长，促进了农产品、冷链食品、消费市场的迅速发展。冷冻、冷藏食品市场进一步向精细化、定制化方向发展。为满足下游餐饮、团餐市场需求，预制食品、预制菜肴迎来新一轮发展热潮。因此，可以认为，低温加工和保藏技术在食品工业中占据了越来越重要的地位。

目前，许多食品的加工过程都需要经过低温处理。如冷冻鱼糜的加工，新鲜蔬菜水果的冷藏运输，冷冻原料肉、乳制品的加工及保藏等。另外一些常用的加工手段，如冷冻干燥、冷冻浓缩等也采用了低温处理的方式。

冷冻食品由于具有各种优点，因此在各个国家都得到了迅速发展。目前，美国是世界上速冻食品产量最大、人均消费量最高的国家，年产量达2 000万t，人均年消费量80 kg以上，速冻食品占据整个食品行业的60%～70%。欧洲速冻食品的消费仅次于美国，年消费量超过1 000万t，人均年消费量40 kg左右。从国际经验上看，经济越发达，生活节奏越快，社会化分工越细，对营养方便的速冻食品的需求就越旺盛。

5.1 食品冷冻保藏原理

无论是由微生物作用、酶的作用、氧化作用和呼吸作用引起的食品变质，还是由于冻结过程中冰结晶导致的机械损伤引起的食品变质，都与食品所处温度或降温速率有密切关系。食品冷冻、冷藏的目的就是通过降低食品温度使上述作用减弱，从而阻止或延缓食品的腐败变质。

5.1.1　低温对反应速率的影响

温度因提供物质能量可使分子或原子运动加快、反应时碰撞概率增加，从而使反应速度提高。根据阿仑尼乌斯(Arrhenius)方程，温度与反应速率常呈指数关系。食品中物质的变质反应通常符合一级反应动力学，因而，反应速率随温度的变化可用温度系数 Q_{10} 表示：

$$Q_{10}=k_{\theta+10}/k_{\theta} \tag{5-1}$$

利用阿仑尼乌斯方程可得

$$\lg Q_{10}=2.18E/\theta(\theta+10) \tag{5-2}$$

式中，k_{θ} 是温度为 θ 时的反应速度，$k_{\theta+10}$ 是温度为 $\theta+10$ 时的反应速度，E 为活化能。因此，温度系数 Q_{10} 表示温度每升高 10℃时反应速度所增加的倍数。换言之，温度系数表示温度每下降 10℃反应速率所减缓的倍数。低温或冷冻的作用就是抑制反应速率，所以，温度系数越高，低温保藏的效果就越显著。例如，假设 Q_{10} 为 2.5，则当温度从 30℃降低到 10℃时，食品中的化学和生物反应速度可降低为原来的 $\frac{1}{6.25}$，即允许保藏期约延长了 6.25 倍。

在许多化学和生物反应中，Q_{10} 为 2～3(表 5-1)。但应当注意，在广泛的温度范围内，Q_{10} 是有变化的，最常见的是当冷却或冻结食品的温度接近冻结点时，Q_{10} 大大增加，所以，对冷却和冻结食品，应考虑 Q_{10} 有更大幅度，即 2～16，甚至更大，具体取决于产品的性质、温度范围和质量变化的类型。此外，有些食品的稳定性并非随温度降低而增加，如面包，其新鲜度在 8℃以上随温度的下降品质迅速下降，这主要是淀粉老化的结果。

表 5-1　常见反应的 Q_{10}

反应		Q_{10}	温度范围/℃
非生物参与反应	大部分反应	2～3	
	麦芽淀粉酶对淀粉的降解	2.2	10～20
	胰蛋白酶对蛋白质的降解	2.2	20～30
	鸡蛋白凝固(等电点附近)	625	69～76
	血清蛋白凝固	14	60～70
生物参与反应	细菌繁殖(*E. coli*)	2.3	20～30
	橙子的呼吸	2.3	10～20
	青豆呼吸	2.4	10～20
	细胞中物质的选择透过	2.4～4.5	10～25

1. 低温对酶促反应的影响

温度对酶促反应的影响较为复杂，只有在最适温度下，酶促反应效果最好，大多数酶的最适温度范围为 30℃～40℃。高温可使酶蛋白变性、钝化，低温会抑制酶的活性，但不能使其钝化。一般在0℃～40℃范围内，温度每升高10℃，反应速率将提高1～2倍。大多数酶化学反应的Q_{10}在2～3，即温度每下降10℃，酶活性就削弱1/3～1/2。一般最大反应速率所对应的温度均不超过60℃。

低温条件下，酶的活性并未完全受到抑制，仍然保持部分活性，因而催化作用实际上也并未停止，只是进行得非常缓慢而已。虽然有些酶类，如脱氢酶，在冻结中受到强烈抑制，但大量的酶类即使在冻结的基质中仍然继续活动，如转化酶、脂酶、脂肪氧化酶，甚至在极低的温度状态下还能保持轻微活性。例如，胰蛋白酶在－30℃下仍有微弱活性，脂酶在－20℃下仍能引起脂肪水解。因此低温贮藏能降低酶或者酶系活动的速度，食品保鲜时间也将随之延长，从而延缓了食品的变质和腐败。低温贮藏温度要根据酶的品种和食品的种类而定，对于多数食品，在－18℃下贮藏数周至数月是安全可行的。而对于不饱和脂肪酸较多的多脂鱼类等食品，则需在－30℃～－25℃低温中贮藏，以达到有效抑制酶作用的目的。温度越低贮藏时间越长的规律并不是对所有原料都适用。有些原料会造成生理性伤害，如马铃薯、香蕉、黄瓜等。

低温虽然能抑制酶的活性，但不能完全阻止酶的作用，当食品解冻后，随着温度的升高，仍保持活性的酶将重新活跃起来，加速食品的变质。有些速冻制品为了将冷冻、冻藏和解冻过程中食品内的不良变化降低到最低限度，会采用预煮的方法破坏酶活性，然后再冻制。

基质浓度和酶浓度对催化反应速率的影响也很大，一般来说，基质浓度和酶浓度越高，催化反应速率越快。食品冻结时，当温度降至－5℃～－1℃时，有时会出现其催化反应速率比高温时更快的现象，其原因是，在该温度区间，食品中的水分有80％变成了冰，使未冻结溶液的基质浓度和酶浓度都相应增加。因此，快速通过这个冰晶生成带不仅能减少冰晶对食品的机械损伤，同时也能降低酶对食品的催化作用。

2. 温度对氧化反应的影响

除酶促反应外，有一些引起食品变质的化学反应不与酶直接相关，其中氧化作用是影响食品品质的主要因素。食品氧化作用包括非酶褐变、维生素氧化分解和色素氧化褐变或变色等。非酶褐变的主要反应是羰氨反应；维生素氧化分解主要是抗坏血酸的降解反应、硫胺素的降解反应及β-胡萝卜素的裂解反应等；色素氧化变色的反应主要有叶绿素脱酶反应和胡萝卜素的氧化褪色。

食品贮藏中最常见的氧化反应是脂类的氧化酸败和维生素的氧化。食品中脂类成分复杂，不同脂肪酸及类脂物质对氧化敏感性有较大区别。油脂与空气接触发生氧化反应后，生成醛、酮、酸、内酯和醚等化学物质，并且黏度增加，相对密度增加，出现令人不愉快的哈喇味。食品中的许多类脂成分，可能与脂肪产生共氧化，或者与氧化脂及其氧化产品产生相互作用，因此食品中脂类的氧化反应非常复杂。一般来说，随着温度上升，脂类的氧化速率增大，氧在水中的溶解度下降，氧分压对氧化速率影响较小。抗坏血酸对氧气高度敏感，其很容易被氧化成脱氢抗坏血酸，若其继续分解生成二酮古洛糖酸，则失去抗坏血酸的生理作用。番茄色素是由8个异戊二烯结合而成，由于其中有较多共轭双键，故容易被空气中的氧气所氧化。胡萝卜素也有类似氧化作用。因此，降低食品温度，可降低各类氧化反应的速率，从而延长食品的贮藏期。

3. 温度对呼吸作用的影响

呼吸作用使食品的营养成分损失，同时释放出热量加速食品的腐败变质。果蔬类食品采摘以后虽然不再继续生长发育，但仍然进行着呼吸作用，这也是导致其发生衰老变质的主要原因。采摘后的果蔬食品不能再从母体植株上获取水分及其他营养物质，其呼吸作用只能消耗体内的物质而使其逐渐衰败。因此，要长期贮藏果蔬食品，必须在维持活体状态下尽量减弱其呼吸作用。

由于呼吸是在酶的催化作用下进行的，因此呼吸速率的高低也可以用温度系数 Q_{10} 来衡量。果蔬食品的 Q_{10} 一般为 2～3，即温度升高 10℃，化学反应速率增加 2～3 倍。降低温度能够减弱果蔬类食品的呼吸速率，延长其贮藏期。但温度过低会导致果蔬食品的生理病害，甚至死亡。因此，贮藏温度应该选择接近冰点但又不会引起果蔬食品发生生理病害的温度。

5.1.2 温度对微生物生长的影响

1. 温度与微生物生长的关系

微生物的生长和繁殖建立在复杂的生化反应基础上，而反应速度会随温度的降低而减慢，因此任何微生物都有一定正常生长和繁殖的温度范围。温度越低，其活动能力越弱，故降温能减缓微生物生长繁殖的速度。温度降低到最低生长点时，它们就会停止生长并出现死亡。但有些微生物的生命力非常旺盛，当其处于比它们的最低生长温度还要低的温度时，虽然生长停止了，但仍可以极缓慢地新陈代谢维持生存，当温度一旦恢复到适宜条件，微生物则可以继续生长并恢复正常代谢。

根据适宜生长温度范围可将微生物分为三大类：嗜热菌、嗜温菌和嗜冷菌，如表 5-2 所示。在低温贮藏的实际应用中，嗜冷菌和嗜温菌是最为主要的。

表 5-2 微生物按生长温度分类

微生物类型	温度/℃		
	最低	最适	最高
嗜冷微生物	−7～5	15～20	25～30
嗜温微生物	10～15	30～40	40～50
嗜热微生物	30～45	50～60	75～80

大多数食物的致毒性微生物和粪便污染性菌都属于嗜温菌类。粪便污染菌可用作微生物卫生检验指示剂，当它们的含量超出一定范围时，即可指示出食物受致毒菌污染。通常食物致毒性菌在温度低于 5℃的环境中不易生长，而且不产生毒素，毒素一旦产生后，是不能用降低温度来使其失活的。

能在冷藏期间繁殖的微生物菌落，大多数属于嗜冷性菌类，它们在 0℃以下环境中的活动包括蛋白水解酶、脂解酶和醇类发酵酶等的催化反应。由于大多数动物性食品(如肉、禽、蛋、鱼等)的嗜冷菌是好氧菌，如果食品加以包装或在厌氧条件下(如抽真空或充入氮气、二氧化碳等)冷藏，可显著地延长贮藏期。大多数蔬菜中的嗜冷菌为细菌和霉菌，而水果上主要是霉菌和酵母菌。许多嗜冷菌和嗜温菌的最低生长温度低于0℃，有的可达－8℃。温度越接近最低生长温度，微生物生长受到延缓的程度就越显著。长期处于低温生长中的微生物能产生新的适应性。

冻结或冰冻介质容易促使微生物死亡，如－5℃过冷介质中荧光杆菌的细胞数变化不显著，但在相同温度的冰冻介质中细菌就会趋向死亡。温度降低到微生物最低生长温度后，再进一步降温时，就会导致微生物死亡。不过在低温下，它们的死亡速率比在高温下缓慢得多。

2. 低温导致微生物活力减弱和死亡的原因

微生物的生长繁殖是酶活动下物质代谢的结果。因此温度下降，酶活性随之下降，物质代谢减缓，微生物的生长繁殖随之减慢。

在正常情况下，微生物细胞内总生化变化是相互协调一致的。但降温时，由于各种生化反应的温度系数不同，破坏了各种反应原来的协调一致性，影响了微生物的生理功能。

温度下降时，微生物细胞内原生质黏度增加，蛋白质分散度改变，并且最后还可能导致不可逆的蛋白质变性，从而破坏微生物的正常代谢。

冷冻时介质中冰晶体的形成会促使微生物细胞内原生质或胶体脱水，使溶质浓度增加促使蛋白质变性。同时冰晶体的形成还会促使微生物细胞遭受机械性破坏。

3. 影响微生物低温致死的因素

(1)温度

在冰点左右，特别是在冰点以上，微生物仍然具有一定的生长繁殖能力。虽然只有部分能适应低温的微生物和嗜冷菌逐渐增长，但最后也会导致食品变质，这就是冷藏食品仍然不能久存的原因。对低温不适应的微生物会逐渐死亡。

稍低于微生物生长温度或冻结温度时，对微生物生长的威胁性最大，一般为－12℃～－2℃，尤其是－5℃～－2℃。此时微生物的活动会受到抑制或几乎全部死亡。

温度冷却到－25℃～－20℃时，微生物细胞内所有酶的反应几乎全部停止，并且还延缓了细胞内的胶体变性，因而此时微生物的死亡速率比－12℃～－8℃时缓慢；当温度急剧下降到－30℃～－20℃时，所有生物变化几乎全部处于停顿状态，以致微生物细胞能在较长时间内保持其生命力。

(2)降温速率

冻结前，降温越快，微生物的死亡率越大。这是由于迅速降温过程中，微生物细胞内新陈代谢时原来协调一致的各种生化反应未能及时迅速重新调整所致。

冻结时，情况恰好相反，缓慢冻结将导致微生物大量死亡。这是因为缓慢冻结时一般食品温度长时间处于－12℃～－2℃(特别是－5℃～－2℃)，并形成量少粒大的冰晶体，对微生物细胞产生机械破坏作用，促进蛋白质变性，以致微生物死亡率相应增加。速冻时食品在对微生物细胞威胁最大的温度范围内停留时间较短，故微生物的死亡率也相对较低。一般情况下，食品速冻过程中微生物的死亡数仅为初始菌落数的50％左右。

(3)结合状态和过冷状态

急剧冷却时，如果水分能迅速转化成过冷状态，避免结晶并成为固态玻璃态，微生物就有可能避免因介质内水分结冰时所遭受的破坏。比如细菌和酵母菌的芽孢，低温下稳定性比生长细胞时高，就是因为芽孢本身水分含量较低，其中主要为结合水分，冻结时介质极易进入过冷状态，不再形成冰晶体，有利于保持芽孢细胞内胶体的稳定性，从而使芽孢稳定性相应提高。

(4)介质

高水分和低 pH 的介质会加速微生物死亡，而糖、盐、蛋白质、胶体、脂肪对微生物则有保护作用。

(5)贮藏期

低温贮藏时微生物一般随着贮藏期的延长而减少，但贮藏温度越低，减少的量越少，有时甚至没有减少。贮藏初期微生物减少的量最大，其后死亡率下降。一般来说，贮藏一年后微生物死亡数达到初始菌落数的 60%～90%，在高酸性水果中和食品中，微生物的减少量比在低酸性食物中多。

(6)交替冻结和解冻

理论上交替冻结和解冻会加速微生物的死亡，但实际效果并不显著。比如炭疽菌在−68℃下的 CO_2 中冻结，再在水中解冻，连续反复两次，结果其仍未失去活性。

5.2 食品的低温处理方法

5.2.1 食品的冷却

食品的冷却是指将食品或食品原料从天然常温或者高温状态，经过一定的工艺处理降低到后续加工或者贮藏温度。冷却是食品加工的基本过程，也是食品冷藏或冻藏前的必经阶段。

1. 冷却方法

常用的食品冷却方法有冷风冷却、冷水冷却、接触冰冷却、真空冷却等，根据食品的种类及冷却要求的不同，可以选择适宜的冷却方法。

(1)接触冰冷却法

冰块融化时吸收大量的热量(334.72 kJ/kg)，同时可保持产品表面湿润，这种方法常用于冷却鱼、叶类蔬菜和一些水果。

食品冷却速度取决于食品的种类和大小、冷却前食品的原始温度、冰块和食品的比例及冰块的大小。

(2)空气冷却法

降温后的冷空气可作为冷却介质流经食品时吸收其热量。空气冷却的效果取决于空气的温度、相对湿度和流速等。预冷食品时所采用的温度必须处在允许食品可逆变化的范围内，以便食品回温后仍能恢复其原有的生命力。如冷却香蕉、番茄、柠檬等的空气温度不应低于10℃。一般食品预冷时所采用的空气温度不应低于冻结温度，以免食品发生冻结。

预冷室内的相对湿度对食品，特别是无包装食品也非常重要。容易干缩的食品预冷时应维持较高的相对湿度，以减少水分损耗。如鸡蛋有时先用轻质矿物油浸渍，而后才进行预冷。

未包装食品预冷时因温度和蒸汽压较高，会迅速失去水分，从而冷却初期预冷室内会充满雾气，此时应加速空气流动和食品冷却，促使食品的温度和蒸汽压快速下降，以免水分损耗过多，以致食品萎缩。此外，加速空气流动还有利于及时带走水蒸气，以免食品表面聚积冷凝水。

预冷室内空气流速一般为1.5～5.0 m/s。空气冷却一般适用于果蔬、肉及其制品、蛋品、乳制品、冷饮半成品及糖果等。

为了抑制霉菌生长，葡萄常需烟熏处理，因而预冷库内需有排气及能清洗烟灰的设施。二氧化硫能腐蚀金属，需采取适当保护措施。

制冷设备蒸发器和空气的温差应尽可能减小，一般以5℃～9℃为宜，以避免预冷室内的空气过度干燥，防止过多水分被冷凝。

(3)冷水冷却法

冷水冷却是通过低温水将需要冷却的食品冷却到指定温度的方法，分为直接浸渍法与喷淋冷却法，也可以利用热交换器冷却一些流体物料，如牛乳、果汁等。和空气相比，液体作为冷却介质具有较高的热容量和放热系数，因此较空气冷却法用时更短。大部分食品可在10～15 min内冷却，但应注意循环冷却水中容易滋生微生物并使食品受到污染，故需不断补充清水。水中的微生物可以用加杀菌剂的方法进行控制。冷水喷淋或浸渍常用于禽类、鱼类、某些水果和蔬菜。

盐水用作冷却介质不宜和一般食品直接接触，因为盐分的渗入会使食品产生咸味和苦味，但乳酪和海水鱼类除外。

水冷却法可以避免干耗、冷却速度快、需要空间少、成品质量高，但是大多数产品不允许用冷水浸渍冷却，以免外观受到损害，或冷却后难以贮藏。

(4)真空冷却法

水在低压下蒸发时会吸收汽化潜热(2 520 kJ/kg)。操作时将食品置于真空室中并将压力降低到大约0.5 kPa，通过水分蒸发使其温度降低。蒸发的水分可以是食品本身的水分或者事先加入的。这种方法主要适用于表面积较大的食品如叶类蔬菜、蘑菇等，或流体食品如牛乳、豆奶的消毒杀菌及后续的冷却等。

(5)低温处理新技术

超声辅助浸渍冷冻技术是在直接浸渍冷冻技术的基础上，对物料施加一定强度的超声波以提高冷冻的效率。由于超声作用会产生大量空化气泡，这些气泡破裂以后，会产生较高的压力并改变水的冻结点，使冷冻食品的过冷度提高，有利于晶核的形成。同时，超声作用下产生的微流会对食品中的液态组分产生强烈的搅拌作用，导致食品在冷冻时边界层变薄，改善体系传热、传质能力，提高其冻结速率，防止产生的冰晶体积过大而对食品组织造成损伤。此外，作用于食品以及食品原料的超声波本身具有较高的能量，可以将体积较大的冰晶破坏，并使产生的冰晶碎片分散而形成晶核。

食品减压冷冻技术，是将食品在较高的真空度下进行冷冻处理，其中的水分以直接汽化或形成冰晶后升华的方式成为水蒸气，并与周围空气一起被抽走，导致食品的水分活度降低，氧气、二氧化碳的分压也因空气压力的降低而降至较低的水平，从而抑制食品物料中需氧微生物的生长与繁殖，同时降低食品物料中各类生化反应的速率。对畜肉和水产品而言，该方法还能消除空气中的氧气及二氧化碳等气体含量过高而带来的损害。

冰核细菌冷冻技术是一种通过向食品中添加含冰核细菌的制剂，以达到较高的温度下形成冰核的技术。冰核细菌是一类主要生于植物表面，在温度为－5℃～－2℃条件下形成异质冰核而促进液态水发生相变而生成冰晶的细菌。由于这些细菌会在食品的冰点以上温度形成由蛋白质、糖类、脂类等有机物形成的冰核，导致食品所处的过冷状态被打破，迅速进入冰层增长阶段，从而使食品在较短时间、较高温度下发生冻结，避免了由于冻结时温度过低而使溶质大量析出造成的溶质损失。

高压食品冷冻技术是一种利用外界压力的变化对食品中水的存在形式进行控制的冷冻技术。应用该技术进行处理时，先将食品在较高压力条件下冷却至一定温度，随后在短时间内将所施加的压力迅速解除。该方法冻结时间短，形成的冰晶体小，避免了冰晶体对食品组织造成的损伤。

2. 冷耗量

高温食品进入低温预冷室后，食品不断向周围的低温介质散发热量，直至与周围介质温度相同。冷却过程中食品的散热量称为冷耗量。

动物屠宰后仍进行着一系列生化反应并散发出热量，而果蔬采后的呼吸作用同样释放热量，由于这些热量而需要消耗的冷耗量常和冷却速度有关。冷却越迅速，生化反应及呼吸作用越缓慢，所需的冷耗量相应减少。迅速冷却比缓慢冷却所需的冷耗量可减少 10％～15％。

食品冷却过程中除了食品本身降温散发的显热和生化反应热以外，还有包装容器的显热、冷藏库中的电器散热、透过墙和地面及屋顶的热损耗、工作人员的散热等。因此，不论冷却、冻结还是冻藏，冷负荷量一般需增加 5％～10％的安全系数。

5.2.2　食品的冷藏

1. 影响冷藏的因素

(1)贮藏温度

食品的贮藏期是贮藏温度的函数，在保证食品不冻结的情况下，冷藏温度越接近冻结温度贮藏期越长。冷藏室内的温度应严格控制，任何的温度变化都会导致食品的变质。例如，冷藏室内的温度波动，会使食品表面出现冷凝水分，并导致发霉。冷藏库应具有良好的绝热层，配置合适的制冷设备，并保持最小的冷藏室和冷却排管间的温度差。

(2)空气相对湿度及其流速

冷藏室内空气中水分含量对食品的耐贮性有直接影响。低温食品表面如和高湿空气相遇，就会有水分冷凝于其表面上。冷凝水分过多，食品容易发霉腐烂。空气湿度过低，食品中水分会迅速蒸发而使其发生萎缩。水果冷藏适宜的相对湿度为85%～90%，蔬菜类可高至90%～95%，坚果类为70%。

贮藏室内的空气流速也极为重要，空气流速越大，食品和空气间的蒸汽压差也随之增大，食品水分的蒸发速率也就相应增大，水分损耗随之增大。在空气湿度较低的情况下，空气流速将对食品干缩产生严重影响。只有在相对湿度较高而空气流速较低的情况下，才会使水分的损耗降低到最低程度。

为了及时将食品所产生的热量如生化反应热或呼吸热以及从外界渗入的热量带走，并保证室内温度均匀分布，冷藏室应保持最低速的空气循环，这样冷藏食品的脱水干缩现象也有可能降低到最低程度。冷藏食品覆有保护层或用不透水蒸气的包装材料包装时，室内的相对湿度和空气流速不再成为影响因素。

冷藏过程中的干酪常先进行浸蜡处理，这样不但可以减少水分损耗，还能防止霉菌污染和生长。番茄、柑橘类果蔬可浸渍石蜡，以减少其水分蒸发，并增添光泽。

(3)适宜的原料和种类

食品的种类不同，对其保藏的工艺要求也不同。常见的食品大致可分为两类：①贮藏期内仍然保持有生命活力的，如新鲜的果蔬；②失去生命活力的，如肉禽鱼以及果蔬加工制品。

保持生命力的食物同时具有免疫力，能防止微生物的侵袭，为此，低温保藏就是要保持它们最低的生命活力，利用免疫性防止微生物性腐败变质。新鲜果蔬一般常用冷藏保鲜，其目的是减缓酶的活动，以便能最长时间保持其生命活力。无生命活力的食品容易受到微生物侵袭，并导致微生物性腐败变质，为此，低温保藏的工艺需要阻止所有能导致食品腐败变质的微生物和酶的活动。无生命活动的食品更易受到微生物的侵袭，并导致微生物性腐败变质，为此，低温保藏的工艺就是要阻止能导致食品腐败的微生物和酶的有害活动。

此外，影响食品原料贮存的因素还包括原料生长部位、收获状况、运输条件、卫生状况、包装能力等。

2. 食品冷藏时的变化

食品在冷藏时，由于原料组成、加工工艺的不同，所发生的生化变化也不同。

(1)水分蒸发

食品在冷却时，不经温度下降，而且食品中所含汁液的浓度增加，食品表面水分蒸发出现干燥现象。当食品中的水分减少后，不但造成质量损失(干耗)，而且使水果、蔬菜类食品失去新鲜饱满的外观。肉的表面会收缩、硬化，形成干燥皮膜，肉色也发生相应的变化。鸡蛋在冷却贮藏中，因水分蒸发而造成气室增大。

为了减少水分蒸发量，可提高冷却贮藏室的湿度，但湿度过高又会引起微生物的增殖，因此必须根据食品的种类、特性采用适宜的条件来贮藏，并且依据贮藏室的湿度记录，适当调整。

(2)冷害

冷害是指在冷却贮藏时，有些水果、蔬菜的品温虽然在冻结点以上，但当贮藏温度低于某一温度界限时，果蔬的正常生理功能受到阻碍，失去平衡的现象。

(3)生化作用

水果、蔬菜在收获后仍能进行呼吸作用和后熟作用，体内的成分也不断发生变化，如糖酸比、果胶质的变化、维生素 C 减少等。肉屠宰后发生成熟作用，肉质变柔软，持水性提高，风味改善。

(4)脂类变化

冷却贮藏过程中，食品中所含油脂会发生水解，脂肪酸会发生氧化、聚合等复杂的变化，同时使食品的风味变差，味道恶化，出现变色、酸败、发黏等现象。

(5)淀粉老化

淀粉老化的最适温度在 2℃～4℃。老化后的淀粉不易为淀粉酶所分解，即不容易被人体消化吸收。

(6)微生物增殖

在冷却贮藏的温度下，微生物特别是低温细菌的繁殖分解作用并没有被充分抑制，只是速度变得缓慢。长时间后，由于低温细菌的增殖，食品就会发生腐败变质。

(7)寒冷收缩

宰后的牛羊肉在短时间内会快速冷却，肌肉发生显著收缩，以后即使经过成熟过程，也不会十分软化，这种现象称为寒冷收缩。一般来说，宰后 10 h 内，肉温降到 8℃以下，容易发生寒冷收缩。

3. 冷藏食品的回热

冷藏食品的回热是指在出货前或运输途中，保证空气中水分不会在食品表面冷凝的条件下逐渐提高食品温度，最后达到和外界空气相同的温度的过程，即冷却的逆过程。

若空气中有灰尘和微生物，水分冷凝在食品表面就会使食品遭受污染，食品温度提高后，在湿润条件下，微生物特别是霉菌就会迅速生长和活动，并且在生化反应加速的情况下，食品品质会迅速恶化和腐败。为此大量的冷藏食品搬离冷库前，有必要在特殊条件下先进行回热以便更好地延缓食品的变质和腐败。

为避免回热过程中食品表面出现冷凝水，最关键的要求是同食品表面接触的空气的露点必须始终低于食品表面温度。回热所需时间和冷耗量的计算和冷却过程相同。回热所需时间一般为 1～2 d。

5.2.3　低温气调贮藏

气调贮藏的主要原理是通过适当降低环境空气中的氧气分压和提高二氧化碳分压，使果蔬品和微生物的代谢活动受到抑制而延长贮藏时间。

气调贮藏结合冷藏，能够显著地抑制蔬菜水果的呼吸强度，延缓其成熟衰老的过程；能抑制叶绿素分解，减轻生理性和侵染性病害，从而延长其贮藏寿命和保质期，克服一些冷藏难以克服的困难。

但是气调贮藏也可能产生某些副作用，高二氧化碳和低氧气分压可能促进果实代谢异常而使组织受到伤害，有些伤害表现为果肉褐变/组织解体和某些有机酸的积累，如琥珀酸。气调贮藏的三种技术如下。

①改良气体贮藏(modified atmosphere storage, MAS)。用一种混合气体置换贮藏库或包装容器中的空气，其中气体的各个组分的比例中进入贮藏库或包装容器时就已经固定，保藏过程中不再对气体的组成做任何控制，或者仅定期防风。

②控制气体贮藏(controlled atmosphere storage, CAS)。在保藏过程中，食品周围环境气体的组分是一直受到控制的。

③真空包装(vacuumed package, VP)。产品放置在一个低氧透率的包装容器中，将其中的空气抽去，再将包装容器密封。

在商业上，MAS和CAS主要使用三种气体：二氧化碳、氧气和氮气。

5.3 食品的冻结与冻藏

冻结是将常温食品的温度下降到冷冻状态的过程，它是食品冷冻贮藏前的必经阶段。冻藏是食品冻结后，在食品保持冻结状态的温度下的贮藏方法。常用的贮藏温度为−23℃～−12℃，以−18℃最适用。

冻结技术对冻藏品质有重要影响。在尽可能短的时间内，将食品温度降低到冻结点以下，使全部或大部分的水分，随着食品内部热量的外散而形成冰晶体，以减少生命活动和生化变化所需的液态水分，以便于更低的贮藏温度抑制微生物活动，并高度减缓食品的生化变化，从而保证食品在冻藏过程中的稳定性。此外，冻结技术也常用于特殊食品的制造，如冰激凌、冷冻脱水食品及食品水分的分离和浓缩，冷冻浓缩法制造果汁、咖啡等。

冻藏适用于食品的长期贮藏，不仅适用于需要保持新鲜状态的果蔬、肉、水产品等，而且适用于不少预制食品，如面包、点心、冰激凌、膳食用菜肴等。冻藏食品食用方便、口味新鲜，一般只要解冻和加热后即可食用。耐蒸煮薄膜袋和特种解冻技术的出现，使食用冻藏食品更加方便。

5.3.1 食品的冻结

1. 冻结点

食品中包含大量有机物和无机物，如水、盐、糖及复杂的蛋白质、核糖核酸等，在加工过程中还要添加盐类、糖分、油脂等辅料，使食品体系更为复杂，因此不同食品的冻结点也不一样。如蔬菜水分含量一般在78%～92%，冻结点为−2.8℃～−0.8℃；水果水分含量为87%～95%，冻结点为−2.7℃～−0.9℃；鱼类水分含量65%～81%，冻结点为−2.2℃～−1.1℃。

通常，在低浓度条件下，冰点的下降求解公式为

$$\theta_f = -\Delta\theta = -K_f m \qquad (5\text{-}3)$$

式中，K_f 是常数，冰的 $K_f=1.86$[℃/(mol/kg 水)]，m 是溶质的质量摩尔浓度(mol/kg)。

食品中由于溶质种类复杂，冰点的推测相对较为困难，实际测定结果更为准确。

2. 食品的冻结规律和水分冻结量

水的冰点在 0℃，但实际纯水并不在 0℃结冰，常常首先被冷却成过冷状态，即温度虽下降到冰点但尚未发生相变。降温过程中水的分子运动逐渐减缓，以致它们的内部结构在定向排列的引力下逐渐趋向于形成近似结晶体的稳定性聚集体。只有温度降低到开始出现稳定晶核时，或在振动的促进下，聚集体才会立即向冰晶体转化并放出潜热，促使温度回升到水的冰点。降温过程中，开始形成稳定晶核时的温度或开始回升的最低温度称为过冷临界温度或过冷温度。过冷温度总是比冰点温度低，但是一旦回升至冰点后，只要液态水仍不断冻结，并放出潜热，冰水混合物温度不会低于 0℃。只有全部水分冻结后，其温度才会继续下降，并接近临界温度。

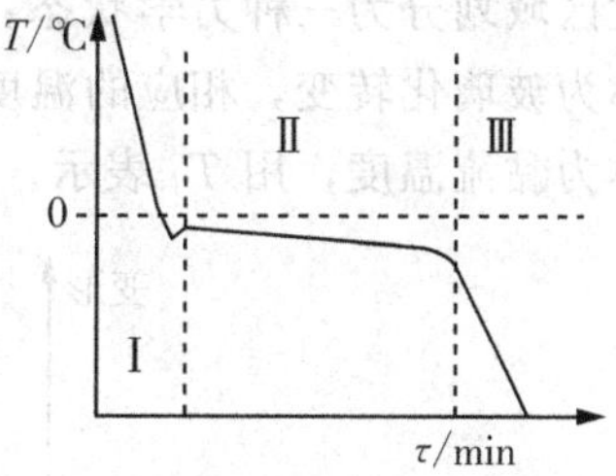

图 5-1 食品的冻结曲线

图 5-1 为典型的食品冻结过程曲线。随着水分冻结量的增加，食品温度不断下降。少量未冻结的高浓度溶液只有在温度降低到共熔点时，才会全部凝结成固体。食品的低共熔点为－65℃～－55℃，冻藏温度一般仅为－18℃左右，故冻藏食品的水分实际上并未完全凝结固化。

3. 冻结速度

食品冻结速度不仅决定冻结时间，影响设备的生产能力，更重要的是将影响冻结食品的品质。

冻结速度有两种不同的表达方式：界面位移速度和冰晶体形成速度。界面位移速度就是食品内未冻结层和冻结层的分界面在单位时间内从物体表面向中心位移的距离，单位为 m/h。冰晶体形成速度是在物体任何单位容积内或任意点上单位时间内的水分冻结量。

冻结速度的快慢可按以下两种方式进行划分。

(1)按时间划分

食品中心从－1℃降低到－5℃所需时间，小于 30 min 为快速，大于 30 min 为慢速。选择 30 min 的依据是，冰晶对肉质的影响最小。

(2)按距离划分

单位时间－5℃的冻结层从食品表面伸向内部的距离，单位为 cm/h。其中 5～20 cm/h 为快速冻结；1～5 cm/h 为中速冻结；0.1～1 cm/h 为缓慢冻结。

4. 冻结速度与冰晶分布的关系

大多数食品在温度降低到－1℃以下时才开始冻结，大多数冰晶体都是在－4℃～－1℃形成，这个温度区间称为最大冰晶生成带，但是仍有部分高浓度的汁液在－46℃仍未冻结。

冻结过程中温度降低到食品的冻结点时，如果冻结速度缓慢，由于细胞外溶液温度低，冰晶体首先在细胞外形成，而此时细胞内的水分还以液相残存着，同温度下水的蒸汽压高于冰，在蒸汽压作用下细胞内水向冰晶移动，形成较大且分布不均匀的冰晶体。水分移动除蒸汽压差外还因为动物死后蛋白质保水能力下降，细胞膜的透水性增强而加强。

5. 玻璃化转变温度

图 5-2 是非晶高聚物的温度形变曲线高分子材料的宏观物理性质与其分子结构和分子运动状况有关。当温度低时，试样呈刚性固体状，在外力作用下只发生非常小的形变；温度升高到某一温度范围后，试样的形变明显增加，并在随后温度区间达到相对稳定的形变，试样变成柔软的弹性体；温度进一步升高，形变量又逐渐增加，试样变成完全黏性的流体。根据试样力学性质随温度变化的特征，可以把非晶态高聚物按温度区域划分为三种力学状态：玻璃态、橡胶态和黏流态。玻璃态与高弹态之间的转变称为玻璃化转变，相应的温度就是玻璃化转变温度。高弹态与黏流态之间的转变温度称为黏流温度，用 T_f 表示。

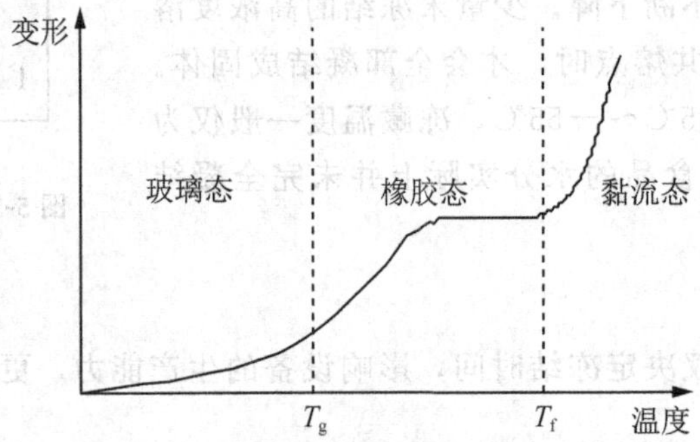

图 5-2　非晶高聚物的温度形变曲线

高分子的热运动较为复杂，运动单元具有多样性，可以包括侧基、支链、链节、链段及整个分子等。除了整个分子可以像小分子一样做振动、转动和移动外，高分子的一部分还可以做相对其他部分的转动、移动和取向。即使整个分子的质心不移动，它的链段仍可以通过主链单键的内旋转而移动。整个高分子的移动，也是通过各链段的协同移动来实现的。

高分子的热运动与温度有关。温度升高，可以使高分子热运动的能量增加，当能量增加到足以克服运动单元以一定方式运动所需的位垒时，运动单元处于活化状态，从而开始一定方式的热运动。另外温度升高使高聚物发生体积膨胀，加大了分子间的自由空间，它是各种运动单元发生运动所必需的。当自由空间大到某种单元运动所必需的大小后，这一运动单元可以自由地迅速运动。

在玻璃态下，由于温度较低，分子运动的能量很低，不足以克服分子主链内旋转的位垒，因此不足以激发起链段的运动，链段处于被冻结的状态。只有较小的运动单元，如侧基、支链和小链节能运动，因此高分子的整链和链段运动都被冻结。分子运动对应的宏观表现则是高分子的物理和化学性质都相对稳定。

食品玻璃态的定义是指非平衡的、亚稳定状态的、无定形的、黏度非常高的固体（黏度在 10^{12}～10^{14} Pa·s）。

理论上，如果温度达到该溶质的低共熔点，则会形成共晶现象。事实上，因溶质超饱和现象的存在，这个现象不一定发生。由于溶液黏度较大，即使温度下降到与该临界浓度对应的温度点时，也很难形成晶体。有可能随着温度的进一步下降、溶质进一步过饱和、黏度的进一步增加，最终由非常黏的流体变成无定态脆性的玻璃体，即玻璃化转变。

5.3.2 冻结对食品品质的影响

冻结食品会发生食品组织瓦解、质地改变、乳状液被破坏、蛋白质变性及其他物理化学反应变化等情况。大致影响包括以下几个方面。

1. 食品物性变化

食品冻结后比热容下降，导热系数增加，热扩散系数增加，体积增大。

2. 溶液内溶质重新分布

溶液或液态食品冻结时，理论上只有纯溶剂冻结，形成脱盐的冰晶体，从而相应地提高了冻结层附近的溶质浓度，在尚未冻结的溶液内产生了浓度差和渗透压差，并使溶质向溶液中部转移。溶质在冻结溶液里重新分布或分层化，完全取决于界面位移速度和溶质扩散速度的对比关系。分界面位移速度越快，溶质分布越均匀。缓慢位移很难使最初形成的冰晶体达到完全脱盐的程度，这是果汁浓缩过程中损耗量较大的原因。

3. 冷冻浓缩效应

食品内若存在尚未冻结的核心，就容易出现色泽、质地和其他性质的改变，具体变化如下。

①溶质中若有结晶或沉淀，则质地会出现沙砾感，如冰激凌会因乳糖浓度的增加而结晶。

②在高浓度的溶液中若仍有溶质未沉淀出来，蛋白质会因盐析而变性。

③有些酸性溶质，浓缩后会使 pH 下降到蛋白质等电点以下，导致蛋白质凝固。

④胶体悬浮液中阴阳离子处在微妙的平衡中，离子浓度的改变就会扰乱胶体的平衡作用。

⑤水分形成冰晶体时溶液内气体的浓度同时增加，导致气体过饱和，最后从溶液中逸出。

⑥微小范围内的溶质浓度增加，将引起邻近组织的脱水，解冻后这部分水分难以完全恢复，组织也难以达到原有的饱和程度。

4. 冰晶体对食品的危害性

刚生产出的冻结食品，其冰晶体大小不一。在冻藏过程中，细微的冰晶体逐渐减少、消失，而大的冰晶体逐渐成长，食品中冰晶体的数目也会大大减少。在冻藏过程中由于冰晶体有足够时间成长，则食品品质会受到较大影响，如细胞机械损伤、蛋白质变性、解冻后汁液流失增加，食品风味和营养价值下降等。而冰激凌、冷冻面团等制品则会因冰晶体的生长导致质构严重劣化。

为防止冻藏过程中因冰晶体成长带来的危害，可以采取以下措施加以预防。

①采用快速冻结的方式，让食品中90%的水分在冻结过程中来不及移动，在原位置变成极微细的冰晶。

②冻藏温度要尽量低，减少变动。尤其是−18℃以上的温度波动。

5. 不同冻结速度的影响

速冻食品的优点归纳如下。

①形成的冰晶体颗粒小，对细胞的破坏小。

②冻结时间越短，允许盐分扩散和分离出的水分形成纯冰的时间也随之缩短。

③将食品温度迅速降低到微生物生长活动温度以下，就能及时阻止冻结时食品分解。

④迅速冻结时，浓缩的溶质和食品组织、胶体以及各种成分相互接触的时间也显著缩短，因而浓缩危害性随之下降。

为保证食品的品质，应尽快通过最大冰晶生成带，减少食品品质劣变。同时，速冻能缩短加工时间，从而减轻细菌性质变。

6. 干耗

在冻藏室内，食品表面的温度、室内的温度和空气冷却器蒸发管表面的温度三者之间存在温度差，因而形成水蒸气压差。冻结食品表面的温度与冻藏室内空气温度之间的温差，使冻结食品失去热量，进一步被冷却，同时因为存在着水蒸气压差，冻结食品表面的冰晶升华到了空气中。这部分水蒸气较多的空气，吸收了冻结食品放出的热量，相对密度减小，向上运动。当其流经空气冷却器时，空气中的水蒸气也在蒸发管表面达到露点，并凝结成霜附着在其表面上。减湿后的空气因密度增加向下运动，当它再遇到冻结食品时，因水蒸气压差的存在，食品表面的冰结晶继续向空气中升华。该过程反复进行，冻结食品表面就出现干燥现象，并造成质量损失，俗称干耗。

食品在冷却、冻结、冻藏过程中都会产生干耗。为了避免和减少食品在冻藏中的干耗及其所引起的冻品质量劣变，关键是要防止外界热量的传入，提高冷库的隔热效果。此外，还可以通过包装的方式避免干耗的发生。

7. 变色

冻结食品在冻藏过程中会发生缓慢变色。

(1)脂肪变色

脂肪在空气中氧气的作用下会发生氧化，生成醛、酮、醇等，使食品不仅失去原有的色、香、味，还会发涩、发黏，产生异味。

(2)蔬菜变色

植物细胞外层的细胞壁由于没有弹性，当其被冻结时，原生质膜胀起，细胞壁会胀破，影响果蔬质量。在进行速冻蔬菜生产时，为了防止冻结引起的质量下降，通常需要对原料进行烫漂处理，以破坏过氧化物酶，使速冻蔬菜不变色。若烫漂温度及时间不够，过氧化物酶破坏不完全，绿色蔬菜还是会变成黄褐色；若烫漂时间过长，叶绿素会发生脱镁，失去绿色变成黄褐色，酸性条件会促进该反应的发生。此外，烫漂时间过长，蔬菜中的有机酸会溶入水中变成酸性，促进上述反应的发生。

(3)红色肉的变色

在冻藏过程中，红色肉会发生褐变，主要是因为含有 2 价铁离子的还原型肌红蛋白和氧合肌红蛋白在空气中氧气的作用下，氧化生成 3 价铁离子的氧合肌红蛋白(高价肌红蛋白)，呈褐色。

(4)鱼肉的绿变

鱼类鲜度降低时产生硫化氢，与血液中的血红蛋白/肌红蛋白发生反应，产生绿色的硫血红蛋白和硫肌红蛋白。

(5)虾的黑变

虾类在冻结/冻藏过程中会发生黑变，主要部位在头、胸、脚、关节处等。产生黑变的原因主要是氧化酶使酪氨酸产生黑色素。因氧化酶的催化反应需要氧气的参与，所以可以采用真空包装来进行贮藏。

(6)其他褐变

还原糖与氨基酸反应生成褐色物质，称为羰氨反应。如鳕鱼的褐变，是由于其死后核酸物质产生核糖，然后与氨基酸反应生成褐色物质所致。

5.4　冷冻食品的解冻

冻制食品解冻就是使食品内冰晶体状态的水分转化为液态，同时恢复食品原有状态和特性的工艺过程。解冻是冻制食品消费前或进一步加工前必经的步骤。因此，解冻时必须尽最大努力保存加工时必要的品质，使品质的变化或数量上的损耗都减少到最小的程度。食品的质地、稠度、色泽变化以及汁液流失为食品解冻中最常出现的质量问题。

大部分食品冻结时，都会有水分从细胞内向细胞间隙内转移。若解冻不当，极易出现严重的汁液流失。食品汁液中常常溶有各种酸类、盐类、可溶性蛋白和维生素等，流失汁液的食品会失去营养成分和风味，同时也伴随着其他损失，如质构变软。

解冻过程中，随着温度的上升，细胞内冻结点较低的冰晶体首先融化，其后细胞间隙内冻结点较高的冰晶体才融化。由于细胞外溶液浓度较细胞内低，因此随着冰晶体的融化，水分逐渐向细胞内扩散和渗透，并且按照细胞内亲水胶体的可逆性程度重新吸收。

细胞中水分的重新吸收很难达到之前的水平，主要原因有：①细胞和纤维受到冰晶体损害后，显著地降低了原有的保水能力；②细胞组成中某些重要的成分，如蛋白质的持水能力受到损害；③冻结使冻制品组织内发生变化，从而导致组织结构和介质 pH 的变化，同时复杂的有机物会部分分解为简单及吸水能力较弱的物质。

对解冻食品品质影响的主要因素如下。

(1)冻结速度

缓慢冻结的食品经长期贮藏后，在解冻时就会有大量的水分析出。

(2)冻藏温度

长期在不良条件下冻藏的食品解冻后，汁液损失可达 15%。

(3)动物组织宰后的成熟度(pH)

肉蛋白的等电点为5.4，越接近等电点，汁液损失越严重。

(4)食品自身特性

水果容易受到冻结损伤，冻鱼解冻时汁液损失比肉和禽大，家禽比其他肉类易受冻结损伤。

(5)解冻速度

通常情况下，缓慢解冻汁液损失少。这是因为细胞间隙内冰晶体冻结点最高，解冻最慢，缓慢冻结时，这部分冰晶体就可以在缓慢冻结的同时，向细胞内渗透，而不至于全部冰晶体同时解冻造成汁液大量外流。食品冻结点一般都在－1℃以下，因此理论上解冻的温度应以0℃为最适宜。否则在低于冻结点温度下解冻，食品就会出现重结晶现象，从而对组织产生破坏作用，以致解冻时汁液流失量达食品原重的11%。不过缓慢解冻时由于最后冻结的低共融混合物首先解冻，食品和高浓度低共融混合物的接触时间增长，也存在着浓缩危害、品质下降等现象。解冻时温度的升高以及低温食品遇高温、高湿空气以致它表面上有冷凝水出现，会加剧微生物的生长活动，加速生化反应。

按照提供热量的方式，食品的解冻方法可以分为两种：①预先加热到较高温度的外界介质向食品表面传递热量，热量再从食品表面逐渐向食品中心传递；②高频或微波场中使食品内部各个部位上同时受热。

从外界介质和食品热交换方式看，食品的解冻方法可分为：①空气解冻法。又分为0℃～4℃缓慢解冻，15℃～20℃迅速解冻，25℃～40℃空气蒸汽混合解冻和真空解冻；②水或盐水解冻。4℃～20℃水或盐水介质浸没或喷淋解冻；③金属表面上的解冻。

目前常用的冻制食品的快速解冻方式有微波解冻、电加热解冻、声频解冻、高压解冻等。

复习思考题

1. 简述冷冻保藏的基本原理。
2. 简述低温对酶的影响。
3. 简述影响微生物低温致死的因素。
4. 简述低温导致微生物活力减弱和死亡的原因。
5. 简述食品冷却方法及其优缺点。
6. 简述冻结对食品品质的影响。
7. 简述气调贮藏的概念、条件和方法。
8. 简述影响冻制食品最后的品质及其耐藏性的因素。
9. 食品冻结有哪些方法？
10. 冻结食品解冻有哪些方法？
11. 影响解冻的因素有哪些？

参考文献

[1]夏文水. 食品工艺学[M]. 北京：中国轻工业出版社，2017.
[2]章超桦，薛长湖 . 水产食品学[M]. 北京：中国农业出版社，2010.
[3]张拥军 . 海洋食品学[M]. 北京：中国质检出版社，2015.
[4]朱蓓薇，曾名湧 . 水产品加工工艺学[M]. 北京：中国农业出版社，2010.
[5]朱蓓薇，张敏. 食品工艺学[M]. 北京：中国轻工业出版社，2015.
[6]彭增起，刘承初，邓尚贵. 水产品加工学[M]. 北京：中国轻工业出版社，2016.
[7]刘红英. 水产品加工与贮藏[M]. 北京：化学工业出版社，2012.

第6章　食品的腌制和烟熏保藏

腌制是指通过加入食盐、糖、醋、酱制品等辅料，降低水分活度，提高渗透压，借助有选择地控制微生物活动，抑制腐败菌的生长，从而达到防止食品腐败变质目的的一种保藏方法。我国利用腌制进行保藏的方法，历史悠久，早在南北朝时期的《齐民要术》一书中就有相关记载。长期以来，随着劳动人民不断改进，又出现了不少加工方法和品种繁多的腌制品，可谓酸、甜、咸、辣，应有尽有，充分满足了人们对于不同风味的需要。腌制产品包括酱菜、咸蛋、蜜饯及火腿等。腌制品原料利用率高、操作简单、容易保存，并且腌制过程中会产生独特的色、香、味，是其他加工品不能替代的，因而深受消费者的喜爱。

目前，在同一种食品加工中，腌制时常与发酵或者烟熏同时应用。例如，腌黄瓜、四川泡菜、发酵火腿、咸蛋、蜜饯、金华火腿等的加工，既包括了腌制，也包括了发酵，还包括了烟熏处理。食品在加工过程中，当食盐的用量较高时，以腌制为主，当食盐的用量低时，有些会产生发酵现象。因此，腌制品根据是否发酵可分为发酵性腌制品和非发酵性腌制品两大类。

利用木材不完全燃烧时产生的烟进行熏制的食品，称为烟熏制品。在古代，阴雨天气不能依靠外界太阳光或者自然风进行风干的情况下，只能借助火进行脱水干制，在长期的实践中人们发现，当木材不完全燃烧产生的烟附着于食品表面后会赋予食物特殊的口感及保藏效果，使人们喜欢上了烟熏制品。随着人们不断地尝试，发现利用不同的木材烟熏制得的产品，在保藏时间及口感风味上存在较大差异，这为开发烟熏制品奠定了基础。

腌制、发酵及烟熏的加工技术是中国传统的食品保藏技术，时至今日，为了提高产品的风味、品质及功能活性，在技术上有了一定的改变，增加了多种新品种的加工工艺。与现代食品保藏方法相比，这些保藏技术具有操作简单易行、经济实用的特点，因此成为当今食品加工的重要部分。

6.1　食品的腌制保存

根据腌制剂种类的不同，腌制包括盐渍、糖渍、酸渍、糟渍及混合腌渍。主要的腌制剂包括食盐、糖、肉类发色剂(硝酸盐、亚硝酸盐)、发色助剂(抗坏血酸、烟酰胺等)、品质改良剂(磷酸盐类)、香辛料(大蒜、花椒、辣椒等)、酸味剂(食醋、乳酸、柠檬酸等)。

利用食盐腌制的产品称为盐渍制品，产品包括腌菜、腌肉、腌禽蛋类等，如咸白菜、咸黄瓜、咸蛋、腊肉、板鸭等。利用糖腌制的产品称为糖渍制品，产品包括蜜饯、糖浆水果、果冻、果酱等。利用醋腌制的产品称为酸渍制品。在腌制过程中加入米酒或者米糟的产品称为糟制品。腌制品根据添加腌制剂的种类及用量的不同，其保藏性及口感不同。

6.1.1　食品腌制保存原理

食品腌制过程中，首先是腌制剂溶于水形成溶液，产生一定的渗透压，在渗透压的推动力作用下，腌制液向食品组织内部扩散。扩散总是从高浓度向低浓度进行，并持续到各处浓度平衡时才停止。食品内部的水分同样在渗透压的推动作用下，由低浓度经过半透膜向高浓度进行渗透，在两者的作用下，食品中的水分活度降低，从而达到抑制微生物活动和生长，防止食品腐败变质的保藏目的。因此，腌制的过程包括扩散及渗透。

1. 扩散

扩散是分子或微粒在不规则热运动下浓度均匀化的过程。扩散的推动力就是渗透压。物质在扩散过程中，其扩散量和通过的面积及浓度梯度成正比，扩散方程式可写为

$$dQ = -DF\frac{dC}{dX}d\tau \tag{6-1}$$

式中，Q 为物质扩散量，D 为扩散系数(随溶质及溶剂种类而异)，F 为扩散通过的面积，dC/dX 为浓度梯度(C 为浓度，X 为间距)，τ 为扩散时间。

式(6-1)中等号右边的符号表示扩散方向与浓度梯度的方向相反。

2. 渗透

渗透现象与扩散现象相似，是溶剂从低浓度溶液经过半透膜向高浓度溶液扩散的过程。半透膜只能允许溶剂(或小分子)通过而不允许溶质(或大分子)通过。细胞膜就属于半透膜。细胞膜允许钠、氯、小分子(电解质)通过，只是对于细胞而言，由于原生质内电阻较高，而阻止了电解质的渗透进入。

3. 食品的扩散与渗透过程

对食品而言，可以认为扩散是较“宏观”的，而渗透是“微观”的。食品在腌制过程中，相当于将细胞浸渍在食盐、食糖等腌制剂的水溶液中，活细胞不仅能让水渗透过去，还能让电解质和非离子化有机分子渗透过去。在存在渗透压差时，水与电解质可以透过细胞膜。腌制过程，实质就是食品外部溶液和食品内部组织细胞内的溶液进行迁移的过程，当渗透差逐渐降低直至消失，扩散及渗透作用趋于平衡。

6.1.2　腌制防腐原理

1. 食盐溶液的防腐机理

(1)食盐溶液对微生物细胞具有脱水作用

微生物正常的生长繁殖需要在等渗的条件下进行。如果在低渗的环境下，环境中的水分会穿过微生物的细胞壁进入细胞内，从而使细胞呈现膨胀状态，如果内压过大，就会使原生质胀裂，微生物无法生长繁殖。如果在高渗环境下，细胞内的水分就会透过原生质膜向外渗透，最终导致细胞脱水而质壁分离，微生物的生长受到抑制。食盐在溶液中完全解离为 Na^+ 和 Cl^-，因此食盐溶液具有很高的渗透压。

例如，1%食盐溶液就可以产生 61.7 kN/m^2 的渗透压，而通常大多数微生物细胞的渗透压只有 30.7～61.5 kN/m^2，因此食盐溶液会对微生物细胞产生强烈的脱水作用。这种作用最终会导致微生物细胞出现质壁分离，微生物的生理活动被抑制，造成微生物停止生长或者死亡。因此，食盐具有很强的防腐能力。

(2)食盐溶液对微生物具有生理毒害作用

食盐溶液中的一些离子，如钠离子、镁离子、钾离子和氯离子等，在高浓度时能对微生物发生毒害作用。钠离子能和细胞原生质的阴离子结合产生毒害作用，而且这种作用随着溶液 pH 的下降而加强。例如，酵母在中性食盐溶液中，盐液的浓度要达到20%时才会受到抑制，但在酸性溶液中时，浓度为 14%就能抑制酵母的活动。另外还有研究发现食盐对微生物的毒害作用可能来自氯离子，因为食盐溶液中的氯离子会和细胞原生质结合，从而促使细胞死亡。

(3)食盐溶液对微生物酶活力有影响

食品中溶于水的大分子营养物质，微生物难以直接吸收，必须经过微生物酶作用，降解成小分子物质之后才能被利用。有些不溶于水的物质，更需要先经微生物酶的作用，转变为可溶性的小分子物质。微生物酶的活性受到盐浓度的影响，在低浓度的盐溶液中由于 Na^+ 和 Cl^- 可分别与酶蛋白的肽键和—NH^{3+} 相结合，因此微生物酶容易遭到破坏，从而使酶失去了催化活力，如变形菌处在浓度为 3%的盐溶液中就会失去分解血清的能力。

(4)食盐溶液可降低微生物环境的水分活度

食盐溶于水后，解离出来的 Na^+ 和 Cl^- 可与极性的水分子通过静电引力相互作用，在每个 Na^+ 和 Cl^- 周围聚集一群水分子，形成水化离子$[Na(H_2O)_n]^+$和$[Cl(H_2O)m]^-$，食盐浓度越高，Na^+ 和 Cl^- 的数目就越多，所吸收的水分子就越多，这些水分子会由自由状态转变为结合状态，导致食品中水分活度降低。

(5)食盐的加入使溶液中氧气浓度下降

氧气在水中具有一定的溶解度，食品腌制使用的盐水或由食盐渗入食品组织中形成的盐溶液的浓度较高，使得氧气难以溶解在其中，就会形成缺氧状态，在这样的环境中，需氧菌就难以生长。

2. 糖溶液的防腐机理

(1)糖溶液产生高渗透压

蔗糖在水中的溶解度很大，饱和溶液的百分浓度可达 67.5%，以质量摩尔浓度表示则为 6.08 mol/kg，在高渗透压下，微生物容易发生脱水现象，严重地抑制微生物的生长繁殖，从而起到保藏的效果。

(2)食糖溶液可以降低环境的水分活度

蔗糖是一种亲水性化合物，蔗糖分子中含有许多羟基和氧桥，它们都可以和水分子形成氢键，从而降低溶液中自由水的量，水分活度也因此而降低。

例如，浓度为 67.5%的饱和蔗糖溶液，可将水分活度降到 0.85 以下，使入侵的微生物得不到足够的自由水，其正常生理活动受到抑制。

(3)食糖使溶液中氧气浓度降低

和盐溶液类似，氧气同样难溶于糖溶液中。换句话说，高浓度的糖溶液可起到隔氧的作用。这不仅可防止维生素C的氧化，还可抑制有害的好氧性微生物的活动，对腌渍制品的防腐起到一定的辅助作用。因此，在食品腌制过程中，改变渗透压及降低水分活度是使腌渍制品起到防腐作用的主要原因。根据微生物细胞所处环境渗透压的不同，环境溶液可分为三种类型：等渗溶液、低渗溶液和高渗溶液。改变不同的渗透压差而影响微生物的生长繁殖，最终影响食品的保藏性。

微生物的生长及酶的活性离不开水分，在腌制过程中，通过改变渗透压差，降低水分活度，进而使微生物细胞脱水，导致质壁分离，起到防腐的作用。

6.1.3 影响腌制的因素

食品进行腌制的主要目的是防止食品腐败变质，延长贮藏期，同时赋予食品一定的口感。为了达到这样的目的，在腌制过程中需要对工艺进行合理控制。影响腌制的因素主要有以下几个方面。

1. 食盐的纯度

根据不同的来源、提取方式及纯度，食盐可分为海盐、湖盐、井盐、矿盐等。其主要成分为NaCl，但是常常因为工艺的不同，食盐中会含有$CaCl_2$和$MgCl_2$等杂质，由于$CaCl_2$和$MgCl_2$的溶解度远远超过NaCl的溶解度，因此大大降低了NaCl的溶解度。另外，当$CaCl_2$和$MgCl_2$含量较高时，腌制品还会出现苦涩味。

2. 食盐的用量和浓度

腌制品的扩散渗透速度随着盐浓度而异。盐的添加量越高，或者盐浓度越大，腌制食品中食盐内渗量就越大。可以通过密度计、波美计来检测盐浓度，进行渗透压调节。

3. 温度

由扩散渗透理论可知，温度越高，扩散渗透率越迅速。选择适宜的温度必须考虑微生物的作用。利用高温加速腌制时必须谨慎小心，因为温度越高，微生物生长越迅速，如肉类在室温或者较高温度下容易发生腐败变质的现象。因此，为了防止肉类在食盐进入其内部之前就出现食品腐败变质的现象，往往需要在10℃以下进行腌制。

4. 空气

缺氧是腌制食品必须要重视的一个问题。乳酸菌属于厌氧性微生物，在缺氧环境下可以进行乳酸发酵。同时，缺氧环境可以抑制霉菌生长，减少维生素等氧化损失，蔬菜腌制时必须装满容器并压紧，密封。

5. 腌制材料的大小(比表面积)及其他组成成分

腌制材料的比表面积会影响腌制液的渗透速率及渗透量，进而影响腌制品的品质。现代腌制剂除了食盐外，还包括具有发色作用的硝酸盐(硝酸钠、亚硝酸钠)、抗坏血酸(烟酸、烟酰胺)，提高肉的持水性的磷酸盐，及具有调节风味作用的糖、香料。其他腌制剂的添加也会影响腌制品的品质。

6.1.4 腌制品的成熟

1. 腌制品的成熟

腌制品只有经过成熟后才会呈现特有的色泽、风味及质地。肉制品腌制的过程也可以称为发酵的过程。例如，我国金华火腿就是经过一定时间贮藏后才会呈现出深红色泽以及浓郁的芳香味，时间越长，香味越浓。

不同腌制品的成熟方式不同，例如，鱼类腌制品可通过在卤水中进行贮存经历成熟过程；肉类腌制品可将腌制后的半成品取出，洗去表面的积盐或将盐水沥干后，放置于专用成熟室内发酵成熟。

2. 腌制品的色泽变化

(1)肌红蛋白颜色变化

腌制肉制品中色素成分、腌制剂(硝酸盐及亚硝酸类)种类及腌制工艺决定了肉的色泽变化。肉类的颜色在化学组成上是由肌红蛋白(myoglobin，Mb)和血红蛋白(hemoglobin，Hb)产生和决定的。肌红蛋白是一种色素蛋白，肉类颜色的深浅与其含量成正相关，即肌红蛋白含量少，肉的颜色浅而淡；肌红蛋白含量多，则肉的颜色深而浓。动物屠宰放血后，肌肉色泽的90%以上是由肌红蛋白产生的。

肌红蛋白中铁原子的价态(还原态的Fe^{2+}或氧化态的Fe^{3+})和与O_2结合的位置决定了肉颜色变化。在活体组织中，Mb依靠电子传递链使铁离子处于一个还原状态，屠宰后，肌肉中的Q_2缺乏，Mb中与Q_2结合的位置被H_2O所取代，肌肉呈现暗红色或紫红色。肉在空气中暴露一段时间后，Q_2取代了H_2O位置而形成氧合肌红蛋白，因此，会变成鲜红色，在腌制过程中往往会添加硝酸盐等腌制剂，硝酸盐($NaNO_3$)在细菌(亚硝酸菌)作用下还原成亚硝酸盐($NaNO_2$)。亚硝酸盐在一定的酸性条件下生成亚硝酸(HNO_2)。由于宰后成熟的肉本身含有乳酸，pH为5.6～5.8，因此不需要加酸即可生成亚硝酸。亚硝酸很不稳定，即使在室温下也可以分解产生亚硝基(NO^-)。此时生成的亚硝基会很快地与肌红蛋白发生反应生成鲜艳的红色一氧化氮肌红蛋白。一氧化氮肌红蛋白相对于肌红蛋白稳定性更好，使肉制品能保持鲜艳的红色，此工艺又称为发色。

(2)发色后的肉色泽稳定性

一氧化氮肌红蛋白和一氧化氮亚铁血色原比肌红蛋白易受光的损害。当有氧气存在时，光线会加速氧化反应的发生，而真空包装或充氮包装能消除光线的影响。

如果腌肉内加有抗坏血酸盐，那么它也可以将包装内的氧消耗掉以延缓腌肉表面的褪色。当腌制肉中添加还原糖同样可以延缓腌肉表面褪色。若在开始腌制时加入糖分，这将有利于肉类红色素和亚硝酸盐的反应。

3. 腌制品的风味变化

现在认为腌肉的特殊风味是由组氨酸、谷氨酸、丙氨酸、丝氨酸、甲硫氨酸等氨基酸，一氧化氮肌红蛋白等浸出液，脂肪、糖和其他挥发性羧基化合物等少量挥发性物质，以及在特殊微生物作用下糖类的分解物等组合而成的。

成熟过程中的化学和生物化学变化，主要由微生物和肉、鱼肌肉组织内本身酶活动所引起。腌制过程中腌制品内常存在一部分可溶性物质外渗到盐水中。例如，用浓度14%的盐水腌制时，肉类肌肉组织细胞内所有可溶性蛋白质，如肌动球蛋白、肌球蛋白、肌白蛋白都会外渗入盐水内，这些营养物质就成为微生物生长活动的基础，它们的分解物就成为成熟腌制品风味的来源。

6.1.5　食品的腌制方法

1. 盐腌

食品盐腌随着食品种类、地区、消费者的要求各有不同，按照用盐方式的不同，可分为干腌法、湿腌法、肌肉(或动脉)注射腌制法及混合腌制法(新型快速腌制法)。

(1)干腌法

干腌法是利用干盐或混合盐，先在食品表面进行涂撒，使汁液出现外渗现象，然后层堆在腌制架上或者腌制容器内，进行撒盐，依次压实，在此过程中不存在添加盐水的过程，因此称为干腌法，如干腌烟熏火腿。干腌法具有操作简单、制品较干、易保藏、营养成分流失少等优点。但也存在腌制不均匀、失重大、味太咸、色泽较差等缺点，若用硝酸盐，色泽可以好转。

(2)湿腌法

相对于干腌法，湿腌法是将腌制原料浸泡在盛有一定浓度食盐溶液的容器设备中，利用溶液的渗透扩散作用均匀进入原料组织内部的方法。此方法的优点是食品原料完全浸没在浓度一致的盐溶液中，既能保证原料组织中盐分的均匀分布，又能避免原料接触空气出现氧化变质的现象。但湿腌法也存在一些缺点，如色泽和风味不及干腌法，用盐多，营养成分流失较多，含水量高不利于贮藏，并且湿腌法劳动强度大，容器设备多，占地面积大等。

(3)肌肉(或动脉)注射腌制法

肌肉注射法分为单针头注射法和多针头注射法，目前相对于单针头，多针头注射法使用较广泛，主要应用于西式火腿和分割肉的腌制中，是通过注射器直接将腌制液或盐水注入肌肉中。

动脉注射是用泵或者注射针头将盐水或者腌制液输送到分割肉或者制品中的方法。其优点是腌制速度快，产品得率高。缺点是对胴体的大小及位置有要求，只能应用于胴体的前腿及后腿，并且胴体分割时要注意保护动脉的完整性，腌制品易腐败变质，需冷藏。

(4)混合腌制法(新型快速腌制法)

混合腌制法即由干腌和湿腌两者相结合的方法，常用于鱼类。用于肉类腌制可先干腌而后放入容器内用盐水腌制，注射腌制法常和干腌或湿腌结合进行，通过盐液注射入鲜肉后，再按层擦盐，然后堆叠起来，或装入容器内进行湿腌。其优点是混合腌色泽好、营养成分流失少、咸度适中。

2. 糖渍

食品的糖渍主要用于某些果品和蔬菜。原料应选择适合糖渍加工的品种，并且具备一定的成熟度。根据食品材料的完整度将糖腌分为保持原料组织形态的糖渍法以及破碎原料组织形态的糖渍法。果蔬糖渍的主要方法包括果脯蜜饯类糖渍法、凉果类糖渍法及果酱类糖渍法。

3. 酸渍

食品的酸渍方法分为人工酸渍法和微生物发酵酸渍法。人工酸渍法是以食醋或冰醋酸及其他辅料配制成腌制液浸渍食品的方法。微生物发酵酸渍法是利用乳酸发酵产生的乳酸对食品进行腌制的方法。

4. 腌制产品加工工艺

(1)发酵腌渍动物水产品

发酵腌渍动物水产品指用食盐或食醋、食糖、酒糟、香料等其他辅助材料腌渍而成的水产制品。发酵腌渍动物水产品生产设备简单，操作简易，便于短时间内处理大量鱼货。

以酶香鱼为例，具体加工工艺如下。

①原料选择及处理。选择鱼体鳞片完整，鲜度良好，体重 0.5 kg 以上的鲜鱼。处理时先逐条揭开鳃盖，除去鳃及内脏，打破眼球膜，用清水洗除鱼体黏附物及血水，逐条排列于筐内，滴干血水，再用干净布吸干表皮水分。

②撞盐。将鱼放置于操作板上，揭开鳃盖，用圆形小木棒从鳃盖边捅入腹腔，直达肛门后抽出，注意不能捅破腹壁，以免影响发酵。然后再用木棒将盐塞入腹腔，同时随手往两边鳃内塞盐，合闭鳃盖后，把鱼放在盐堆里蘸拌，使鱼体附着盐粒，再盛放于竹箕内待腌。用盐量为鱼体重的 10%～13%，其中肚盐 4%，鳃盐 3%，体盐 3%。

③腌制方法。

a. 干盐埋腌法：选用有排卤小孔的木桶或底部有一定倾斜的水泥池，先撒上 8 cm 厚的底盐，靠桶壁或池壁将干盐堆成 35°～40°的坡度，将撞盐后待腌的鱼，头部向下顺盐堆坡度整齐排列。每排一层鱼，都需覆盖一层 8 cm 厚的隔体盐，最后再覆盖 8 cm 厚的封面盐或护边盐。干盐埋腌法依靠干盐加速鱼体脱水，卤水从排卤小孔或池底流出，鱼体水分渗出快，盐分渗进慢，具有防腐和促进发酵的作用。埋腌室温以 24℃～26℃最为适宜，在此室温条件下，大约 3 d 开始发酵，4～5 d 发酵完全，6～7 d 后成为成品。鱼体色泽略透明，背部肌肉收缩变硬，有浓酶香气味。成品取出后，逐条抖出肚盐和鳃盐，然后浸入清水中脱盐，并将污物洗涤干净，放入竹筐内滴干水分后出晒。出晒时最好将鳃盖掀开，塞进防蝇排卵的纸团，然后平排放于竹帘上，竹帘应有一定的倾斜，以便沥净腹腔积水。每天翻晒 3～4 次，若阳光过强可移放阴凉处风干，大约 4 d 达到六成干时即可包装运输。

b. 腌渍发酵法：将腌渍用的木桶或水泥池洗净后，在底部撒一层厚 1 cm 的薄盐，然后把撞盐后的鱼腹部向上略平斜排列，第 2 排鱼头紧压第 1 排鱼尾，如此头尾间压排叠，使鱼体间十分紧密，以免成品鳞片松弛。每层鱼排妥后，各层鱼之间应均匀地撒一层隔体盐，这样依次一层鱼一层盐由底向上排，腌至九成满再覆盖封面盐。用盐量视鱼体大小、鲜度和季节而定，一般为 30%～38%，过少容易腐败，过多影响发酵。腌制 4 h 后，由于发酵分解，鱼体逐渐膨胀，2～3 d 后就发酵适度，开始产生特有的酶香味，此时即可压石。鱼体放出酶香味后，表明肌肉已经发酵，此后不会再松软，故压石不宜太重，以免鱼体互相粘连。压石重量通常为鱼体重的 8%～10%，分 2 次压，第 1 次为压石总重量的 40%左右，使盐卤淹没鱼体 2 cm，第 2 次为压石总重量的 60%左右，盐卤淹没鱼体 5 cm。压石时间视鱼的种类、大小、发酵程度、气温状况等而不同，一般 2～3 d 即可。成品具有咸鱼固有色泽，眼球不发红，肌肉不发软，散发浓郁的酶香味。成品捞起时，先要在盐卤中洗涤干净，放于竹筐内滴干卤水，然后进行包装运输。

(2)腌制肉制品

下面以广东腊肉为例说明腌制肉制品的加工工艺及特点。

①工艺流程。原料选择→剔骨、切肉条→配料→腌渍→烘烤→包装成品。

②工艺要点。

a. 原料选择：选择符合卫生标准之无伤疤、膘肥肉满、不带奶脯的肋条肉，修刮净皮上的残毛及污垢。

b. 剔骨、切肉条：将腰部肉剔去全部肋骨、椎骨和软骨，修整边缘，按规格切成长 35～40 cm，重 180～200 g 的薄肉条，并在肉的上端用尖刀穿一小孔，系 15 cm 长的麻绳，以便于悬挂。把切条后的肋肉浸泡在 30℃的清水中漂洗 1～2 min，以除去肉条表面的浮油、污物，然后取出沥干水分。

c. 配料(单位：kg)：去骨肋条肉 100，白糖 3.75，硝酸钾 0.125，精盐 15，大曲酒(60°)1.56，白酱油 6.25，麻油 1.5。

d. 腌渍：将辅料倒入缸内，使固体腌料和液体调料充分混合拌匀，完全溶化后，把切好的肉条放进腌肉缸中翻动，使每根肉条都与腌液接触，腌渍 8～10 h(每 3 h 翻一次缸)，使配料完全被吸收后，取出挂在竹竿上。

e. 烘烤：烘房系三层式。肉烘烤之前，先在烘烤房内放上火盆，使烘房温度上升到 50℃后用炭把火压住，再将腌渍好的肉条悬挂在烘房的横杆上。肉条挂完后，再将火盆中的炭拨开，使其燃烧进行烘烤。烘烤时底层温度在 80℃，温度不宜太高，以免烤焦，也不宜太低，以免水分蒸发不足。烘房内温度要求均一。经 72 h 烘烤至肉条表皮干燥，并有出油现象，即可出烘房。

f. 包装成品：冷凉后的肉条即为腊肉的成品。用竹筐或麻板纸箱盛装，箱底应以竹叶垫底，腊肉用防潮蜡纸包装。

6.2　食品的烟熏保藏

烟熏保藏作为一种传统的保藏方法历史悠久，可以追溯到公元前。游牧人发现肉悬挂在树枝燃烧的火焰上能产生诱人的风味，并且可以延长肉制品的保藏性，随后人们开始将烟熏方法应用到食品当中。随着人们的不断实践，烟熏的方法不断改进，烟熏制品的种类日渐增多，包括烟熏肉制品(熏火腿)、烟熏鱼制品(熏鱼)及烟熏豆制品(熏豆腐)等。

6.2.1 烟熏的目的及作用

传统使用烟熏方法的目的是提高保藏期，如新鲜的鱼经过烟熏可延长1～2 d的保藏期。但随着现代技术的不断发展，烟熏加工已成为了一种生产特殊风味制品的加工方法，延长保藏期成为次要目的，比如全聚德的烤鸭世界闻名，因为经过烟熏后熏烟里的特殊成分赋予了食品特殊的口感和风味。因此，概括起来，食品烟熏处理的目的包括：延长食品的保藏性，形成特殊的风味，加工新颖产品，发色及预防氧化。

6.2.2 烟熏的防腐原理

烟熏具有防止腐败变质的特点，并且不同的烟熏制品防腐效果不同，这与熏烟的化学成分以及加工的特点密切相关。

熏烟主要是不完全氧化产物，包括挥发性成分和微粒固体，以及由水蒸气、CO_2等组成的混合物。在熏烟中对制品产生风味、发色作用及防腐效果的有关成分是不完全氧化产物，人们从这种产物中已分出400多种化合物，一般认为最重要的成分有酚、醇、有机酸、羰基化合物和烃类等。

1. 酚

从木材熏烟中分离出来并经过鉴定的酚类达20种之多，其中愈创木酚、4-甲基愈创木酚、4-乙基愈创木酚、4-丙基愈创木酚、香兰素等对熏烟“熏香”的形成起重要作用。

在肉、鱼等烟熏制品中，酚主要有四种作用：抗氧化作用，抑菌防腐作用，形成特有的“熏香”味，促进烟熏色泽的产生。

2. 醇

木材熏烟中醇的种类很多，有甲醇、乙醇及多碳醇等。醇在保藏过程中主要起到为其他有机物挥发创造条件的作用，也就是挥发性物质的载体。

3. 有机酸

熏烟中还含有碳数小于10的简单有机酸，其中含1～4个碳的有机酸主要存在于熏烟蒸汽相内，含5～10个碳的有机酸则附着在固体载体微粒上。

有机酸对制品的风味影响极为微弱。酸类本身的杀菌作用很强，但它们在烟熏制品中的杀菌作用也只有当它们积聚在制品表面，以至酸度有所增长的情况下，才显示出来。在烟熏加工时，有机酸最重要的作用是促使肉制品表面蛋白质凝固，形成良好的外皮。

4. 羰基化合物

熏烟中存在大量的羰基化合物，同有机酸一样，它们分布在熏烟蒸汽相内和熏烟固体颗粒中。现已确定的有20种以上，含量差异很大，其中包括2-戊酮、戊醛、2-丁酮、丁醛、丙酮、丙醛、丁烯醛、乙醛、异戊醛、丙烯醛、异丁醛、丁二酮(双乙酰)、丁烯酮等。一些短链的醛酮化合物在气相内，有非常典型的烟熏风味和芳香味。存在于蒸汽相内的羰基化合物具有非常典型的烟熏风味，可参与美拉德反应，对烟熏制品色泽、风味的形成极为重要。

5. 烃类

从烟熏食品中能分离出多种多环芳烃，其中有苯并蒽、二苯并蒽、苯并芘、芘以及 4-甲基芘等。研究表明多环烃与防腐和风味无关，它们多附着在熏烟的固相上，因此可以去除。

6. 气体物质

在熏烟形成过程中，还会产生一些气体物质。烟是一种气溶胶的状态，包括气态、固态及液态，根据不同成分附着的位置不同分为气相及固相，如酚类、醇类、1～4 个碳的有机酸存在于气相中，5～10 个碳的有机酸、羰基化合物及烃类物质存在固相中。因此，可以根据不同成分所存在的位置进行分离。

6.2.3　影响烟熏的因素

烟熏的目的是延长贮藏性及提高风味物质，为了达到这个目的，在烟熏过程中要进行合理的控制。

1. 烟熏剂

烟熏的作用取决于熏烟的质量及浓度，而熏烟的质量受到烟熏剂的种类、燃烧温度等因素的影响。

熏烟是植物性材料如不含树脂的阔叶树(赤杨，白杨，白桦等)，竹叶或柏枝等缓慢地燃烧或不完全氧化产生的蒸汽、气体、液体(树脂)和微粒固体的混合物。这些材料中含有 40%～60%纤维素，20%～30%半纤维素和 20%～30%木质素，受热后氧化分解产生酸、酚、醛类物质。较低的燃烧温度和适当空气的供应是缓慢燃烧的必要条件。木材和木屑分解时表面和中心存在着温度梯度，外表面正在氧化时，内部却正在进行着氧化前的脱水。在脱水过程中外表面温度稍高于 100℃，脱水或蒸馏过程中外逸的化合物有 CO、CO_2 以及某些挥发性短链有机酸。当木屑中心内部水分含量接近零时，温度就迅速上升到 300℃～400℃。温度一旦上升到这样的高度，就会发生热分解并出现熏烟。

烟熏可采用各种燃料如庄稼(稻草、玉米棒子)、木材等，各种材料所产生的成分有差别，一般来说，硬木、竹类风味较佳，软木、松叶类风味较次，胡桃木为优质烟熏肉的标准燃料。因来源问题，一般使用的是混合硬木。较低的燃烧温度和适量空气的供应是缓慢燃烧的条件。燃料外表面在燃烧氧化，内部在进行脱水(温度稍高于 100℃)，烟熏时引入氧气，则在氧气氧化作用下，会进一步复杂化；如果将空气严格加以控制，熏烟呈黑色，并含有大量羧酸，这样的熏烟不适合用于食品。供氧量增加时，酸和酚的量增加，供氧量超过完全氧化时需氧的 8 倍左右，形成量达到最高值。

2. 烟熏温度

木材中主要包括木质素、纤维素及半纤维素，烟熏温度不同，木材燃烧产生的成分不同。熏烟成分的质量与燃烧和氧化发生的条件有关。燃烧温度在340℃～400℃以及氧化温度在200℃～250℃产生的熏烟质量最高。虽然400℃燃烧温度最适宜形成酚，但是也有利于苯并芘及其他环烃的形成。将致癌物质形成量降低到最低程度，实际燃烧温度以控制在343℃为宜。

3. 烟熏湿度

食品保持一定的湿度对熏制过程中熏烟的吸收十分重要。潮湿有利于吸收，干燥延缓吸收。相对湿度也影响烟熏效果，高湿有利于熏烟沉积，但不利于呈色，干燥的表面需延长沉积时间。

6.2.4 烟熏对食品品质的影响

1. 烟熏对食品质构的影响

烟熏制品质构的变化受到烟熏材料及烟熏条件的影响，比如烟熏肉肠制品的质构会因原料品质、斩拌速率、肉糜的形成阶段对肌肉的作用、乳状体系形成程度、肌肉中自身的蛋白酶的作用、外面侵入的微生物产生的蛋白酶的作用、烟熏过程温度和湿度的作用以及烟熏成分与食品组分之间的相互作用的不同而不同。另外，食品pH也将与上述因素相互作用并直接影响产物的质构。

2. 烟熏对食品颜色的影响

烟熏对食品的颜色有显著的影响，不仅仅是由于熏烟颗粒在食品表面的沉积，也由于熏烟成分与食品组分的相互作用。研究表明，熏烟成分中羰基类化合物与食品组分中氨基酸的反应是导致食品在烟熏中发生颜色反应的主要原因之一。这个反应与美拉德反应很类似。烟熏制品的色泽与木材的种类、烟气的浓度、树脂的含量、熏制的温度以及肉品表面的水分等因素有关。例如：以山毛榉为燃料，则肉呈金黄色；以赤杨、栎树为燃料，则肉呈深黄色或棕色；肉表面干燥、温度较低时色淡，肉表面潮湿、温度较高时则色深。又如肠制品先用高温加热再进行烟熏，则表面色彩均匀而且鲜明。

3. 烟熏对食品风味的影响

目前从熏烟中分离出了大量的化合物并且对其中的一些成分的风味特征和口味做了相关鉴别和验证。但是这些化合物是否在烟熏食品中体现出一样的风味值得进一步研究。烟熏制品的制造过程中风味的形成不仅与原料本身、配料、制作工艺条件、熏烟的组成有关，而且与这些化合物与食品成分、化合物之间的相互作用以及反应后生成的新化合物是否呈现强烈风味等相关。

4. 烟熏对食品营养品质的影响

目前关于烟熏对食品营养品质的影响研究报道相对比较少。在烟熏加工产品中，蛋白质含量由于变动不大，并不是需要关注的重点，但是必须考虑的是一些必需氨基酸在烟熏操作中的稳定性。大部分研究者认为，烟熏操作还能提高制品的蛋白质的消化性。除了对蛋白质和氨基酸有影响外，对维生素也有影响，特别是B族维生素。据报道，在鱼的腌制、烟熏、杀菌操作过程中，核黄素、烟酸、泛酸和维生素B6在烟熏过程中有50%左右的损失，而在后续的热加工操作中还有10%的损失。也有研究者采用模拟体系研究表明，烟熏操作可能会引起2%～25%硫胺素损失，而烟酸和核黄素的损失几乎可以忽略不计。

5. 烟熏食品的抗氧化性

从实用角度考虑，熏烟中含有一些抗氧化的有效成分，但是由于具有特殊的风味，而使其应用受到限制。熏烟成分分为酸性、中性和碱性三类。中性成分由于包含了大部分的酚类组分，具有最强的抗氧化能力，酸性成分几乎没有抗氧化性，而碱性成分甚至还有促进氧化的可能。进一步的研究表明，在酚类成分中，高沸点的酚类成分是最主要的抗氧化成分，而低沸点的酚类抗氧化能力相对比较弱。

6.2.5　烟熏的方法

1. 烟熏的方法

烟熏方法主要包括冷熏法、热熏法和液熏法。

(1)冷熏法

制品周围熏烟和空气混合物气体的温度不超过22℃的烟熏过程称为冷熏。冷熏时间较长，需要4～7 d，熏烟成分在制品中渗透较均匀且较深，冷熏时制品干燥虽然比较均匀，但烟熏的程度较大，失重量大，有干缩现象，同时由于干缩提高了制品内盐含量和熏烟成分的聚集量，有效减缓了制品内脂肪的氧化，冷熏制品耐藏性比其他烟熏法稳定，特别适用于烟熏生香肠。

(2)热熏法

制品周围熏烟和空气混合气体的温度超过22℃的烟熏过程称为热熏，常用的烟熏温度在35℃～50℃，因温度较高，一般烟熏时间短，为12～48 h。

(3)液熏法

液态烟熏剂(简称液熏剂)一般由硬木屑热解制成。将产生的烟雾引入吸收塔的水中，熏烟不断产生并反复循环被水吸收，直到达到理想的浓度。经过一段时间后，溶液中有关成分相互反应、聚合，焦油沉淀，过滤除去溶液中不溶性的烃类物质后，液态烟熏剂就基本制成了。这种液熏剂含有熏烟中的主要气体成分，包括酚、有机酸、醇和羰基化合物。通过液熏法制得的食品，因为在液熏剂的制备过程中已除去微粒相，所以被致癌物污染的机会大大减少。这种方法不需要烟雾发生器，节省了设备的投资；食品的重现性好，液熏剂的成分一般是稳定的；效率高，短时间内可生产大量带有烟熏风味的制品；无空气污染，符合环境保护要求；液熏剂的使用十分方便安全，不会发生火灾，因此可在植物茂密地区使用。

2. 烟熏制品加工工艺

烟熏肉制品加工工艺如下。

(1)工艺流程

选料＋预整形→腌渍→浸泡、清洗→剔骨、修刮、再整形→烟熏。

(2)工艺要点

①选料：选择检验合格的中等肥度猪，经屠宰后吊挂预冷。大培根坯料取自整片

带皮猪胴体的中段，即前端从第三肋骨处斩断，后端从腰肩椎之间斩断，再割除奶脯。

②预整形：修整坯料，使四边基本各成直线，整齐划一，并修去腰肌和横膈膜。

③腌渍：腌渍室温度保持在 0℃～4℃。

a. 干腌：将食盐(加 1% $NaNO_3$)撒在肉坯表面，用手揉搓，用力均匀。大培根肉坯用盐约 200g，排培根和奶培根约 100 g，然后堆叠，腌渍 20～24 h。

b. 湿腌：用 16%～17%(其中每 100 kg 腌渍液中 $NaNO_3$ 70 g)食盐液浸泡干腌后的肉坯，盐液用量约为肉重量的 1/3。湿腌时间与肉块厚薄和温度有关，一般为两周。在湿腌期需翻缸 3～4 次。其目的是改变肉块受压部位，并松动肉组织，以加快盐液的渗透和发色，使咸度均匀。

④浸泡、清洗：将腌渍好的肉坯用 25℃清水浸泡 30～60 min，目的是使肉坯温度升高，肉质还软，表面油污溶解，便于清洗和修刮；避免熏干后表面产生"盐花"，提高产品的美观性；使肉质软化，便于剔骨和整形。

⑤剔骨、修刮、再整形：用刀尖划破骨表的骨膜，刮尽残毛和皮上的油腻。经过再次整形，使肉的四边成直线。穿绳、吊挂、沥水，6～8 h 后即可进行烟熏。

⑥烟熏：硬质木先预热烟熏室。待室内平均温度升至所需烟熏温度后，加入木屑，挂进肉坯。烟熏室温度一般保持在 60℃～70℃，烟熏时间约 8 h。烟熏结束后自然冷却即为成品，出品率约 83%。

复习思考题

1. 分析发酵和腌渍的区别与联系。
2. 分析腌渍对食品品质的影响。
3. 简述食盐、食糖防腐抑菌原理及其作为腌渍剂的区别。
4. 简述腌肉色泽的形成原因。
5. 食品腌渍方法有哪些？各有何优缺点？
6. 简述烟熏保藏的基本原理。
7. 简述熏烟的成分及各个组分的作用。
8. 简述烟熏保藏的基本原理。
9. 简述烟熏的工艺及其工艺特点。
10. 如何制成液态烟熏制剂？

参考文献

[1]Le W，Li X，Liu W，et al. Antioxidant activity of pickled sauced meat before and after cooking and in vitro gastrointestinal digestion[J]. Journal of Food Processing and Preservation，2020，45(1)：14922-14931.

[2]Sanches M，Silva P，Barretto T L，et al. Technological and diffusion properties in the wet salting of beef assisted by ultrasound[J]. LWT，2021，149：112036-12044.

[3]Chung Y B，Song H，Jo K，et al. Effect of ascorbic acid and citric acid on the quality of salted Chinese cabbage during storage[J]. Food Science and Biotechnology，2021，30：227-234.

[4]Jiang Q Q，Nakazawa N，Hu Y Q，et al. Evolution of tissue microstructure，protein properties，and oxidative stability of salted bigeye tuna(Thunnus obesus)meat during frozen storage[J]. LWT，2021，149：111848-111858.

[5] Wójciak K M，Libera J，Stasiak D M，et al. Technological aspect of *Lactobacillus acidophilus* Bauer，bifidobacterium animalis BB-12 and Lactobacillus rhamnosus LOCK900 USE in dry-fermented pork neck and sausage[J]. Journal of Food Processing and Preservation，2017，41(3)：12965-12973.

[6]Pinar O Y. Effect of essential oils and packaging on hot smoked rainbow trout during Storage[J]. Journal of Food Processing and Preservation，2015，39(6)：806-815.

[7] Vidal N P，Goicoechea E，Manzanos M J，et al. Effect of smoking using smoke flavorings on several characteristics of farmed sea bass(*Dicentrarchus labrax*) fillets and on their evolution during vacuum-packed storage at refrigeration temperature[J]. Journal of Food Processing and Preservation，2017，41(2)：1-15.

[8]Zhang J J，Wang G Y，Zou Y L，et al. Changes in physicochemical properties and water-soluble small molecular compounds of dry-cured Xuanwei ham during processing[J]. Journal of Food Processing and Preservation，2021，45(9)：15711-15720.

[9]Zhou Y，Wang Q Y，Wang S. Effects of rosemary extract，grape seed extract and green tea polyphenol on the formation of *N*-nitrosa mines and quality of western-style smoked sausage[J]. Journal of Food Processing and Preservation，2020，44(6)：14459-14468.

[10]Goulas A E，Kontominas M G. Effect of salting and smoking-method on the keeping quality of chub mackerel(*Scomber japonicus*)：biochemical and sensory attributes [J]. Food Chemistry，2005，93(3)：511-520.

第7章 食品焙烤与油炸

焙烤和油炸作为食品熟制的重要手段，可以杀灭食品中的细菌，延长食品的保质期，改善食品的色泽、风味和组织，增强食品营养成分的消化性，是许多食品生产工艺过程中必不可少的步骤。

7.1 食品焙烤

焙烤食品一直是市场热点，然而焙烤技术似乎始终是传统技术的传承，而未能颠覆。相比其他食品工程技术日新月异的动态变化，焙烤似乎是一个相当静态的话题：混合面粉、水、发酵剂和各种调味料，然后加热混合物，其间淀粉发生糊化，蛋白质发生变性，食品生坯伴随水分减少而定型，最终熟化。表面看起来，焙烤食品的变迁更多在新的配料和消费者对低热量、增加纤维水平、降低脂肪和钠含量以及更方便的产品的需求上，其实在过去的几十年中，焙烤技术也发生了很多变化，比如使用加热新方法：远红外线焙烤、微波烘焙等。

7.1.1 食品焙烤的加热原理

焙烤食品是以粮、油、蛋、乳等为主料，添加适量辅料，并经调制、成型、焙烤、包装等工序制成的食品。

焙烤是利用各种烤炉内的高温作用，使经过适当处理的生料或制作成型的食品坯料产生一系列物理、化学和生物性的变化，最终由生变熟的一种熟制方法。

1. 食品焙烤的热量传递

热是焙烤的最基本因素，食品焙烤中的热量传递有传导、对流和辐射三种方式。

传导是炉内的热量不仅由食品载体（烤盘、钢带或者网带）直接传给食品坯料，而且使食品坯料内部的热量由一个质点传给另一个质点，使食品烤熟。

对流是炉内的热空气、水蒸气混合物与食品表面的热蒸汽混合物对流时部分热量被食品坯料所吸收，食品坯料载体下面的热气流在炉壁与载体两侧的间隙中向上运动，往往使载体边缘的坯料接受更多的热量，其颜色比载体中间深一些。

辐射是用电磁波来传递热量的过程。辐射热是由热源及炉壁的热量辐射给食品坯料表面，食品上色基本上是通过增加对红外线的吸收来进行的。红外辐射来自炉内多个角度，用电热元件加热的烤炉，其辐射强度最高的部分来自上方的电加热器，其他则是炉内的全部金属构件及两侧的炉壁，底面火的辐射热则主要被焙烤载体吸收。

食品在焙烤过程中的热量交换是综合性的，辐射热起主要作用，热传导次之，对流的作用较小。如果炉内设有激发热空气对流的装置，如吹风装置，可以增加对流的作用。

2. 食品远红外焙烤的原理和特点

由于远红外加热在成本和产品质量方面的优势，与传统加热相比，它已被广泛应用于焙烤食品加工。20世纪90年代，由于商业红外加热器的快速发展，远红外加热方式受到焙烤工业越来越多的关注。此外，随着装置的不断更新换代，远红外加热不仅能够提供快捷、经济的加热方式，还能不断提升焙烤产品的感官和营养品质。

(1)远红外焙烤的原理

在远红外线烤炉的装置中，远红外加热器通过电磁辐射提供热能，热能的传递速率取决于加热器与食品物料之间的温度差。加热器辐射产生的远红外线穿过空气，随后与食品物料接触。辐射能通过与食品物料的分子共振转化为热能，从而使食品物料表面受热，之后热能再以传导方式进入食品物料内部，最终完成加热过程。传统烤炉的加热过程是热空气通过自然对流或强制对流方式将热能传递到食品物料表面，再将热能传导至物料内部。

(2)远红外焙烤的特点

相比之下，远红外线加热用于食品加工的特点如下。

①热量的有效传递减少了加工时间和能源成本。

②设备内部的空气没有被加热，因此环境温度可以保持在正常水平。

③设计紧凑和自动化程度高，可控性强和安全性好。

④食品物料受热更均匀，因此食物的不规则表面对传热速率的影响较小。

⑤由于加热速度快，有过热危险，需要精确的条件控制。

目前，远红外加热技术已广泛应用于汽车、电子等非食品工业的加热和干燥。食品工业中的远红外加热应用可分为4个主要单元操作：烘烤(焙烧)、干燥、解冻和巴氏杀菌，对于每一个单元操作工艺，均已有较为成熟的商业远红外加热设备。此外，远红外线加热也被用于其他食品工艺，如陈化酒类和油炸零食。

红外辐射实际是波长为0.78～1 000 μm的电磁波。由于这一波段位于可见光和微波之间，并比红光的波长更长，所以红外辐射也称为红外线。因为任何温度高于热力学零度(0K)的物体，都会不停地进行红外辐射，所以红外辐射又称为热辐射。

红外辐射是电磁能量的一种形式。它以波的形式穿过食物，然后转化为热。红外线辐射被归类为波长介于可见光(0.38～0.78 μm)和微波(1～1 000 mm)之间的电磁波。红外辐射根据波长分为三类：①近红外(Near Infrared Ray，NIR)：0.78～1.4 μm；②中红外(mid-Infrared Ray，mid-IR)：1.4～3 μm；③远红外(Far Infrared Ray，FIR)：3～1 000 μm。

食品工业红外加热器发射的电磁能量的波长范围是2.5～30 μm。因此，所谓远红外就是指工业上波长为2.5～1 000 μm的电磁波，很多物质对波长在3.0～15 μm范围的红外辐射有很强的吸收带。

远红外加热焙烤在国内外应用得相当普遍，它是利用远红外辐射器所发出的远红外线被加热的物料吸收，直接转变为热能而达到食品焙烤的目的。

食品烤炉中常用的远红外辐射器有金属碳化硅和氧化镁管状或板状辐射器等，碳化硅管状远红外辐射元件的基体是碳化硅，热源是电阻丝，碳化硅管外面再涂覆一层碳化硅或氧化铁等辐射涂料(碳化硅有很高的辐射率，但在烧制时常掺入35%的黏土，故在其表面又涂了一层辐射涂料)。远红外烤炉在远红外区的辐射率比普通烤炉高，炉温上升快，加热时间短。

大部分食品材料对波长在 2.5～20 μm 的远红外线有很高的吸收率，如水的吸收峰为 3 μm 和 6 μm，淀粉为 3 μm 和 10 μm，油脂为 3.5 μm 和 7 μm。由于辐射线穿透物体的深度(透热深度)约等于波长，而远红外线的波长比红外线长，所以远红外焙烤有一定的穿透能力，因而远红外加热的速度比传导和对流传热快许多。这样既可保证食品(如烧鸡和烤鸭)的表面很快形成皮膜，又可减少内部香味成分和物质的损失。

远红外焙烤具有加热速度快和表层加热效果好等特点，与普通焙烤相比，焙烤时间可以缩短 1/10 左右，电力消耗可以降低 1/3～1/2，焙烤占地面积可以减少 1/10～1/3；与微波焙烤相比，远红外线装置更简单、便宜和易于控制。远红外线焙烤可满足饼干、面包和肉类制品等大多数食品的焙烤要求。

3. 食品微波焙烤的原理和特点

微波炉早已进入千家万户，作为一种新型的加热方式，微波加热的便捷性更是深入人心。微波加工技术在食品工业中也得到了广泛的应用，因为它大大减少了烹饪时间和能源消耗。微波干燥、加热、杀菌等微波处理技术在食品质量安全控制中发挥着重要作用。微波炉的频率是为了避免通信干扰而设定的。微波频率越低，穿透效果越好。一般来说，为了平衡效率和成本，家庭微波频率为 2450 MHz，工业微波频率为 915 MHz 或 2450 MHz。微波场是一种交变磁场，其中极性分子从原始的随机热运动中根据电场的方向发生变化(每秒 24.5 亿次)。

微波可以加热食物的发现源于对雷达使人体发生自热现象的观察。发现者是雷神公司的珀西·斯宾塞，他把一把爆米花放在一个雷达发射箱里，很快测试了这种效果，从而诞生了微波炉的第一个专利。此后不久，应用于食品工业的微波加热设备就应运而生，同时出现了一大批相关的发明专利和科学研究。各种各样的发现导致了传送式微波系统的发展，这使得微波加热技术在工业应用方面尤为活跃。微波烘焙面包是费蒂(Fetty)最先报道的。20 世纪 60 年代末到 70 年代初，美国将微波技术应用于甜甜圈的制作。微波还应用于食品杀菌领域，而且最近几年这一举措在全球变得相当成功。

微波加热与常规加热方式有着本质的区别。传统的加热方式是一个由表面受热再逐步将热量传递到内部的一个缓慢进程，这个进程的驱动力是表面和内部的温度差。而微波的加热方式是使物料整体、均一受热，因而微波加热的速率大大高于常规加热，尽管有时候速率过高也会带来一些负面影响。但不可否认，加热的速度往往是巨大优势，微波加热通常可以在几秒或几分钟内就完成传统加热所需的几小时甚至几天的工作。

(1)微波加热原理

地球是一个一直充满电磁波的环境，如光线、电视、Amplitude(AM)和 Frequency Modulation(FM)无线电波、紫外线、红外线和微波都是这些波的表现形式。宇宙中温度在绝对零度以上的所有物体都以电磁波谱的不同部分辐射电磁波。这些波的性质主要是基于它们的频率和波长。微波通常被认为是电磁波谱中 300 MHz 至 300 GHz 部分的电磁波。

在电磁波谱的工业、科学和医用波段中，只有两个波长可用于微波加热。这些波的频率和波长如表7-1所示。2 450 MHz频率通常用于家庭微波炉，但也可用于工业加热；915 MHz和896 MHz只适用于工业加热系统。2450 MHz频率在全世界用于微波加热，而915 MHz只保留给北美和南美，896 MHz在英国使用。

微波频率的设定与政府有关无线电频率干扰的规定有关。事实上，其他国家也有915 MHz系统。总之，用于微波加热的频率段必须被很好地屏蔽，以防止可能的无线电频率干扰。

通常看到的电磁波所显示的波长是波传播通过空气或真空时的波长，而当微波通过另一种介质如食物或水时，其波长会急剧缩短，表达式为

$$\lambda_{\mu}=\frac{\lambda_0}{\sqrt{\varepsilon'}} \tag{7-1}$$

式中，λ_0 表示微波在空气中的波长，λ_{μ} 表示微波在物体中的波长，ε' 表示物体的介电常数。

表7-1 微波加热过程中微波的实际频率和波长

频率(f)/MHz	波长(λ_0)/cm
915/896	33
2 450	12.2

例如，水在室温下的相对介电常数是78，因此当微波在水中传递时，2 450 MHz微波频率下的12.2 cm的空气传播波长将减少约1/9，大约只有1.3 cm。这种波长锐减的现象很大程度上影响了食品物料的微波深度渗透。

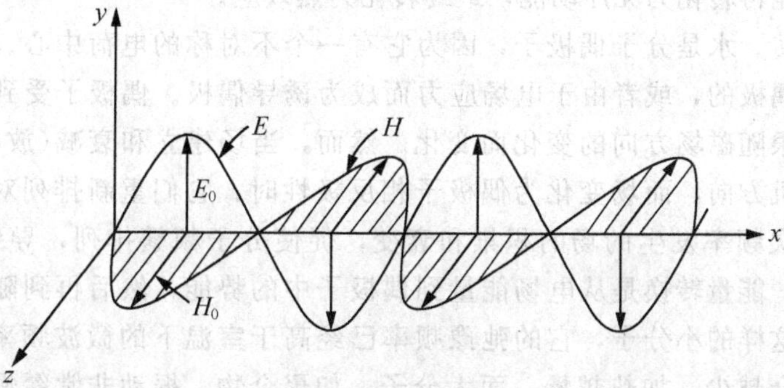

注：E 和 H 分别代表波的电和磁分量；振幅 E_0 和 H_0 表示直线 X 上这一点的电场和磁场的强度。

图7-1 平面单色电磁波

如图7-1所示，所有的电磁波都是由两个相位差的分量组成的，即电磁波的电分量 E 和与其垂直的电磁波的磁分量 H。E 的振幅表示空间中任意一点的电场强度，以单位距离的伏特数来衡量。同样地，波的磁性部分的振幅给出了空间中任意一点的磁场强度，以单位距离安培为单位。

进一步研究可以得知，微波在通过某种介质时，其能量会发生改变。观察图7-1中微波的 E 分量，会发现它从零到最大正电压，然后衰减到零，再次累积到负极性的最大电压，然后再次衰减到零。磁场的强度也会产生类似的效应。波极性的剧烈变化和

过零点的衰减会产生一种效应，这种效应会对周围空间中的分子和离子产生压力，最终转化为热量。相关领域内波的强度越大，所产生的热效应就越显著。

(2)微波的热效应机理

传统的加热依赖于热传导和对流。然而，微波加热，如微波对流加热和微波、对流和辐射加热的组合，是基于体积加热，它可以瞬间加热食物。微波的电场变化诱导食物中的偶极子旋转，分子摩擦产生热量。极性分子不能与磁场同步振荡并且有短的延迟。延迟将磁能转化为平动能，从而逐渐降低微波的振幅。穿透是电磁波穿透食物内部的一种能力。依靠穿透，电磁波可以在物体内外同时传播。因为能量被吸收后转化为热能，所以微波以指数衰减的形式携带能量。

大多数情况下，无论是家用微波炉还是大型工业微波加热系统，微波加热装置内释放的微波大多是随机定向的(少量是集中的)，它们在空间中四散开来，从各个方向接近被加热物料。这些释放的微波本身并不代表热，而只是能量的形式。它们只有通过与物质相互作用才能表现出热效应，也就是所谓的物料自热。虽然微波的能量转换机制有很多影响因素，但最重要的只有两种：离子感应和偶极旋转。

①离子感应。由于离子是带电基团，因此它们可以被电场加速。例如，盐溶液中氯化钠解离后会产生钠、氯、水合氢离子和羟基离子，所有这些离子都可以在电场的作用下向自身极性相反的方向移动。在此过程中，它们与未结合的水分子相撞来释放动能，碰撞的同时它们再次加速，以传递碰撞的方式与其他水分子再次相撞。当极性改变时，离子向相反的方向加速。当频率非常高，会有大量的碰撞并转化为极大的能量。实际上，能量的转换有两步：第一步是电场能量诱导离子运动产生有序动能，第二步是有序动能再转化为无序动能，最终转化为热效应。

②偶极旋转。水是分子偶极子，因为它有一个不对称的电荷中心。许多其他的分子在本质上是偶极的，或者由于电场应力而成为诱导偶极。偶极子受到电场极性迅速变化的影响，跟随磁场方向的变化而变化。然而，当场建立和衰减(放松)时，偶极子保持它们的随机方向，而场变化为偶极子相反极性时，它们重新排列对齐。正是这种以每秒数百万次频率发生的场的积累和衰变，促使分子频繁排列，导致了摩擦加热。在这种情况下，能量转换是从电场能量到偶极子中的势能，然后再到随机的动能或热能。对于像水这样的小分子，它的弛豫频率已经高于室温下的微波频率，所以水变得越热，能量耦合越少，加热越慢。而大分子，如聚合物，振动非常缓慢，吸收的微波能量很少。只有当它们热到足以达到热变形温度时，它们才开始以非常高的速度吸收微波能量，从而导致加热不均匀。物料解冻过程中可以观测到这种不均匀的加热现象，因为与水相比，冰的微波吸收特性相当差。因此，在微波场中很难使物料均匀解冻。

微波能转化为热的方程为

$$P_v = kfE^2\varepsilon'' \tag{7-2}$$

式中，P_v 是在材料的单位体积内产生的功率，k 是定义使用计量单位常数，W/cm^3，f 是频率，E 是单位距离的电场强度，V，ε''是介电损耗系数或介电常数。

微波焙烤的温度分布不同于传统焙烤，传统焙烤是先加热食品表面，然后热量由表面传到内部，所以温度分布总是物料表面的温度最高，中心温度最低；而用微波焙烤时，微波直接渗透到食物内部，而物料表面的温度会因水分的蒸发比内部低，食物内部最先成熟，然后逐步向外扩展，因而焙烤时因表面温度低不足以产生使食品表面焦黄的褐变反应。因此，微波焙烤往往与传统焙烤方法结合起来使用，一般的做法是微波焙烤后，再用红外线和远红外线加热上色。

与传统焙烤方法相比，微波焙烤的温度较低，时间较短，因此营养成分的损失较小，产品的营养价值较高；其焙烤过程是内外同时加热，焙烤时间可以缩短大约2/3，加工熏肉时，不会出现过熟损失，产量可提高25％～30％；由于微波焙烤一开始就内部加热，物料内部的水分迅速汽化并向外迁移，形成无数条微小的孔道，使产品的结构更为蓬松。

微波焙烤适用于面包、糕点等多种食品，为解决焙烤制品着色不够的问题，可采用在面团的上方涂一层着色剂后再进行焙烤的方法着色和产生香味。微波加热也常用于坚果类的焙烤，花生、杏仁、可可豆、腰果等坚果，由于具有坚固的外壳，采用一般的焙炒方法容易加热过度，国内一些厂家用20～40 kW，915 MHz的微波加热器对白瓜子、花生、杏仁和腰果等进行焙炒，可将含水35％左右的原料经8～10 min焙炒至含水5％以下，产品质量比传统方法好，并且能延长产品的保质期，增加产品香味。

7.1.2 食品在焙烤过程中的变化

尽管食物焙烤已有几千年的历史，然而至今对焙烤内在机理和过程变化的了解仍相当有限。即使在今天，改善烘焙食品口感的主要依据仍是操作经验。其中重要的原因就是焙烤涉及许多复杂的物理和化学过程，如湿热传递、蛋白变性、淀粉糊化等生化反应。

食品坯料加热是焙烤中的主要过程，焙烤中的其他过程都随着坯料在加热时温度的改变而变化。在焙烤过程中，食品各层的温度、水分发生不同的变化，与此相关的一系列的胶体化学、生物化学、食品质构等方面的变化也随之发生。

焙烤过程中发生迁移的物质包括4类：①固相物料；②液态水；③水蒸气；④CO_2。物质的迁移模式有很多种。热量传递发生在焙烤的各个阶段并会影响水分传递。CO_2产生于40℃～60℃下，因此也受到热传递的影响。当然，液态水和气体的传递也会促进热量传递。

烘烤过程中，热量和物质传递在面团中同时存在且互相影响。水分随着温度增加而蒸发，面团因气体膨胀而发生相应形变。随温度升高淀粉糊化程度增加，但在一定程度上取决于周围可利用水分的含量和蛋白质凝固程度。这些变化通过限制气室膨胀，和产生局部压力造成气室破裂，最终限制面团的延展性。气体在焙烤前被面团包裹形成密闭气室，焙烤过程中气体不断膨胀，当气室周围的面团薄膜无法承受气压而发生破裂时，原来包裹其中的气体逸出，彼此相邻的小气泡融合形成大气泡，最终冲破面团束缚而逸散到空气中。面团逐渐失水固化，最终形成表面硬化、相互连通的多孔的内部结构。

1. 温度变化

食品坯料在入炉焙烤前，温度一般不超过40℃，进入烤炉后，表面水分因受热迅速蒸发，当食品表层与炉内达到温、湿度平衡时，就停止了蒸发，因而这层很快加热到100℃以上，由于食品表皮与中心的温差很大，表皮层的水分蒸发很强烈，而里层向外传递的水分小于外层的水分蒸发速度，因而在食品表面形成了一个蒸发区域。随着焙烤的进行，这个蒸发层就逐渐向内转移，使蒸发区域慢慢加厚。蒸发层的温度总是保持在100℃，它外面的温度高于100℃，里边的温度接近100℃。

以220℃～250℃的炉温焙烤苏式月饼为例，焙烤5 min后，其中心温度仅能达到75℃，直到焙烤结束，中心温度才能接近100℃，而饼坯表面温度可达180℃，如果制品中心温度达不到80℃以上，则淀粉不能完全糊化，使组织粗糙；蛋白质不能变性凝固，易使制品变形。

2. 水分变化

在焙烤过程中，食品水分的变化以气态方式向炉内扩散，也以液态方式由中心部位向表层转移，至焙烤结束时，原来水分均匀的坯料发生水分的重新分配，形成了各层水分不同的产品。

当把冷的食品坯料送入高温烤炉后，热蒸汽在冷的坯料表面发生冷凝作用，形成很薄的水层，随后当坯料表面的温度超过露点温度时，冷凝过程便被蒸发过程所取代。

随着坯料表面水分的蒸发，形成一层硬的表皮，这层硬皮阻碍着蒸汽的散失，加大了蒸发区域的蒸汽压力；也由于坯料内部的温度低于蒸发区域的温度，加大了内外层的蒸汽压力，于是就迫使蒸汽向食品内部推进，遇到低温就冷凝下来，形成一个冷凝区。随着焙烤时间的延长，冷凝区域逐渐向中心转移。这样食品外层的水分便逐渐移向中心，至出炉时，食品中心的水分大概比原来坯料的水分增加1%～2%。

3. 胶体化学变化

焙烤过程中的温度变化影响着食品坯料中所发生的胶体化学过程，当食品坯料加热至60℃～80℃时，食品内同时发生着淀粉糊化和蛋白质凝固的过程。

蛋白质在30℃左右胀润性最大，进一步提高温度，其胀润性下降，在78℃时，蛋白质凝固变性析出部分水分，析出的水分被急剧膨胀的淀粉粒吸收，由于食品中的水分不足，不可能使淀粉全部糊化。研究面包的微观结构表明，面包中存在大量的半糊化状态的淀粉粒。当蛋白质凝固变性时，失去其胶体特性，食品坯料的可塑性变小，食品定型。

4. 生物学变化

食品在焙烤过程中发生着多种生物化学和微生物学的变化。

焙烤初期由于加热升温，食品中的淀粉酶活性增强，将一部分淀粉水解为糊精和麦芽糖，一般认为β-淀粉酶的钝化温度为82℃～84℃，α-淀粉酶的钝化温度为97℃～98℃。在焙烤过程中还发生着蛋白质的水解过程，蛋白酶水解蛋白质生成氨基酸的最适宜温度是45℃～65℃，食品中的蛋白质部分水解，产生一定数量的使食品具有良好滋味和香气的物质，蛋白酶在80℃～85℃钝化。

发酵制品中的微生物的生命活动，在焙烤初期随加温而旺盛，超过其最适宜温度后，活力逐渐减退，大约到60℃时大部分微生物趋于死亡。经过发酵处理制作的食品，在焙烤期间继续产生少量的酒精、二氧化碳、乳酸以及其他发酵产物。

5. 色泽和香气的形成

食品在焙烤过程中的上色是由美拉德反应和焦糖化作用引起的褐变而产生的(称为褐变反应)。美拉德反应是还原糖与氨基酸相互作用的结果；糖类在没有氨基化合物存在的情况下加热到其熔点以上时，也会变为黑褐色的色素物质，称为焦糖化作用。美拉德反应在炉温较低的情况下即可进行，而焦糖化反应必须在高温下进行。

美拉德反应的基础物质是含有还原基的糖与含有氨基的化合物。单糖中果糖的美拉德反应最强，葡萄糖次之。双糖中乳糖和蜜二糖的美拉德反应很强，麦芽糖和棉籽糖次之，蔗糖是非还原性糖，一般认为不起美拉德变反应。蛋白质和氨基酸引起美拉德反应的程度随种类不同而有差异，赖氨酸的美拉德反应很强烈，其次为组氨酸、色氨酸和酪氨酸，脯氨酸和谷氨酸较弱；小麦蛋白质引起的褐变颜色灰褐不佳，而鸡蛋蛋白质引起的褐变颜色红褐鲜艳。

温度和 pH 是褐变的重要条件，褐变的速度随着温度的升高而加快，150℃是美拉德反应的温度，而此温度对焦糖化作用还不充分。相对湿度对褐变也有一定的关系，相对湿度大约 30%时，褐变速度最快。碱性条件时糖的还原基容易进行反应，褐变随 pH 的升高反应速度加快。焙烤制品的褐变的适宜条件是：pH6.3，温度 150℃，水分 13%左右。另据研究表明，pH8，食品中的水分含量在 15%时，美拉德反应速度最快。

在焙烤过程中，褐变反应使食品表皮具有漂亮颜色的同时，还产生了诱人的香味。这种香味是各种羰基化合物形成的，其中醛类起着主要作用；此外，赋予食品香味的还有醇和其他成分。不同种类的糖、氨基酸在美拉德反应中的产物和香味不同，美拉德反应中的作用物、生成物和香味见表 7-2。

表 7-2 美拉德反应中的作用物、生成物和香味

作用物	生成物	在 150℃下产生的香味
戊糖	糠醛	—
己糖	羟甲基糠醛	—
丙氨酸	乙醛	焦糖气味
缬氨酸	2-甲基丙烷	刺激性巧克力气味
亮氨酸	3-甲基丁醇	烧干酪的气味
异亮氨酸	2-甲基丁醇	烧干酪的气味
甲硫氨酸	二甲基硫醚	绿紫菜的辣味
苯丙氨酸	苯乙醛	樱花的气味
苏氨酸		焦糖的气味

6. 体积、质量和质构的变化

食品在焙烤过程中，由于水分的汽化及内部气体成分的膨胀逸出，质量减少，体积增大，质构变得柔软而蓬松或酥脆。

7.1.3 食品烤炉的种类及特点

烤炉种类直接影响着食品的焙烤效果，烤炉的加热方式有煤、煤气、燃油、电、远红外线和微波等。

1. 箱式烤炉

箱式烤炉是在炉壁上安装若干盘架，焙烤时将食品摆在烤盘上，烤盘入炉后靠炉内盘架支撑。整个焙烤过程中食品与辐射元件之间没有相对运动，待烤熟后，再开炉取出。这种烤炉属间歇式生产，产量小，适用于中小型食品厂焙烤各类食品。

2. 旋转式烤炉

旋转式烤炉有两种旋转运动形式，一种是吊篮风车式，另一种是架子式。焙烤时将食品坯料依次放在吊篮内，或将食品摆放在架子车上后直接推入烤炉中挂在烤炉顶部的旋转挂钩上，然后关闭炉门，边旋转、边焙烤。旋转式烤炉的最大优点是炉内各部位温差小，焙烤均匀，日产量较大。其缺点是手工装卸产品，劳动强度较大，且炉体较笨重。

3. 隧道式烤炉

隧道式烤炉炉很长(50～70 m)，食品在炉内运动，好像通过长长的隧道。现在大多数隧道式烤炉是分段安装的，每段自成一个系统，可进行分区控温。隧道式烤炉根据带动食品在烤炉内运动的传送装置不同，又可分为链条隧道炉、钢带隧道炉和网带隧道炉等。

(1)链条隧道炉

链条隧道炉是食品及其载体在炉内的运动靠链条传动的隧道炉。链条炉的载体大致有两种，即烤盘与烤篮。烤盘或烤篮安放在两条链子上面，在出炉端一般设有转向及翻转装置，成品进入冷却传送带，烤盘或烤篮由传送装置送回入炉端，生产效率较高，适用面广，可用于多种食品的焙烤。缺点是由于烤盘多在炉外循环，热量损失较大，工作环境热，而且浪费能源。

(2)钢带隧道炉

钢带隧道炉以钢带作为载体，钢带在炉内循环运转，热损失小；采用调速电机与食品成型机械同步运行，适用面较广；用于酥性饼干等甜酥性食品焙烤时，有利于较软饼坯的形态固定，对挤浆成型的产品尤为适合；食品底部会有美观的沙状底(极细微的气孔)。缺点是钢带易跑偏，调偏装置复杂，另外由于糖或乳粉微粒等接触钢带，有时会引起黏带现象。

(3)网带隧道炉

以由金属丝编制而成的网带为载体，结构类似于钢带隧道炉。由于网带网眼空隙大，在焙烤过程中食品底部水分容易蒸发，不会产生凹底和油滩。网带与饼坯接触面小，不易黏带。网带运转过程中不易发生打滑，跑偏现象易于控制。其缺点是不易清洗，网带上的污垢沾在食品底部，影响食品外观质量。

7.1.4　食品焙烤技术

食品焙烤的种类多、变化大，因此对每种制品的焙烤很难作统一的技术规定。一般含水分较多、油脂较重的制品要比水分少、油脂轻的制品温度低一些，焙烤时间相对长一些，体积大的制品要比体积小的焙烤时间长，温度也低一些。另外，大多数制品在焙烤时，不可能用同一温度操作全过程，有些制品需采取“先高后低”的调节方法，即入炉时炉温要高，使制品定型后，就要降低炉温，使制品内部慢慢成熟。有些制品的炉温要“先低后高再低”，让食品充分胀发后再定型成熟。要烤出高质量的产品，一般需掌握以下几点。

1. 炉温

不同种类的食品以及同一类型不同大小和厚薄的制品应选择不同的炉温。食品焙烤常采用以下三种炉温。

(1)低温

低温是指 140℃～170℃的炉温。含油脂较高的花生、瓜子及其制品要求白皮或保持原色的酥皮类糕点多用低温焙烤。

(2)中温

中温是指 170℃～200℃的炉温。蛋糕类、混糖类糕点和多数肉类制品常用中温焙烤，中温制品要求表面颜色较重，如金黄色。

(3)高温

高温是指 200℃～240℃以上的炉温。面包、饼干、提浆月饼等多用此温度焙烤，高温制品要求表面颜色很重，如枣红色或棕褐色。

2. 上、下火

炉温是用上、下火来调整的，可根据需要发挥烤炉各部位的作用。上火(亦称面火)是指食品入炉后食品载体上部空间的炉温，下火(亦称底火)是指食品载体下部空间的炉温。炉中上、下火要根据不同产品的要求而定，同时还应根据炉体结构情况来确定。实际生产中，往往采用分段焙烤的方法，如焙烤面包开始时底火旺，面火低些，然后面火渐升，底火渐降，达到使胀发起来的面包定型的目的。

3. 焙烤时间

焙烤时间与炉温高低，食品的种类、大小和形状有关。一般情况下，炉温高，焙烤时间短；炉温低，焙烤时间长。食品的质量越大，焙烤时间越长，同样质量的食品，长形的比圆形的、薄的比厚的焙烤时间短。一般饼干的焙烤时间只有 4～5 min，而大面包和有些肉类制品的焙烤可长达 0.5～1 h。

焙烤温度和时间对于制品质量是相当重要的。若炉温高，时间短，则易造成制品表面结壳，外焦内生。若炉温低，时间长，则水分在淀粉糊化前因长时间烘焙而过分蒸发，易出现制品干硬、组织粗糙、色泽暗淡、油分外失和形状不良等现象。若炉温高，时间长，则制品出现严重外糊内硬，甚至炭化。若炉温低，时间短，则制品不熟且易变形。

4. 炉内湿度

炉内湿度主要由制品水分蒸发形成，湿度直接影响着制品的品质。炉内湿度适当，制品上色好，皮薄，不粗糙，有光泽。炉内湿度太大，易使制品表面出现斑点。炉内湿度太低，制品上色差，表面粗糙，皮厚，无光泽。炉内湿度受炉温高低、炉门封闭情形和炉内制品数量多少等因素的影响，先进的烤炉内有自动控制炉内湿度的装置。

7.2 食品油炸

油炸是将食品置于已加热至一定温度的热油中进行成熟的过程。油炸是食品熟制和干制的一种加工方法，也是一种较古老的烹调方法。1995 年版《中国烹饪百科全书》给油炸下的定义是：以多量食油旺火加热使原料成熟的烹调方法，即将食品置于较高温度的油脂中，使其加热快速熟化的过程。油炸可以杀灭食品中的微生物，延长食品的保质期，同时，可改善食品风味，提高食品营养价值，赋予食品特有的金黄色泽。经过油炸加工的产品具有香酥脆嫩和色泽美观的特点。油炸既是一种菜肴烹调技术，又是工业化油炸食品的加工方法。

油炸食品是一种传统的方便食品，它是利用油脂作为热交换介质，使被炸食品中的淀粉糊化、蛋白质变性以及水分变成蒸汽从而使食品变热或成为半调理食品，使成品水分降低，具有酥脆或外表酥脆的特殊口感。同时，食品中的蛋白质、碳水化合物、脂肪及一些微量成分在油炸过程中发生化学变化产生特殊风味，因此，油炸已经成为食品加工及烹调中常用的主要技术之一。油炸的方式有浅层煎炸和深层油炸，深层油炸是最为常见的油炸方式，又可分为常压深层油炸和真空深层油炸，或分成纯油炸和水油混合式深层油炸。

近年来，由于人们生活水平的提高和生活节奏的加快，油炸加工的快餐食品和休闲食品在人们的膳食中占有越来越重要的分量。油炸方便食品的发展向着规模化、产业化、标准化、定量化、机械化、科学化的方向发展。开发出品种丰富化、风味特色化、调理简单化、食用家庭化及健康和富有滋味的食品越来越成为油炸食品的发展趋势。

7.2.1 食品油炸过程中的传热方式

油炸制品加工时，将食品置于一定温度的热油中，油可以提供快速而均匀的传导热能，食品表面温度迅速升高，水分汽化，表面出现一层干燥层，形成硬壳。然后，水分汽化层便向食物内部迁移，当食物表面温度升至热油的温度时，食物内部的温度慢慢趋向 100℃，同时表面发生焦糖化反应及蛋白质变性，其他物质分解，产生独特的油炸香味。油炸传热的速率取决于油温与食物内部之间的温度差和食物的导热系数。

油炸时的热量传递主要是以传导方式进行的，其次是对流换热。油炸时的热量传递介质是油脂，热量首先由热源传递到油炸容器，油脂吸收热量再传递到食品表面，然后以两种方式传递到食品内部：一部分热量由食品表面逐步向食品内部渗入；另一部分热量直接由油脂带入食品内部，使得食品内部成分很快受热成熟。油脂热容量是2 J/(℃·g)，而水是18 J/(℃·g)。食品的导热系数见表7-3。

表7-3 食品的导热系数

品名	温度/℃	水分/%	导热系数/(W·m^{-1}·K^{-1})
谷类	21.1	0.91	0.140
鳕鱼(冰冻)	−23.3		0.019
鲜鱼	0		0.431
橘子	30.3	61.2	0.431
梨(冰冻)	−12.2	75.1	0.50
猪肉	−14.3		0.43
土豆	−12.8		1.09
香肠	24.4	65	0.411
小麦	30		0.163
乳粉	38.9		0.418

7.2.2 油脂在油炸过程中的化学变化

油炸过程分为4个阶段。第一阶段为初始加热阶段，食物表面温度上升到沸点温度，水分损失较少，可忽略不计；第二阶段为表面加热阶段，食物表面水分大量蒸发，传热系数增大，食物内部温度升高，这一阶段食物表面开始形成外壳；第三阶段为水分损失阶段，且这一阶段时间最长，油炸过程中的水分损失主要发生在这一阶段，到这个阶段结束时，由于自由水含量的减少和外壳的增厚，物质传质速率逐步下降；第四阶段为泡沫消失阶段，这一阶段的特点是油炸过程中食物的水分损失明显停止。油脂在油炸过程中理化性质均发生很大变化，了解油脂在高温加热过程中的变化，对于控制产品质量、降低成本具有重要意义。

1. 水解与缩合

油脂在水中加热时主要发生水解作用，此时水油混合物温度可达100℃。油脂的水解是指在高温下甘油脂肪酸酯分解成了游离脂肪酸、甘油、水分，水分在高温下产生大量水蒸气又进一步促进油脂水解，所生成的甘油和脂肪酸易被人体吸收利用。

进入油脂的水量越多，油炸温度越高，油脂中食物碎屑和焦化颗粒越多，游离脂肪酸生成速度越快。碱和残留的用于清洗的含碱清洗剂也可加速油脂的水解，并会产生肥皂之类的化合物。当发生上述反应时，劣变产物在油脂中积聚，导致油脂的功能、感官和营养品质发生了变化。油的劣变产物大体分为挥发性分解产物和不挥发性分解产物。挥发性分解产物大多随水分和蒸汽挥发外逸，它们主要对油炸食品的感官品质，尤其是味道有较大贡献。非挥发性分解物大多数是极性物，因而能提高表面活性，减小表面张力。

2. 油脂的热氧化

在炸制过程中，油脂处于持续的高温状态。当食品所释放的水分和氧气同油接触时，油脂氧化生成挥发性的羰基化合物、羟基酸、酮基酸和环氧酸。这些物质会产生不良风味并使油脂发黑。油脂在低(或无)氧压时加热至200℃～300℃高温，两个酰基之间可按不同方式形成C—C键。而不饱和双键与共轭二烯油脂的同一甘油酯的脂肪酸之间或不同甘油酯之间会发生聚合反应，生成分子质量更大且带有一个双键的脂肪酸六环状单体(四取代环己烯)，从而使油脂黏度增大。油脂若在有氧条件下加热至200℃～300℃时，则发生热氧化聚合，亦使油脂变稠。油脂氧化热聚合是典型的游离基反应，包括引发、增长、终止三大连锁阶段，是油脂氧化形成过氧化聚合物的过程。当温度继续升高时过氧化物则会分解成低级醛类和酮类，使油脂劣化酸败。

油中脂溶性维生素的热氧化会导致营养价值的散失。视黄醇、类胡萝卜素、生育酚的变化会导致风味和油色的变化。维生素E的氧化保护了油脂的氧化，即它起了抗氧化剂的作用。

3. 油脂的热聚合和热分解

在无氧的情况下，油脂分子内部发生高温聚合和分解反应，生成环状化合物和高分子质量的聚合物，炸油明显地变得浓稠，黏度增大，从而降低传热系数和加剧食品的吸油，使油炸产品的含油率升高。在260℃以下时，油脂的热分解并不十分明显，但是当油温升高到300℃时，其热分解反应明显加快。油炸中常用油脂的热分解温度一般为250℃～290℃。油脂的热分解产物大多为游离脂肪酸、醛类、酮类、碳氢化合物以及一些挥发性的小分子物质。

甘油在高温下发生分子内脱水生成丙烯醛，挥发出呛人的刺激性气味。油的某些分解和聚合的产物对人体是有毒的，如环状单聚体、二聚体及多聚体等物质会导致人体麻痹，胃肿瘤甚至死亡。因此高温下使用的炸用油不能长时间反复使用，否则将影响人的健康。

7.2.3 油炸对食品的影响

1. 油炸对食品风味和质构的影响

油炸的主要目的是改善食品的口感和风味，油炸能使食品产生一定芳香味和在食品表面形成一层脆皮，使食品的风味和质构更加诱人。原料通过油炸熟制，除油脂本身产生游离脂肪酸和具有挥发性的醛类、酮类等化合物，使制品产生香味外，还可以使原料中的香味成分得以挥发。在油炸过程中可生成多种香气成分，而且反应速度比水中快，生成的芳香气味更为突出。油脂又是表面活性物质，是芳香物质的溶剂。甘油对亲水性呈味物质具有较好的亲和能力，脂肪酸却具有对疏水性香味物质的亲和能力。因此，油脂可将形成的芳香物质的挥发性由游离态转变为结合态，使油炸制品的香气和味道变得更柔和协调。油炸中常用葱、姜、蒜、花椒等香辛料，使它们的辛辣刺激气味转变成特殊芳香气味物质转移到油脂当中，既便于储存和使用，也可使制品风味更加突出。食品质构的变化主要由蛋白质、脂肪和多糖的变化引起，这些成分在油炸时的变化与焙烤时类似。食品色香味的改善则是通过美拉德反应和食品对油中挥发性物质的吸附来实现的。

2. 油炸对食品营养价值的影响

(1)油炸引起的食品营养成分变化

油炸可以在一定程度上增加炸制品的脂肪含量，增加的幅度取决于其本身的脂肪含量，原来含量少的增加得多。油炸对食品中几种主要成分影响最大的是水分，即油炸后水分都显著减少。一些食品油炸前后水分、脂肪、蛋白质及灰分的含量的变化见表 7-4。

表 7-4　油炸前后的鱼、牛肉和土豆的成分

食品样品（炸前为 100 g）		样品质量/g	水分/g	蛋白质/g	脂肪/g	灰分/g
鳕鱼	油炸前	100	79.46	18.09	1.03	1.26
	油炸后	71.11	46.98	18.46	4.08	1.26
鳀鱼	油炸前	100	72.88	18.91	5.47	1.89
	油炸后	65.00	31.92	18.13	12.80	1.85
牛肉	油炸前	100	75.57	21.54	2.04	0.70
	油炸后	65.21	39.95	20.00	4.48	0.52
土豆	油炸前	100	54.22	5.01	0.27	1.69
	油炸后	54.96	26.54	2.64	3.57	0.91

表 7-4 中油炸后的数据是变化的绝对值，显然水分在油炸后有大幅度降低，蛋白质的绝对值数量，除土豆外其他几乎没有变化，脂肪的绝对量均有一定程度提高，灰分的变化微乎其微。

(2)油炸对食品营养效价的影响

油炸食品的可消化性与代谢利用是人们普遍关注的问题，西班牙人莫雷拉斯等的研究表明：如果不加辅料对食品进行油炸，则制品的蛋白质的可消化性和代谢利用率一般不会改变，但如果把还原性物质如碳水化合物加到食品中进行油炸，则蛋白质的可消化性要稍微下降，添加辅料油炸时，炸后食品的蛋白质生理效价和净蛋白利用率均有所下降。食品油炸前后的消化与代谢利用情况见表 7-5。

表 7-5　食品油炸前后的蛋白质消化与代谢利用情况

食品样品		蛋白质消化系数	生理效价 (Biological Value，BV)	净蛋白利用率 (Net Protein Utilization，NPU)
箭鱼	油炸前	0.94	0.67	0.63
	油炸后	0.96	0.66	0.64
鳕鱼	油炸前	0.92	—	—
	油炸后	0.91	—	—
牛肉	油炸前	0.93	—	—
	油炸后	0.93	—	—
猪肉	油炸前	0.92	0.78	0.72
	油炸后	0.92	0.80	0.73

续表

食品样品		蛋白质消化系数	生理效价(Biological Value，BV)	净蛋白利用率(Net Protein Utilization，NPU)
肉丸	油炸前	0.90	0.72	0.65
	油炸后	0.80	0.68	0.60
鱼丸	油炸前	0.92	—	—
	油炸后	0.89	—	—

从表 7-5 中可以看出，肉丸含有小麦面粉，油炸后其蛋白质消化系数、生理效价(BV)、净蛋白利用率(NPU)略有下降，但降低幅度较小，实际上对产品质量无明显影响。

(3)油炸时维生素的损失

瑞士一项代号为 COST－91 的研究课题，通过对海狗鱼丸、牛肉丸、牛肉和猪肉在 180℃下用橄榄油进行深层油炸，对海狗鱼和沙丁鱼沾面粉后进行同样方式的油炸和对搅打后的鸡蛋用少量橄榄油进行浅层煎炸的研究，得出了如下结论：一般食品的维生素 A 含量较低，深层油炸与浅层煎炸中维生素 A 的损失差不多；维生素 B_1 的损失在 13%～15%，由于面粉中的维生素 B_1 含量较高，沾面粉油炸的产品维生素 B_1 含量可能会升高；维生素 B_6 的损失在 17%～62%；维生素 PP 的含量油炸后有所升高，是由油炸过程中烟酸前体向烟酸转化引起的；油炸产品的维生素 E 可能升高，可能是产品吸收了油中的维生素 E 引起的；油炸产品在－18℃下冷藏 30 d，继而用微波炉重新加热，一般不会引起维生素含量的变化。

油炸马铃薯片是当今世界极为畅销的食品，深层油炸与浅层煎炸引起的维生素 C 的损失基本相同，为 5%～15%，维生素 C 的损失小块比大块大，说明分解损失主要在表面发生。薯片中维生素 B1 的损失浅层煎炸比深层油炸高，分别为 40%和 10%左右。

3. 油炸对食品持油率的影响

油炸时水和水蒸气从食品中迁出，由热油取代原来由水和水蒸气占有的孔隙空间，不同的食品油炸后，油炸产品的持油率不同(表 7-6)。

表 7-6 油炸食品的持油率

油炸食品	持油率/%
油炸坚果	6
油炸马铃薯片	40
炸面圈	20～25
快餐食品	20～40
果蔬类	33～38
方便冷冻食品(鱼、鸡等)	10～15

油炸食品的持油率，一方面直接关系到耗油量和产品的耐储性，另一方面直接影响产品的品质和风味，含油率过高的产品并不受欢迎。因此，对持油率高的食品在油炸后要进行脱油处理，脱油可以采用常压下离心脱油，也可以在真空状态下甩油。

7.2.4 食品传统油炸技术

传统油炸设备简单，操作控制方便，但由于长时间处于高温状态和残渣不能及时分离，炸油反复使用几次后，油的品质下降，不得不作为废油弃去，因此油的利用率降低，造成浪费。

1. 传统油炸设备

食品传统油炸长期以来大多采用燃煤或燃油的锅灶，不能自动调节油温。传统油炸工艺较好的油炸设备是电热平底油锅，图 7-2 是此类设备的典型结构示意图。

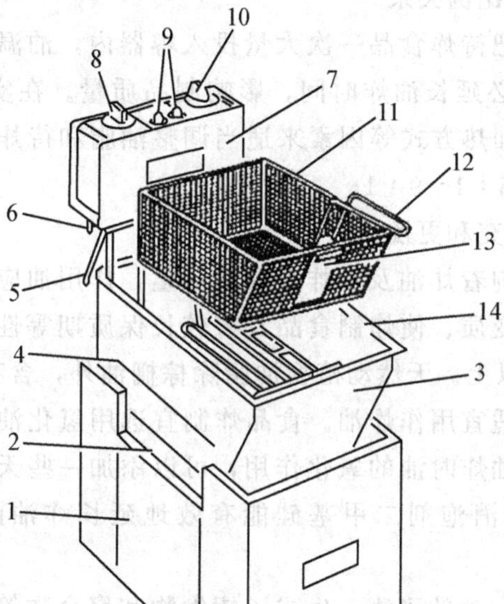

注：1-不锈钢底座；2-侧扶手；3-移动式不锈钢锅；4-油位指示仪；5-电缆；6-最高温度设定旋钮；7-移动式控制盘；8-电源开关；9-指示灯；10-温度调节旋钮；11-物料篮；12-篮柄；13-篮支架；14-不锈钢加热元件。

图 7-2 电热油炸设备结构图

此类电热油炸设备的油温可以精确控制，操作时将要油炸的物料置于篮中放入油中炸制，物料篮的体积为 5～15 L，炸好后连篮一起取出，物料篮可以取出清理，但无滤油的作用，因此一些碎屑会留在锅中。这类设备一般电功率为 7～15 kW，为了延长油的使用寿命，电热元件表面的温度不宜超过 265℃，并且其单位面积上的功率也不宜超过4 W/cm^2。

2. 传统油炸工艺

(1)油炸温度的选择

油炸温度的选择主要从经济和产品的要求来考虑。油温高，油炸时间可以缩短，产量提高，但油温高会加速油的变质，使油变黑、黏度升高，这就不得不经常更换炸油，使成本增高。另外油温高，食品中的水分蒸发剧烈，导致油的飞溅，增加油的损耗。一般油炸食品以 160℃～180℃的油温比较适宜，炸制的食品质地鲜嫩，产品水分及风味物质的保存也较好。如果油炸的目的在于干制，则宜采用较低的油温，有利于水分蒸发，产品表面色泽也较浅。

(2)炸制时间的控制

炸制时间与油温的高低应根据食品种类的不同而适当掌握，油炸时应充分考虑食品的原料性质、块形大小及受热面积等因素。炸制时间长，易使制品色泽过深或变焦，炸制时间短，易使制品色泽浅淡，甚至不熟。

(3)油和待炸食品的比例关系

炸制食品时，如果把待炸食品一次大量投入容器内，油温会迅速降低。为了恢复油温就要加大火力，势必延长油炸时间，影响制品质量。在实际生产中应根据产量、制品品种、炸制容器、加热方式等因素来适当调整油脂和待炸食品的比例。油和待炸食品的比例一般控制在 5∶1～9∶1。

(4)炸油的选择、补充和更换

油脂的组成直接影响着炸油及油炸食品的质量，炸用油应具有起酥性能好、氧化稳定性高、炸制时不易变质、使炸制食品具有较长保质期等性质，一般要求其氧化稳定性 AOM 值在 100 h 以上。天然动植物油脂除棕榈油外，含有较高的不饱和脂肪酸，氧化稳定性低，一般不适宜用作炸油。食品炸制宜选用氢化油和起酥油等二次加工的专用油脂制品。为减少油炸时油的氧化作用，可以添加一些天然抗氧化剂和允许使用的合成抗氧化剂。食用消泡剂二甲基硅能有效地延长炸油的使用时间，其用量为 2～5 mg/kg 油。

油炸时，食品吸油、油的飞溅、生成了挥发物和聚合物等原因，使炸油的数量不断减少。由于减少的油大部分被炸制食品所吸收，因此减少的油通常就认为是吸油量。炸锅中的油减少时，应补充新油继续进行油炸。从已炸过的陈油完全被更换成新鲜油所需的时间(小时)，换算成每小时加入的新鲜油的百分数，叫作油的循环速度。油的循环速度大，表示每小时补充的新油多，其热变质程度轻，油的循环速度在 12.5%以上时，炸油变质较轻。

3. 传统油炸工艺的缺点

①油炸过程中全部油处于高温状态，油很快氧化变质，黏度升高，重复使用几次即变成黑褐色，不能使用。

②无食物残渣过滤装置，残渣在高温下与油反应会产生有害物质，还会附着于油炸食品的表面，使食品表面质量劣化。

③高温下长时间反复煎炸食品的油会生成多种形式的毒性不尽相同的油脂聚合物——环状单聚体、二聚体及多聚体。这些物质会导致人体神经麻痹、胃肿瘤，甚至死亡。

④高温下长时间使用的油，会产生热氧化反应，生成不饱和脂肪酸的过氧化物，直接妨碍机体对油脂和蛋白质的吸收，降低食品的营养价值。

7.2.5　水油混合式深层油炸技术

水油混合式深层油炸是指在同一敞口容器内加入油和水，相对密度小的油占据容器的上半部分，相对密度大的水占据容器的下半部分，在油层中部水平设置加热器加热。油炸时食品处于淹过电热管 60 cm 左右的上部油层中，食品的残渣则穿过下部油层沉入底部的水中，这样在一定程度上缓解了传统油炸工艺带来的问题。

1. 水油混合式深层油炸设备

水油混合式深层油炸设备的基本组成部分为上油层、下油层、水层、加热装置、冷却装置和滤网等。间歇式无烟型多功能水油混合式油炸装置的结构示意图如图 7-3 所示。

该油炸设备加热装置位于油层中部，滤网置于加热器的上部，使用时在油炸锅内先加入水至油位显示仪规定的位置，再加入炸油至高出加热器上方约 60 cm 的位置，由电气控制系统自动控制加热器，使其上方油层保持在 180℃～230℃，炸制过程中的食物残渣从滤网漏下，经油水分界面进入油炸锅下部冷水中，积存于锅底，定期由排污阀排出。冷却系统装在油水界面处，当油水分界面的温度超过 50℃时，由电气控制系统自动控制的冷却装置强制将大量冷空气由置于油水分界面上的冷却循环系统抽出，形成高速气流，将大量热量带走，使油水分界面的温度自动控制在 55℃以下。放油阀位于油水分界面处，具有放油和加水双重作用。

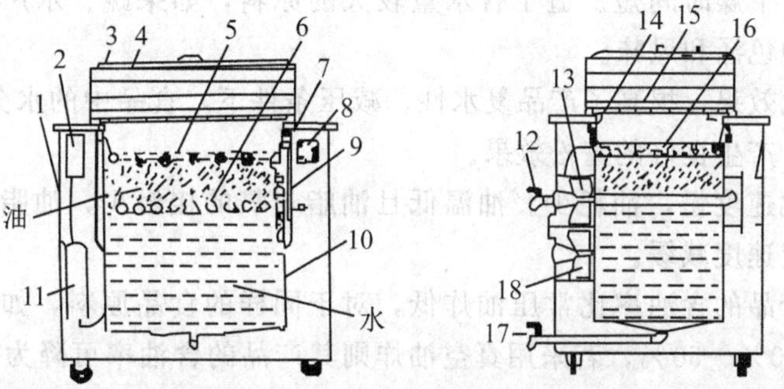

注：1-箱体；2-操作系统；3-锅盖；4-蒸笼；5-滤网；6-冷却循环气筒；7-排油烟管；8-温控数显系统；9-油位显示仪；10-油炸锅；11-电气控制系统；12-放油阀；13-冷却装置；14-蒸煮锅；15-排油烟孔；16-加热器；17-排污阀；18-脱排油烟装置。

图 7-3　无烟型多功能水油混合式油炸装置结构示意图

2. 水油混合式深层油炸工艺

水油混合式深层油炸工艺具有限位控制、分区控温、自动过滤、自我洁净的优点。炸制过程中产生的食物残渣从高温炸制油层落下，穿过温度较低的下部油层，积存于底部温度不高的水层中。残渣中所含的油经过水分离后返回油层，使油的氧化程度和污浊情况大大改善，所炸出的食品外观干净漂亮，色、香、味俱佳。更重要的是炸制后的油无须再进行过滤，没有与食物残渣一起弃掉的油，炸制耗油量几乎等于被食品吸收的油量，节油效果好。

7.2.6 真空低温油炸技术

真空低温油炸技术是国际上在20世纪兴起的一项食品加工高新技术，被誉为“绿色革命”和“油炸技术革命”。该技术将油炸和脱水有机结合在一起，以植物油为媒介，利用真空状态下水分沸点降低的原理，在负压状态下，食品中的水分沸点降低，低温汽化而蒸发，物料在短时间内迅速脱水，实现低温条件下的油浴脱水过程。相比常压油炸，真空低温油炸技术能够充分保留原料固有的色香味及营养成分，形成疏松多孔的结构和酥脆的口感，并且可有效降低产品含油率和油脂氧化劣变程度，更重要的是真空低温下成功脱水，真空度须在接近0.1 MPa下操作，油温在100℃以下，基本排除了产生丙烯酰胺的可能性。

真空低温油炸不同于前面介绍的常压油炸工艺，由于真空的存在，使脱水占有相当重要的地位，因而与原有意义上的油炸有所不同，真空油炸兴起于20世纪60年代末，70年代初开始用于油炸土豆片，后又用于干燥苹果片，得到了品质更好的产品。

1. 原理和特点

在减压的条件下，食品中水分汽化温度降低，能在短时间内迅速脱水，实现低温条件下对食品的油炸。真空油炸的真空度一般保持在92.0～98.7 kPa（690～740 mmHg），油温控制在100℃左右。

①油温低，营养成分损失小。

②脱水快，干燥时间短。适于含水量较大的原料，如果蔬、水产、肉类，能较好地保持其原有的色泽和风味。

③具有膨化效果，提高了产品复水性。减压条件下，食品中的水分急剧汽化膨胀，从食品中逸出，产生良好的蓬松效果。

④油脂劣化速度慢，油耗少。油温低且油脂与氧的接触少，油脂的氧化、聚合与分解等劣化反应速度减缓。

真空油炸产品的含油率比常压油炸低，对于同样的食品原料，如采用常压油炸产品含油率高达40%～50%，若采用真空油炸则其产品的含油率可降为20%左右，既降低了耗油量，又提高了油炸产品的耐储性。

2. 真空低温油炸设备

间歇式真空低温油炸装置的系统简图如图7-4所示。油炸斧为密闭容器，上部与真空泵相连，为了便于脱油操作，内设离心甩油装置。甩油装置由电机带动，油炸完成后降低油面，使油面低于油炸产品，开动电机进行离心甩油，甩油结束后取出产品，进行下一周期的油炸。

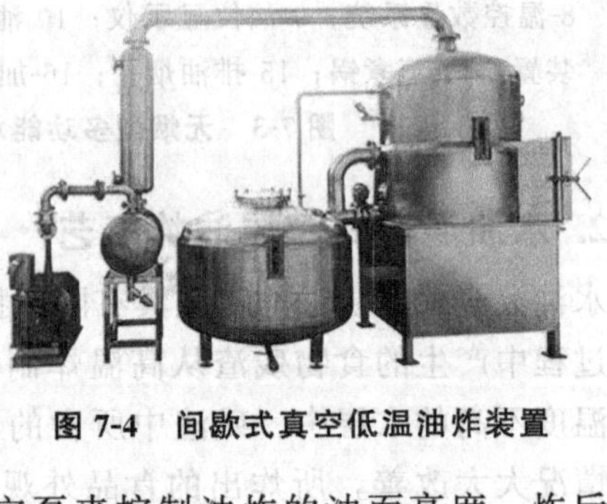

图7-4 间歇式真空低温油炸装置

贮油箱中油的运转由真空泵控制，即由真空泵来控制油炸的油面高度。炸后的油脂用过滤器过滤，及时去除油炸时产生的渣物，防止油被污染。

3. 真空低温油炸工艺

(1)炸前预处理

食品炸前预处理的目的：一是使原料中的酶充分失活，尽可能保持食品的原有色泽和风味；二是适当提高原料的固形物含量(如糖置换)，提高制品的组织强度(如低温冷冻)，降低产品的含油率。

炸前处理的方法有溶液浸泡、热水漂烫和速冻处理等方式。果蔬原料炸前处理一般包括原料挑选、清洗、切片、护色、灭酶、漂洗和糖置换等。

(2)真空炸制

经预处理的原料放入网状容器，置于炸锅内已预热好的油中(110℃～150℃)，关闭真空油炸锅，并开始抽真空。开始时由于大量的热被原料吸收，油温下降至 80℃～85℃。随着真空度的升高，原料中的水分开始蒸发。经过一段时间，油温和真空度都处于相对平稳的状态。随着油炸过程的进行，原料表面首先干燥，而后内部水分的迁移速度减慢，水分蒸发速度降低，此时应适当降低加热强度，但油温仍逐步上升。

在整个油炸过程中，真空度和温度的控制至关重要。水的蒸汽压随温度的升高而升高。当水的蒸汽压高于锅内压力时，会出现爆沸现象，大量的油随水汽被抽出。为克服爆沸，应采用逐步减压、缓慢加温的办法。换言之，最初原料含水量很高时，真空度和温度不宜过高，即使这样也有大量水分蒸发逸出。随着原料水分的减少，可逐步减压和加温。

油炸一段时间后，真空度达到某一水平，且保持平稳，而温度上升则加快，说明食品中的水分已显著下降，直至几乎没有水汽逸出时，即可停止操作，此时产品含水量在 3%左右。由此可见，可以通过真空度、温度随时间变化的情况来判定油炸作业的终点。

(3)炸后处理

尽管真空油炸产品的含油率低于常压产品，但其含油率仍然较高，要将产品的含油率控制在 10%以下，炸后就必须进行脱油处理。

真空油炸产品离心脱油的一般程序是：完成油炸后，停止加热，在维持原真空度的条件下，将油面降至网状容器的底部以下，沥油数分钟，进行预脱油，真空沥油数分钟后，消除真空，取出油炸产品，进行高速(1 000～1 500 r/min)离心脱油，时间为 10 min 左右，离心脱油应在油炸结束后趁热进行，否则冷却后油脂凝结或黏度增大，分离效果不理想。

脱油后的产品可采用各种调味料调味，然后及时包装，包装材料的选择应注意包装的防潮性和隔气性，以保持产品的松脆状态和较长的保质期。

复习思考题

1. 简述远红外焙烤的原理和特点。
2. 简述微波焙烤的原理和特点。
3. 食品在焙烤过程中会发生哪些变化?

4. 影响食品焙烤质量的因素有哪些？

5. 油脂在高温油炸过程中会发生哪些变化？

6. 与传统油炸方式相比，水油混合式深层油炸具有哪些优点？

7. 简述真空低温油炸的原理和特点。

8. 以果蔬脆片为例，阐述真空低温油炸的基本工艺过程。

参考文献

[1]李里特，江正强. 焙烤食品工艺学[M]. 第3版. 北京：中国轻工业出版社，2017.

[2]朱珠，梁传伟. 焙烤食品加工技术[M]. 第3版. 北京：中国轻工业出版社，2018.

[3]蔺毅峰. 焙烤食品加工工艺与配方[M]. 第2版. 北京：化学工业出版社，2011.

[4]Kamel B S, Stauffer C E. Advances in baking technology[M]. Berlin: Springer, 1993.

[5]张国治. 油炸食品生产技术[M]. 第2版. 北京：化学工业出版社，2010.

第 8 章　食品挤压与气流膨化

8.1　挤压蒸煮

8.1.1　挤压蒸煮技术的概念及特点

1. 蒸煮的定义

蒸就是把成型的生坯置于笼屉中，架在水锅上，通过加热锅中的水使蒸汽发生热传导，从而使制品成熟的过程。蒸汽把热量传给生坯，生坯受热后，淀粉开始膨胀糊化，吸收水分变为黏稠的胶体，当从锅上取下后，随温度下降则逐渐变为凝胶体，使制品表面光滑。蛋白质受热变性凝固，使制品形态固定。由于蒸制品多使用酵母和化学膨松剂，受热时会产生大量气体，使生坯中的面筋网络形成了大量的气泡，从而形成多孔结构和富有弹性的海绵膨松状态。蒸制过程的热传递主要是热传导和热对流。

煮制就是把成型的生坯放入沸水锅中，利用水受热后所产生的对流作用，使制品成熟。煮制食品有两大特点：一是煮制食品的过程靠水传热，而水的沸点较低，在正常气压下，沸水温度为 100℃，是各种热加工中温度最低的一种方式，而且仅靠水产生的对流传热对食品影响较小，成熟较慢，加热时间长；二是制品在水中受热，直接与水接触，淀粉颗粒在受热的同时充分吸水膨胀，因此煮制食品熟后质量增加。

食品挤压是指物料经预处理(粉碎、调湿、预热、混合)后，经机械作用强制使其通过一个专门设计的孔口(模具)，以形成一定形状和组织状态的产品。因此，挤压成型的主要含义是塑性或软性物料在机械力的作用下，定向地通过模板连续成型。

因为食品在熟化之后才能食用，所以大多数食品挤压机是将加热蒸煮与挤压成型两种作用有机地结合起来，使原料经过挤压之后，成为具有一定质构的熟化或半熟化的产品。挤压食品根据工业应用生产实践可大致分为三类：①直接挤压食品，即挤压膨化食品；②间接挤压食品，即挤压成型食品；③挤压组织化食品。

2. 食品挤压蒸煮技术的特点

①连续生产化。

②生产工艺简单。

③生产效率高、原料浪费少、能耗低，使用挤压机进行生产，操作简单，生产能力可在较大范围内调整。

④应用范围广。

⑤投资少、收效快。

⑥生产费用低。

8.1.2　挤压蒸煮技术的基本原理及应用

挤压加工过程是一种集混合、加热、揉合、冷却和成型等多种作业在一起的加工过程，它作为一种经济实用的加工方法广泛应用于食品加工行业并得到迅速发展。挤压加工过程主要涉及工程学、流变学和生物(聚合)化学这三个方面的知识领域。混合物料在蒸煮挤压机内的基本过程为：物料从加料斗均匀地进入机筒后到达喂料段，在此段内随着物料向前移动螺槽也随之变浅，因而随着螺杆的转动物料被进一步地搅拌、混合和破碎。此后物料进入挤压段，在该段内物料被逐渐压实并因吸收了来自机筒加热套的热量和螺杆与机筒内壁间强烈的摩擦、搅拌和剪切等机械能所转化的热量而升温直到全部熔融，熔融的物料被继续加压加热从而完成蒸煮过程，其间发生了脂肪和蛋白质变性、淀粉完全糊化、微生物被全部杀灭等一系列复杂的生化反应。此后，熔融的物料进入均化段，物料组织被进一步均化从而建立一个均压区，使物料均匀地通过各个模口，最终从机筒末端的模头被定量、定形地挤出，其中均匀分布的游离水急剧气化，使原本致密的黏流态熔融体瞬间被闪蒸为含有大量微孔结构的、外观体积膨胀数倍的膨化产品。

1. 挤压蒸煮在水产饲料业方面的应用

近几年来，我国水产养殖发展比较快，而水产养殖的关键是提供能满足水产动物营养摄食习惯的各种形态的饲料，这种饲料应制成浮性(上层鱼类、蛙类)、慢沉性(中下层鱼类)、沉性(河蟹、虾类)三类，并且在水中能够完整地保持一定时间，以便动物有足够的摄食时间。要制出在水中具有不同沉降速度的饲料，目前只有采用挤压膨化技术，其他制造技术难以实现。

常用的挤压蒸煮技术生产水产颗粒饲料的基本加工工艺流程如下。

多种原料按比例称量→混合→预处理→喂料→挤压蒸煮→切割成形→干燥→喷涂→成品。

挤压膨化生产方法和传统的配合饲料生产方法相比，在工艺上的区别主要是所采用的原料要求的颗粒大小不同，膨化颗粒饲料生产之前要求原料的粉碎程度是全部通过 40 目筛，而配合饲料生产之前混合料的颗粒大小需降到 60 目的细度以上。挤压后的颗粒具有很强的持久性和复水性。挤压蒸煮设备的一次性投入较高，但从长远利益来考虑，其生产成本要远低于传统的配合饲料生产方法。而且从水产动物的饲喂效果、水质的污染及饲料的转化率方面来看，膨化加工技术明显要优于传统的配合饲料生产方法。

2. 挤压蒸煮在鱼蛋白生产中的应用

低值鱼蛋白的开发利用问题一直受到各国关注，对鱼蛋白的综合利用手段也做过多种尝试，相继有多种形式或用途不同的鱼蛋白制品问世。迄今为止，饲料蛋白制品仍为其主要利用形式，同时，由于食用鱼蛋白具有蛋白质利用率高的优点，其技术和产品的研发越来越重要。现代鱼品加工技术中，食用鱼蛋白质的功能性所起的作用尤其引人注目。作为食用素材，鱼蛋白制品的亲水亲油性及咀嚼性等功能特性至关重要。

近年来的研究经验表明，热塑挤压蒸煮技术在低值鱼蛋白综合利用方面，不论是食用产品还是饲用产品的开发都具有极大的应用潜力。

鲐鱼原料经检验清洗后进行去头、去脏、清洗沥水等预处理，然后用采肉机进行骨肉分离，对分离出来的鱼肉进行脱脂脱色脱臭处理，添加适量辅料，做预混调质处理，最后用双轴挤压蒸煮机进行质构重组处理，便得到组织化的重组鱼肉蛋白质。该组织化产物具有畜肉咀嚼特性，可以作为高蛋白模拟肉素材，用于开发多种模拟食品。

8.1.3　挤压膨化的基本原理及特点

食品的挤压膨化就是将食品物料置于挤压机内的高温高压状态下，然后突然释放至常温常压，使物料内部结构和性质发生变化的过程。挤压膨化食品是指将物料经粉碎、混合、加湿，送入螺旋挤压机，物料在挤压膨化机中经高温蒸煮并通过特殊设计的模孔而制得的食品。

挤压膨化的原理是物料被送入挤压膨化机中，在螺杆、螺旋的推动作用下，物料向前呈轴向移动。同时，由于螺旋与物料、物料与机筒以及物料内部的机械摩擦作用，物料被强烈地挤压、搅拌、剪切，使物料进一步细化、均化。随着机腔内部压力逐渐加大，温度相应地不断升高，在高温、高压、高剪切力的条件下，物料物性发生了变化，由粉状变成糊状，淀粉发生糊化、裂解，蛋白质发生变性、重组，纤维发生部分降解、细化，致病菌被杀死，有毒成分失活。当糊状物料由模孔喷出的瞬间，在强大压力差的作用下，水分急骤汽化，物料被膨化，形成结构疏松、多孔、酥脆的膨化产品，从而达到挤压膨化的目的。此时食品中的水分可降到 8%～10%，但是挤压膨化会使营养物质发生变性，设备费用高，耗能大，产品外形易发生改变。

(1)直接挤压膨化技术原理

物料处于高达 3～8 MPa 的高压和 200℃左右的高温的状态下，一旦经模具口挤出，压力骤然降低，水分急剧蒸发，产品随之膨胀。水分的散失带走大量热量，使物料的温度在瞬间降到 80℃左右，从而使产品固化定型，得到直接挤压膨化产品。

(2)间接挤压膨化技术原理

原料在挤压机内蒸煮并在温度低于 100℃时推进通过模板，原料面团在低温时成型，这样可防止物料中的水分瞬间变为蒸汽而产生膨化。产品的膨化工艺主要依靠挤出之后的烘烤或油炸来完成。

在此种生产工艺中，原料经过挤压机后，只是让原料达到熟化、半熟化、组织化，以及给予产品一定形状的目的。为改善产品质量，使产品质地更均匀，糊化更彻底，挤出后的半成品还需要经过一段时间的恒温恒湿处理，然后进行后期的烘烤或油炸等工艺处理。

1. 影响挤压膨化的因素

(1)原料中的主要成分

①淀粉。挤压膨化食品的膨化程度与原料中淀粉的含量有密切的关系。有研究表明，纯淀粉的最大膨胀比可达 500%，全谷物粉的最大膨胀比可达 400%，混合原料的膨胀比为 200%～300%，油炸的膨胀比为 150%～200%。上述四种物料中淀粉的含量分别为 100%、65%～78%、40%～50%、0～10%。淀粉的破损程度与膨化形成的气

孔大小有关，提高原材料中淀粉的破损程度可使产品中的气孔缩小，质地变软，溶解度增大，口感发黏。

②蛋白质。蛋白质对挤压膨化食品品质的影响主要表现在产品膨化程度的高低，蛋白质含量高的物料挤压膨化程度低，且蛋白质对膨化程度的影响大于淀粉的影响。原料中蛋白质的含量应控制在40%以下。为提高产品膨化度，往往需要提高挤压温度和适当调节原料的含水量。挤压过程中若蛋白质含量高，则物料的黏度大，能耗也大。

③脂肪。脂肪含量在10%以下时，脂肪对产品膨化程度的影响很小；但含量较高时，会使产品的膨化程度明显下降。脂肪含量相同的情况下，脂肪复合体的生产量越多，产品膨化程度越大。

④食物纤维。食品工业中的纤维原料主要来源于甜菜、玉米、燕麦、豌豆、稻谷、大豆及小麦等。纤维对挤压膨化食品的膨化程度影响较大，膨化度随着纤维添加量的增加而降低。不同来源的纤维或不同纯度的纤维对膨化程度影响差异明显，其中豌豆和大豆纤维的膨化能力好，即使它们在以淀粉为主原料的物料中添加量达到30%，对产品的膨化程度也无显著影响；由于燕麦麸中含有较多的蛋白质及脂肪，其膨化能力则很差。

⑤糖。糖具有亲水性，在挤压过程中可调控物料的水分活度，从而影响淀粉糊化。在原料中添加一定量的糖能有效地降低挤压过程中物料的黏度，从而提升膨化效果；但糖的添加量过大时反而会降低膨化效果，一般情况下应控制在15%以下。

⑥水分。水在挤压过程中起“溶剂”和“增塑剂”作用。淀粉、蛋白质与水发生作用形成胶体，对挤压过程中形成均匀的“熔融体”有着重要的影响，从而对膨化产生重要影响。物料中水分含量过低时，不能产生足够的膨化动力，物料难以充分膨化，加工的膨化食品往往出现焦黄且味苦；严重时物料还会在挤压膨化机腔体内炭化并堵塞模头。当物料含水量大时，物料在腔体内形成液态凝胶，润滑作用增加，使得腔体内的压力变小，故易被挤出，挤出的速度也较快；由于膨化时释放出的蒸汽较多，在膨化的物料中形成无数不能愈合的通路，从而破坏产品的质构。当物料含水量过大时，水便成了聚合物的溶剂，使得淀粉等聚合物变得松软，膨化食品往往会外皮结痂、夹渣、口感硬。

(2)技术因素

①输入比能。物料在挤压膨化机内受到剪切力，这是膨化的关键。剪切力越大，物料受到的损伤和破坏就越严重。剪切力的大小用输入比能(以单位质量物料输入的机械能)来表示。有研究表明，当物料含水率为15%～27%时，挤出物的膨化度随输入比能的增大而增大。当输入比能小于250 kJ/kg时，颗粒仅部分扩散到淀粉连续相中，但在输入比能大于600 kJ/kg时，淀粉颗粒结构的大部分受到破坏并扩散。提高输入比能可以提高淀粉颗粒的变性和扩散程度，即可提高挤出物的膨胀力。输入比能的增大能够增强对物料的剪切作用，增加摩擦，从而提高物料在剪切区的温度，但该温度还与物料的含水率密切相关。当含水率增大时，物料系统被稀释，引起摩擦力急剧降低，造成物料在剪切区的峰值温度和输入比能下降及比容的降低。

②模具尺寸。当模孔直径减小时，比容随之增加。模孔直径变小并没有改变挤压膨化机的内容物，但引起了输入比能的增加，提高了淀粉的熟化程度。模具尺寸的减小有助于提高产品的膨化度。

③螺杆转速。随螺杆转速的提高，产品的比容也随之提高。螺杆转速对不同原料膨化度的影响也不同。随螺杆速度的提高，小麦面粉的膨胀最为明显；对于玉米碎粒说，螺杆转速也可提高膨化度，但比小麦面粉的低。

2. 膨化食品的分类

(1)按原料分类

淀粉类膨化食品，如玉米、大米、小米等原料生产的膨化食品。

蛋白质类膨化食品，如大豆及其制品原料生产的膨化食品。

混合原料膨化食品，如虾片、鱼片等原料生产的膨化食品。

(2)按生产的食品形状分类

小吃及休闲食品类：可直接食用的非主食膨化食品。

快餐汤料类：需加水后食用的膨化食品。

(3)按产品的风味、形状分类

按产品的风味、形状可分为成千上万种。如从风味上分为甜味、咸味、辣味、海鲜味、牛肉味、鸡肉味等膨化食品。从形状上分为条形、圆形、饼形、不规则形等。

8.1.4　挤压组织化的基本原理

挤压组织化主要指植物蛋白的挤压组织化。植物蛋白经组织化后，可产生类似于肌肉的结构和纤维的特征，改善了口感，扩大了它的使用范围，提高了营养价值。

在挤压机内，由于受到剪切力和摩擦力的作用，使维持蛋白质三级结构的氢键、范德华力、离子键、双硫键被破坏，形成了相对呈线性的蛋白质分子链。分子链在一定的温度和水分含量下，变得更为自由，从而更容易发生定向的再结合。也就是说，热变性和剪切促使蛋白质结构成为类似纤维状的结构。随着剪切力的不断进行，呈线性的蛋白质链不断增多，相邻的蛋白质分子链之间由于分子间的相互吸引而趋于结合，当物料被挤压经过模具时，较高的剪切力和定向流动的作用更加促使蛋白质分子的线状化、纤维化和直线排列。这样，经过挤压的物料就形成了一定的纤维状结构和多孔的结构，给予产品良好的复合性和松脆性。

8.1.5　物料成分在挤压过程中的变化

淀粉：随着挤压强度的提高，淀粉糊化程度也会增加。这些大分子降解的程度也受挤压因素的影响如温度、水分含量及螺杆转速，这些挤压因素导致最终产品发生一系列的物理化学变化，同时也导致其消化率的变化。淀粉有直链淀粉与支链淀粉之分，它们在挤压膨化过程中表现出不同的特性。淀粉中直链淀粉与支链淀粉的比率影响挤压制品的组织特性。支链淀粉能促进膨化，使产品很轻、很松脆；相反，用直链淀粉含量高的淀粉或块茎植物的淀粉制成的产品质地较硬，膨化程度较小。淀粉中直链淀粉含量越高，膨化物的膨化指数越小。

蛋白质：在一般挤压条件下，即低温、高含水量、低螺杆转速，植物蛋白的营养价值通常有所增加，这主要归功于对蛋白质第 1、2 级结构的修饰和原存在于植物食品中蛋白酶抑制剂的变性失活作用。在剧烈的挤压条件下，即高温、低含水量、高螺杆转速，蛋白质的消化率和氨基酸的利用率会降低。一个主要的原因就是美拉德反应导致氨基酸利用率的降低。赖氨酸是谷物中的限制性氨基酸，其利用率的降低会立即导致蛋白质营养价值的降低。

脂肪：挤压膨化可能会降低脂肪的营养价值，其机制包括氧化、氢化及顺反异构化作用。挤压膨化后，脂肪含量会随直链淀粉-脂复合物的形成而减少；不饱和脂肪酸与饱和脂肪酸之间的比例会有所降低，反式脂肪酸会有所增加。但这种变化微乎其微，以至于不会对营养价值造成显著影响。

其他成分：有关纤维素在挤压过程中的变化，比较一致的观点是认为挤压可显著提高可溶性膳食纤维，并改善其理化性质和储藏性能，产生了微粒化效果，这主要由于经过高温高压、高剪切作用力的挤压膨化后，纤维素分子间化学键裂解，分子的极性、化学特性和生物化学特性都发生改变。

在挤压过程中糖呈熔融状态，若温度太高，容易导致焦糖化，会影响产品感官质量，严重时还会导致堵机。在挤压过程中，食品中维生素的损失率随着套筒温度的升高、物料含水率的降低和在套筒内停留时间延长而上升。

8.1.6 食品挤压机的结构与种类

1. 食品挤压机的结构

挤压机是挤压加工技术的关键，挤压加工技术作为一种经济实用的新型加工方法广泛应用于食品生产中，并得到迅速发展。挤压加工主要由一台挤压机完成原料的混炼、熟化、破碎、杀菌、预干燥、成型等工艺，制成膨化、非膨化和组织化产品。

食品挤压机系统由喂料装置、预调质装置、传动装置、挤压装置、加热与冷却装置、成型装置、切割装置、控制装置等组成。

①喂料装置。该装置把储存于料仓的各种易黏结、不能自由流动的混合配料均匀且连续地喂入机器之中，确保挤压机稳定地操作。

②预调质装置。各种配料在预调质装置(密封容器)中与水、蒸汽或其他液体进行混合，以提高物料的含水量和温度。在预调质装置中心轴上装有螺旋带式叶片或扁平的搅拌桨，在混合物料使之组分均匀、受热均匀的同时，把物料输送到挤压装置的进口处。

③传动装置。它的作用是驱动螺杆，保证螺杆在工作过程中所需要的扭矩和转速。电动机是传动装置的动力源，其大小取决于挤压机的生产能力，成型挤压机的电机功率可达 300 kW。

④挤压装置。挤压装置由螺杆和机筒组成，它是整个挤压加工系统的心脏。

⑤加热与冷却装置。加热与冷却是挤压加工过程顺利进行的必要条件。通常采用电阻或电感应加热和水冷却装置来不断调节机筒的温度，从而保证食品物料始终能在

其加工工艺所要求的温度范围内挤压。

⑥成型装置。成型装置又称挤压成型模板，它具有一些使物料从挤压机流出时成型的小孔。模孔的形状可根据产品形状要求而改变，最简单的是一个孔眼，环形孔、十字孔、窄槽孔也经常使用。

⑦切割装置。挤压加工系统中常用的切割装置为端面切割器，切割刀具旋转平面与模板端面平行。通过调整切割刀具的旋转速度和挤压产品的线速度来获得所需挤压产品的长度。

⑧控制装置。挤压加工系统控制装置主要由微电脑、电器、传感器、显示器、仪表和执行机构等组成，其主要作用是控制电机，使其满足工艺所要求的转速，并保证各部分协调运行，控制温度、压力、位置和产品质量，实现整个挤压加工系统的自动控制。

2. 食品挤压机的分类

(1)按螺旋杆数量分为单螺杆挤压机和双螺杆挤压机

单螺杆挤压机，它的套筒里只有一根螺杆，是由喂料装置、预调质装置、传动装置、挤压装置、加热与冷却装置、成型装置、切割装置和控制装置组成。

双螺杆挤压机，它的套筒内有两根螺杆，挤压作业由二者配合完成。双螺杆挤压机靠正位移原理输送物料，避免了单螺杆挤压机工作时可能出现的物料回流现象，剪切混合能力强，容积效率高，具有强制输送、混合作用、自洁作用和压延作用。典型双螺杆主机主要由主电机、传动箱、控制系统、底座、挤压腔、出料模板和切割等组成。单螺杆与双螺杆挤压机优缺点的比较如表 8-1 所示。

(2)按挤压机的受热方式可以分为内(自)热式挤压机和外热式挤压机

内(自)热式挤压机是高剪切挤压机，挤压过程中所需的热量来自物料与螺杆之间、物料与套筒之间的摩擦，挤压温度受生产能力、物料含水率、物料黏度、环境温度、螺杆转速等因素的影响，故温度不易控制。该设备一般具有较高的转速，转速可达 500～800 r/min，产生的剪切力也比较大，要求物料在低水分条件下(8%～14%)工作。可用于小吃食品的生产，但产品质量不易保持稳定，操作灵活性小，控制较困难。

外热式挤压机可以是高剪切力的，也可以是低剪切力的。挤压过程主要利用外部加热来获得所需的工作温度，加热器一般设在机筒内，可用蒸汽加热、电磁加热、电热丝加热、油加热等方式。根据挤压过程各阶段对温度参数要求的不同，分为等温式挤压机和变温式挤压机。等温式挤压机的整个套筒内的温度全部一致；变温式挤压机的套筒分为几段，分别进行加热或制冷。该类挤压机易于操作控制，产品质量易保持稳定。

(3)按挤压过程中剪切力大小可以分为高剪切力挤压机和低剪切力挤压机

高剪切力挤压机在挤压过程中能够产生较高的剪切力，提高工作压力。这类挤压机的螺杆通常具有反向螺杆段，以便可以提高挤压过程中的压力和剪切力。具有较高的转速和较高的挤压温度。但由于剪切力较高，使形状复杂的产品难以成型，因此只适合生产形状简单的产品。

低剪切力挤压机在挤压过程中产生的剪切力较小，主要用于混合、蒸煮、成型。适用含水率较高，以及挤压过程中黏度较低物料的加工。可加工形状复杂的产品，产品成型率较高。

(4)按挤压机功能可以分为挤出成型机、挤压熟化机、挤压膨化机

挤出成型机的螺杆结构具有较大的加压能力，采用向夹层套筒或空心螺杆内通入冷却水的方法防止物料过热，制取结构紧密、均匀的未膨化成型产品，一般为中间产品，需要对其进行后续加工。所用原料一般为塑性物料。

挤压熟化机又称为挤压蒸煮机，主要利用挤压机的加热蒸煮功能制取未膨化的糊化产品。这种挤压机具有很强的可操作能力，可生产即食谷物、植物组织蛋白、小吃食品等。

挤压膨化机可在挤压过程中迅速地将物料加热到175℃以上，使淀粉流态化，当物料被挤出膜孔时极度膨胀成疏松质地的产品，用于生产膨化食品。

表 8-1　单螺杆挤压机与双螺杆挤压机的优缺点比较

比较项目	单螺杆挤压机	双螺杆挤压机
物料输送原理	依赖物料与螺杆、物料与机筒内侧壁的摩擦力来输送，要求饱喂料，但易漏流、易堵塞	物料依靠两螺杆之间的啮合滑移的方式输送，输送具有强制性，不易中断或倒流
加热方式	依靠物料及螺杆与机筒的摩擦生热，一般自燃式较多	外加热，主要采用电加热式
原料适应性	仅适用于含水量和含油量不高、具有一定颗粒状物料，加工水分在10%～30%(最大可达40%)	适用性广，物料颗粒适用范围广，高含水、含油物料均可，允许水分为5%～95%
自洁能力	无自洁能力，物料易黏附螺杆机机筒	有较好的自洁能力
机筒内物料受热分布	不均匀，一部分过熟，一部分蒸煮不够，影响产品均匀性	物料在机筒内停留时间分布集中，热分布也均匀
可控参数	不易于控制，可控参数少	易于控制
设备耐久性	耐久性强	比单螺杆稍差
物料所受剪切力	强	比单螺杆要弱

8.1.7　食品挤压生产工艺

食品原料的加工在本质上是指被加工原料中各种物质的分子在加工过程中所发生的一系列物理、化学变化。挤压蒸煮是指物料在螺杆挤压机中，在不同的操作条件(输送、加热、混合、剪切、蒸煮、成型)下，通过模口而成为成品或半成品的单元操作。挤压食品加工的基本过程是食品原料按不同的配方混合，经过预处理后，进入螺杆挤压机中，在螺杆的综合作用下，转化为具有非牛顿流体特性的面团，连续受到剪切力和加热，在模头处的较大压力下，使食品原料中的淀粉糊化、蛋白质变性。整个挤压

过程在30～300 s内完成，所需的加热温度由不同的产品而定，一般为50℃～180℃。食品被挤出机头时，由于压力突然下降，水蒸气迅速蒸发，使产品膨胀形成多孔结构。这种挤压蒸煮加工方法与传统的食品加工方法有很大不同，食品在螺杆挤压过程中的特殊加热、加压方式，能对食品质量产生有利影响，如食品的消化性、速食性、杀菌性等趋于最大，而对食品的有害影响如营养的破坏等趋于最小。

挤压技术具有在高温、高压、短时条件下能同时进行机械处理和热处理的功能。在挤压过程中，剪切力是引起生物聚合物在分子水平上发生化学变化的根本原因，利用挤压技术可以将多种食品加工操作单元连续、同时完成，提高食品的风味和口感，减少营养损失。常用的挤压膨化食品的加工工艺如下。

原料混合→预处理→喂料→挤压膨化→切割成型→干燥→调味→包装。

挤压膨化的工艺要点如下。

①粉碎。为使原料混合均匀、挤压蒸煮时有利于淀粉充分糊化，各物料粉碎至30～40目颗粒大小，双螺杆挤压机的用料需粉碎至60目以上。

②混合调理。将不同的原料和辅料按一定的比例混合均匀，根据气候和环境湿度的不同确定加水量的多少，混合后的原料水分控制在13%～18%。

③挤压膨化。挤压膨化是整个流程的关键，直接影响产品的质感和口感。影响挤压膨化的变量较多，如物料的水分含量、挤压过程中的温度、压力、螺杆转速、原料的种类及其配比等。一般来说物料水分为13%～18%，挤压温度在180℃左右，挤压腔压力为0.5～1.0 MPa，螺杆转速为800～1 000 r/min，直链淀粉含量低的原料，膨化后产品的α度高，膨化效果佳。物料中蛋白质及脂肪含量不同也会对膨化质量产生影响，蛋白质含量高的物料挤压时膨化程度低，脂肪含量超过10%时，会影响产品的膨化率，而一定量的脂肪可改善产品的质构和风味。不同类型和型号的挤压机，其挤压膨化的最佳工艺参数也有所不同。

④整形、切割。膨化物料从模孔挤出后，由紧贴模孔的旋转刀具切割成型或经牵引至整形机，经辊轧成型后，由切刀切成长度一致、粗细厚度均匀的卷、饼等膨化半成品。

⑤烘烤。挤压出来的半成品水分较高，需经输送机送入烤炉中进一步烘烤，使水分低于5%，以延长保质期，同时烘烤后有一种特殊的香味，提高品质。

⑥调味。在调味机中进行。将按一定比例混合的植物油和奶油加温至80℃左右，通过雾状喷头使油均匀地喷洒在随调味机旋转而翻滚的物料表面。喷油的目的一是改善口感，二是为了使物料易与调味料混合。随后喷洒调味料，经装有螺杆推进器的喷粉机将粉末状调味料均匀撒在不断滚动的物料表面，即得成品。为了防止受潮，保证酥脆，调味后的产品应及时包装。

1. 挤压小吃食品生产工艺

挤压小吃食品主要是以谷物制品为原料，通过挤压技术对其进行各种复杂的物理加工，以生产具有不同形状和质地的产品，如麦圈、彩乒乓、米乐等。在挤压小吃食品中，原料在机筒内经过高温剪切作用而糊化。产品被迫通过模具，切成块状，使挤压小吃食品的形状满足消费者需求。

(1)膨化马铃薯生产工艺

膨化马铃薯是以马铃薯为主要原料，预处理后，经挤压机挤压膨化后，再经调味料调味后而成的风味独特、口感丰富的小食品。

工艺流程：

马铃薯洗涤去皮→切丁或切条→护色→预煮→冷却→干燥→膨化→调味→成品。

操作要点：

①洗涤去皮。将选取的马铃薯用清水洗涤干净，再用机械去皮或用碱液去皮。

②切丁或切条。根据产品的要求将去皮马铃薯切成丁、条或其他形状。

③护色。用亚硫酸钠溶液进行护色。

④干燥。应严格控制原料的水分含量，当原料的水分含量降到28%～35%时停止干燥。

⑤膨化。干燥后的物料采用气流式膨化设备进行膨化处理，膨化后物料的含水量为6%～7%。

⑥调味。膨化后的马铃薯条或丁应及时调成鲜味、咸味、甜味等多种口味，使其可口，风味独特，然后进行包装即成成品。

(2)膨化锅巴生产工艺

膨化锅巴是以大米粉或小米粉为主要原料，再加入淀粉，经挤压机挤压膨化后，再经油炸而成。口感极佳，含油量低，设备简单，加工简便。

工艺流程：

原料→混合→润水搅拌→膨化→晾凉→切段→油炸→调味→称重→包装。

操作要点：

①混合、润水搅拌。将原料按配方充分混合，边搅拌边用喷壶喷洒30%的水，加水量应随季节的变化而变化。在夏天，若温度在32℃以上，则加水量为32%。若在粉料中加入虾油，应相对减少水量。配方中的米粉和淀粉的比例可适当调整。

②膨化。开机膨化前，先将一些水分较多的米粉放入机器内，然后开动机器，使湿料不膨化，容易通过喷口，运转正常后再加入水分占30%的半干粉。出条后，如条子太膨松，则说明加水量太少；如出条软、白、无弹性、不膨化，则说明粉料中含水量太高。要求出条后条子半膨化，有弹性、有熟面颜色、有均匀小孔。从膨化机出来的条子若不符合要求，应再送回到集料斗，但不能太多。

③晾凉、切段。出来的条子用竹竿挑起，晾几分钟，然后用刀切成小段。

④油炸。当温度为130℃～140℃时，放入切好的半成品，料层厚约3 cm。下锅后将料打散，几分钟后炸料有声响时便可出锅，出锅前为白色，放一段时间后变为黄白色。

⑤调味。炸好的锅巴出锅后，应趁热一边搅拌，一边加入各种调味料，使其均匀地撒在锅巴表面。调味料应呈干燥状态。

2. 挤压组织化大豆蛋白生产工艺

组织化大豆蛋白(textured soy protein)，是以粉状大豆蛋白产品为主要原料，经调理、组织化等工艺制成的具有类似于瘦肉组织结构的富含大豆蛋白质的产品。

组织化大豆蛋白是将脱脂大豆粕进行挤压膨化，在一定温度和水分下，蛋白质分子受到较高的剪切力，在模口被挤出时，形成类似纤维状的结构，产品具有类似肉类的外观。大豆蛋白经组织化后，改善了口感和弹性，扩大了使用范围，提高了营养价值，可用于人造肉和其他仿肉制品的制作。近年来美国已将这类肉制品加入到汉堡牛排、肉糕、三明治中，在汉堡牛排中替代肉的加入量高达30%。

组织化大豆蛋白质的原料可以是低温脱脂豆粕、高温脱脂豆粕、冷榨豆粕、浓缩蛋白质、分离蛋白质等，原料中的蛋白质可以是未变性的，也可以是变性的。蛋白质经预处理后，通过喂料搅拌喂入膨化机，蛋白质和多糖构成的物料靠旋转螺旋作用向前移动，通过一个套筒，在高温、高压、强剪切力的作用下，蛋白质发生变性，分子内部的高度规则性空间排列发生变化，蛋白质分子中的次级键被破坏，肽键结构松散，易于伸展。在蛋白质变性过程中，受定向力的作用，蛋白质分子以一定的取向定向排列，最后在组织化机出口处由于温度、压力突变，水分急剧蒸发，产生一定的膨化而形成多孔的组织化大豆蛋白。

(1)组织化大豆蛋白的特点

①蛋白质结构呈粒状，具有多孔性肉样组织，并有优良的吸水性、吸油性和咀嚼感，适用于各种形状的烹饪食品、罐头、灌肠、仿真营养肉、盒式营养食品等。

②大豆蛋白不含胆固醇，并且含有人体必需的8种氨基酸，营养价值高。

③经过短时高温、高水分与一定压力条件下的加工，可以消除大豆中所含的多种有害物质(胰蛋白酶抑制素、尿素酶、皂素以及血球凝聚素等)，提高蛋白质的消化吸收能力。

④膨化时，由于出口处迅速减压喷爆，因而易去除大豆中的不良气味物质，降低大豆蛋白食用后因多糖作用而出现的产气性。

⑤经挤压加工后呈干燥状态，微生物含量少，保质期长，可安全地放置一年左右，而且能快速复水，复水后质构与动物蛋白极为相似。另外，组织化大豆蛋白易着色、增味，可以制成不同的食品。

⑥价格便宜，1 kg组织化大豆蛋白浸泡后相当于3.3 kg瘦猪肉，1 kg湿组织化大豆蛋白的费用仅为1 kg瘦猪肉的1/6，但其营养价值相似。

(2)大豆蛋白在组织化过程中的作用

组织化大豆蛋白是一种多组分系统，蛋白亚基的四级结构部分靠非极性残基间的疏水键来稳定，而且7s和11s球蛋白分别含有9个和12个亚基。从结构来看，挤压过程的熔融物好像是共同扩张的纤维束嵌于多孔膨松结构中。碳水化合物和由于蒸汽而产生的空隙均被包容在富含蛋白的网络结构中，组织化大豆蛋白产品的质量特性与蛋白结构的完整性有关。

组织化过程中蛋白质的含量能影响大豆挤出物的流变学特性。使用三种蛋白质含量分别为41%、51%、61%的原料，通过添加大豆分离蛋白至组织化大豆蛋白中进行表面应力试验，结果表明，组织化产品切断值变化中有77%是由蛋白质含量和二级结构的不同而引起的。组织化过程中蛋白质的含量和质量都是很重要的，挤压原料中蛋白质含量提高，挤出物的组织化、纤维化程度就提高，并且挤出产品的口感、弹性也较好。

(3)大豆蛋白在组织化过程中性质的变化

①物理变化。在挤压组织化过程中，挤压机为大豆蛋白提供了一种特殊的变性环境。在此环境中，蛋白质受到高能作用，并在分子水平上发生了可控制的变化，即大豆蛋白在挤压机内受到热和剪切挤压的综合作用，其三级和四级结构的结合力变弱，蛋白分子由折叠状变为直线状。挤压使蛋白体和糊粉粒变成了均质结构，使非晶态的球蛋白变成了构造纤维。组织化后的组织蛋白分子内部，形成了较完整的定向排列结构，蛋白质构成了连续基质和"骨架"结构，碳水化合物则定向包埋于其中。经过组织化改性以后，挤出物的表面形成了很多分布均匀、整齐的微孔和气室，而且在其周围形成了明显的丝状、纤维状，呈完整、连续的表面质构特征，具有瘦肉状纤维结构。

②化学变化。蛋白质的空间构象主要靠静电作用、氢键作用、疏水作用、偶极作用和二硫键作用来维持，有一定结构的纤维状蛋白体系。蛋白质在挤压机所提供的特殊环境(高温、高压、变剪切)中充分变性，致使其分子内、分子间的化学键和相互作用力的构成及其分布发生了改变，即旧的化学键和相互作用被破坏，新的化学键和相互作用形成。共价键在大豆蛋白组织化过程中起着重要的作用，它可将无定形的组织化大豆蛋白转变成组织化肉一样的结构。蛋白质交联反应分为二硫键和非二硫键两种。分子间的二硫键结合引起了挤压中组织化的形成。在挤压过程中可将球蛋白中旧的二硫键破坏，而在组织化蛋白中形成新的二硫键，这种结合力在大豆蛋白挤压过程中是重要的，在挤压过程中由于疏水基的存在会引起二硫键量的增多，促进大豆蛋白组织化的形成。

在挤压过程中，非二硫共价键引起蛋白质的连接有三种可能：赖丙氨酸与硫氨酸分子间的交联、美拉德反应、异肽键连接。研究表明：在组织化过程中，赖丙氨酸与硫氨酸分子间的交联所起的作用不大；而美拉德反应的非酶褐变发生于蛋白质中赖氨酸 ε 价氨基和醛或酮式还原糖之间，增加热处理和减少水分活度会增加高分子质量复杂结构的生成率，在组织化作用过程中起着重要的作用；大豆蛋白中约有一半的氨基酸含有游离的羟基、氨基，挤压过程中如果能得到足够的能量，那么它们之间能够形成异肽键，对大豆蛋白的组织化也起着重要的作用。

(4)组织化大豆蛋白的加工工艺流程

大豆→脱皮→粉碎→拌粉→挤压膨化→切断成型→输送→烘烤→喷油调味→包装。

食用豆粕经过涡轮研磨机研磨加工成脱脂豆粉，符合规格的脱脂豆粉同 25%～30%的水调温混合进入膨化机。大豆产品在该工艺中，水分从 20%经过高温、高压下螺旋的挤压后，急速地被挤压成为干燥大豆产品。在高压下大豆中的油呈游离状，大豆组织在压力降低过程中被完全破坏，消化率得以提高，大豆中的胰蛋白酶等有害生理物质受热被钝化，并脱除了大豆中固有的豆腥味及臭味，可将产品制成纤维状、多孔质结构状、海绵状等特殊构造的产品，再经冷却、干燥后包装。

8.2　气流膨化

8.2.1　气流膨化机的组成与工作原理

1. 气流膨化机

大型气流膨化机是一种粮食膨化设备，由膨化罐体、加热装置、转动装置、安全保护装置、减振装置、机架、底座等部分组成，是在传统火烧膨化罐的基础上，进行技术改造而成。和传统小气流膨化罐相比，产量提高 4～6 倍，安全系数也大为提高，同时降低操作者劳动强度，降低了能源消耗。目前发现大米、小米、小麦、青稞、苦荞、玉米、高粱、薏仁、荞麦、豆类等含淀粉的物料都可以膨化。

气流膨化工作原理：将一定的物料装进带盖的密封铸钢罐体内，使用液化气、煤气或煤加热，并以一定的速度不断旋转罐体，使物料均匀受热，随着不断加热，罐内温度逐步升高，达到 100℃以上时，物料表面和内部的水分会逸出并汽化，在罐内形成一定压力。当物料水分被控出 5%～8%时，罐体内压力将达到 0.8～1.25 MPa(不同物料压力不同)。此时物料在罐内已基本熟化，如果将罐体盖子突然打开，由高温高压状态突然释放降至常温常压，物料会因失水的位置被空气填充而变大，其结构发生变化，生淀粉(β-淀粉)变成熟淀粉(α-淀粉)，体积膨大几倍到十几倍。释放的那一瞬间在膨化机出口气流和物料瞬时膨出并同时急剧撕破空气，产生巨响，声音可达 100 分贝左右。

2006 年 9 月，中国第一台膨化机在武汉诞生，截至 2020 年 12 月底国内外食品厂有 3 000 余台大型气流膨化机在使用。目前主要用于生产米通、麦通、米花糖、豆粉、苦荞麦片、苦荞茶等休闲食品。气流膨化机的结构示意图如图 8-1 所示。

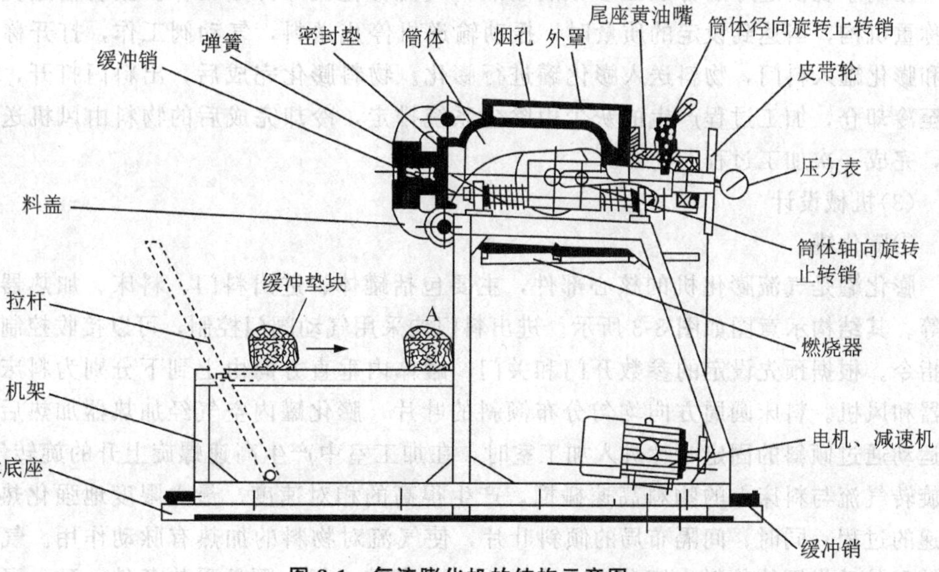

图 8-1　气流膨化机的结构示意图

2. 多功能气流膨化机

(1)基本组成

多功能气流膨化机主要由振动输送机、称重机构、膨化罐、出料冷却机构、除尘系统、控制系统等组成，如图 8-2 所示。

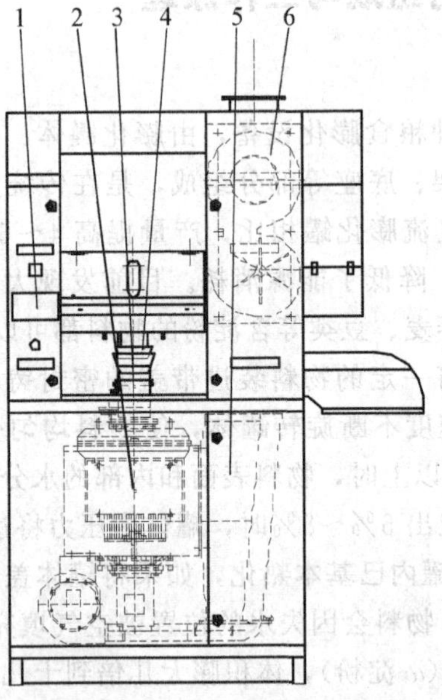

注：1-控制系统；2-膨化罐；3-称重机构；4-振动输送机；5-出料冷却机构；6-除尘系统。

图 8-2　气流膨化机的基本结构简图

(2)工作原理

控制系统设定好的各加工参数启动后，气流膨化机即开始工作。振动输送机送料至称重机构，当达到设定的质量时，振动输送机停止送料，气动阀工作，打开称重机构和膨化罐入料门，物料送入膨化罐进行膨化。物料膨化完成后，出料门打开，物料卸至冷却仓，加工过程产生的灰尘由除尘系统排走，冷却完成后的物料由风机送出机外，完成一次加工过程。

(3)机械设计

①膨化罐。

膨化罐是气流膨化机的核心部件，主要包括罐体、进出料门、料床、加热器、风机等。其结构示意图如图 8-3 所示。进出料门均采用气动阀门控制，可以接收控制系统的指令。根据预先设定的参数开门和关门。罐体内垂直方向由上到下分别为料床、加热器和风机。料床圆周方向均匀分布倾斜的叶片，膨化罐内空气经加热器加热后，向上运动通过倾斜的固定叶片进入加工室时，在加工室中产生高速螺旋上升的旋转气流，该旋转气流与料床上的物料高速碰撞，产生很高的相对速度，最大限度地强化热、质传递的过程。同时，间隔布局的倾斜叶片，使气流对物料的加热有脉动作用。气流的旋转和脉动作用使物料在膨化罐内充分混合、翻转，每个颗粒受热条件一致，可以达到快速、均匀的加热效果。气流与整个环状物料流充分接触后，速度减弱，由旋流中心区重新加热后返回涡轮风扇。热风如图8-3所示箭头方向循环。该设计可以使料床上的物料在气流的带动下缓慢旋转，形成环状的旋流床，100%的热空气反复循环穿过加工室，形成了连续加热、内部循环的旋流加热床。加热空间集中且外壳严密保温使热损失降到了最小。

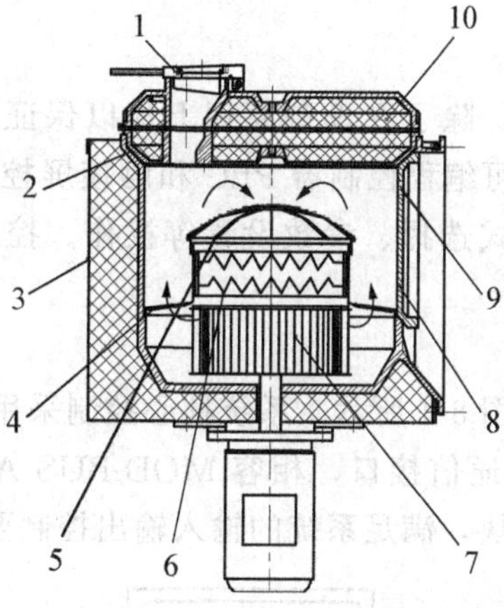

注：1-进料门；2-膨化罐体；3-保温壳体；4-料床；5-回风罩；6-加热器；7-风机；8-出料门；9-排湿口；10-罐盖。

图8-3 膨化罐基本结构简图

热风穿过环状的物料流时，热空气有较大的速度降，即料层的上表面与下表面之间存在一定的速度梯度，使该装备能适应多种几何形状存在差异的物料。风机由变频器控制调节，使穿过料床的热空气具有不同的速度，可以适应密度不同的物料的加工要求。

②输送及称重机构。

膨化原料基本以颗粒和小块状为主，根据这一特性，选用电磁振动输送机。电磁振动输送机结构简单，工作平稳可靠，物料相互摩擦小，不损伤物料，可以满足设计的称量和精度范围要求。称重机构包括称重传感器、称斗和转轴等零部件。称斗由固定斗和挡料板组成，两者通过转轴连接。挡料板上焊有一拨杆，在称重结束收到喂料指令时，进料门推动挡料板拨杆打开称斗，喂料入膨化罐。随即挡料板自动复位。称重传感器是自动化称量的核心部件，它的作用是将物料的质量转化为电压信号输出，通过控制系统及触摸屏显示测量的数据。

③出料冷却机构。

物料经膨化后，一般温度较高，不能直接包装。因此，多功能气流膨化机设计了一个出料冷却机构。出料冷却机构由冷却(送料)风机、冷却仓及风管组成。冷却仓是冷却机构的关键所在，由相连的冷却腔和一条小送料管组成。冷却腔和小送料管之间有一个通道相通。通道上有一个门由气动阀门控制，该门转动时可以关闭通道和小送料管。膨化后的物料送入冷却腔，此时，气动阀门将小送料管关闭，物料在冷却(送料)风机风力作用下，在冷却仓内漂浮冷却。当达到设定的冷却时间后，气动阀门关闭通道，打开小送料管，物料在风力作用下经小送料管送到机外，完成出料过程。

④除尘系统。

物料在膨化过程中，有时会产生一些灰尘，气流膨化机设计了除尘系统加以处理。除尘系统包括除尘风机、旋风除尘器和灰尘沉降箱。膨化后的物料在冷却过程中扬起的灰尘，在除尘风机的作用下，进入旋风除尘器除尘。收集的灰尘进入机外侧的灰尘沉降箱，干净空气排出机外。

(4)控制系统设计

气流膨化机的多功能性，除了在设备原理上加以保证外，还需要各个参数易于精确控制和调节，为此设计了可编程控制器 PLC 和触摸屏控制技术的控制系统。用户在触摸屏上就可以完成加工模式选择、参数设置等操作。控制系统设计包括硬件设计和软件设计两部分。

①控制系统硬件。

控制系统的硬件构成如图 8-4 所示。系统核心控制采用 DVP-14SA PLC 主机控制。内置 RS-232 和 RS-485 两个通信接口，相容 MOD-BUS ASCII/RTU 通信协议，通过配置 DVP-08SP I/O 扩展模块，满足系统的输入输出控制要求。

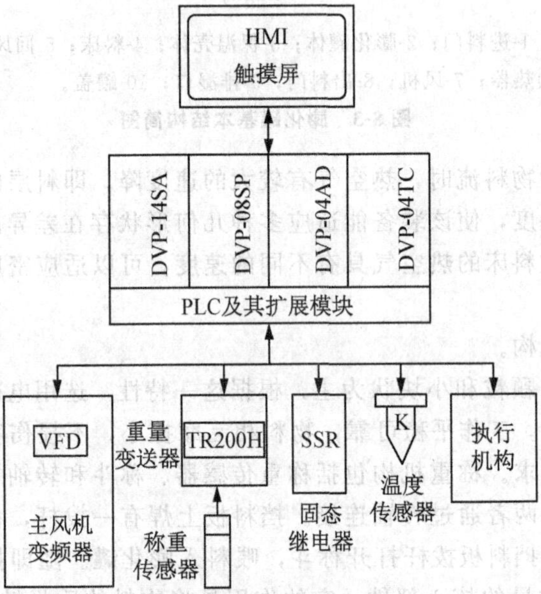

图 8-4　控制系统的硬件构成图

人机界面采用 DOP-A57GSTD 触摸屏，通过 RS-232 通信口与 PLC 主机连接，集按钮操作、数值输入、状态显示和报警信息于一体，操作直观简单，系统检修方便。

物料质量的实时检测及准确控制通过配置 DVP-04AD 模数转换输入模块、连接 TR200H 重量变送器和称重传感器来实现。

加热温度由 K 型热电偶直接检测，通过 DVP-04TC 温度测量模块，由主机通过连接在其上的 SSR 固态继电器控制电加热器的发热功率，实现对气流工作温度的精确控制。

②控制系统软件。

控制系统的软件保证了主机对PLC及其扩展模块的数据采集及指令输出，以实现对各加工参数的精确控制。其中PLC控制梯形图使用WPL soft软件编辑，通过RS-232通信口实时监控和调试。触摸屏的画面和配方使用Screen Editor软件编辑，该软件可以使用户通过触摸屏画面方便地选择加工模式，修改加工参数。系统可以自动监测各种故障输入，一旦出现异常马上停机并显示报警画面，启动蜂鸣器，用户可根据报警画面的提示排除故障。

8.2.2　气流膨化及其与挤压膨化的主要区别

1. 低温高压气流膨化

低温高压气流膨化是利用压差来改变物料内部组织结构的膨化技术。这里的低温和高压都是一个相对概念，温度低于挤压膨化和常压油炸膨化的温度；压力高于大气压，通常以空气、氮气或二氧化碳等气体作为介质来产生压差，压差可达0.1～0.5 MPa。

低温高压气流膨化干燥过程主要是在膨化罐和一个比膨化罐体积大5～10倍的真空罐中进行的。膨化罐与真空罐通过阀门连接。将果蔬清洗、去核、去皮、切片、护色之后，干燥到一定的程度，放入膨化罐中，在热源(一般采用夹套)的加热下，膨化罐内温度升高，由于罐体是密封结构，压力会随着温度的升高逐渐上升，果蔬内部的水分开始汽化、蒸发；罐内的温度、压力达到工艺要求，保持一段时间后，迅速打开连接膨化罐与真空罐的泄压阀，膨化罐内部压力快速下降，果蔬内部呈现过热状态的水分迅速汽化，内部因产生极大的蒸汽压力会瞬间使内部组织结构膨胀，随后膨化罐与真空罐连通成真空状态，再在真空状态下对经过泄压膨化的果蔬加热一段时间，即真空干燥，当果蔬的含水量达到某一要求时便可停止加热，用冷源使膨化罐冷却至外部环境温度，取出产品进行包装，即可得到膨化果蔬产品。

膨化食品的颜色、体积、口感等，都直接反映了膨化食品的品质特性。因此，膨化果蔬产品生产及贮藏中考虑的主要问题是产品的膨化度和色泽的变化。果蔬在膨化过程中，色泽经常会发生变化，变成褐色，这通常是由膨化罐内操作温度太高导致的，温度使果蔬内部的氨基酸和还原糖发生美拉德反应。为避免这一问题，应尽量选择含糖量较低的果蔬，或降低膨化罐内操作温度。比如对于苹果来说，操作温度尽量低于95℃，否则，极易发生褐变反应，此外，操作温度也应尽量保持恒定。

在膨化操作过程中，有时会出现产品不能完全膨化或者膨化程度很低的现象。这主要是由于果蔬预干燥后的含水量太高或太低。从理论上讲，物料含水量越高，产生的蒸汽量就越大，膨化动力就越强，膨化效果也较明显。但物料含水量过高时，会影响膨化的正常实现。一方面，过量水比较容易优先汽化，占用有效能量，影响膨化效果；另一方面，过量水即使经历膨化过程，也会因为膨化罐内操作温度低，加热时间短而难以定型。另外，物料含水量太低，则膨化效果不明显。因此，在气流膨化过程中，掌握果蔬适宜的预干燥含水量至关重要。对于低温高压气流膨化干燥还存在着设备不够先进、生产效率低、工艺参数不确定、膨化罐内操作温度、膨化罐与真空罐之间的压力差难以控制、高纤维含量的果蔬原料难以实现膨化等问题。

果蔬低温高压气流膨化产品具有绿色天然、营养丰富、食用方便、易于贮存、携带方便、口感丰富等优势。膨化果蔬脆片可以进一步加工成新型果蔬营养粉，也可以作为方便食品的调料或作为生产新型保健食品的原料。

2. 低温气流膨化

低温气流膨化又称爆炸膨化，是利用相变和气体的热压效应原理，使被加工物料内部的水分瞬间升温汽化、减压膨胀，并依靠气体的膨胀力，带动组织中高分子物质的结构变性，从而形成具有网状结构特性、定型的多孔状物质的过程。

低温气流膨化多应用于果蔬脆片的生产。膨化果蔬脆片作为一种新型绿色食品，既保留了原果蔬的营养成分和天然色泽，又具有低糖、低钠、低脂肪、低热量等特点，是新一代的健康膨化食品。真空低温膨化系统主要由压力组和一个体积比压力罐大5～10倍的真空罐组成。果蔬原料经预处理后，干燥至水分含量10%～25%(不同的果蔬要求的含水量不同)，然后将果蔬置于压力罐内，通过加热和加压，使果蔬内部压力与外部压力平衡，然后突然减压，使物料内部水分突然汽化、闪蒸，使果蔬细胞膨胀达到膨化目的。

低温气流膨化的主要设备为一个压力罐和一个真空罐，真空罐的体积是压力罐的若干倍。将原料放入压力罐后，加热至一定的温度。当观察孔的玻璃板上有大量的水滴形成时，打开压力罐与真空罐之间的大流量阀门瞬间抽真空，使压力罐中的压力迅速降低，从而引起物料的膨化。当观察孔玻璃上凝聚的水滴大部分消失后，将阀门关闭，压力罐中的压力将逐渐升高至压差最大。如此反复几次后，观察孔上凝聚的水滴将大量减少，当从观察孔上看到全部原料的体积均显著膨大，膨化较好、色泽合适，并且膨起均匀，表面干燥，无水汽蒸发，色泽均匀一致适中，并且恒温加热控制器指数和膨化罐压力指数不再波动时停止加热，随后在压力罐的夹层壁中通入冷却水使物料固化，待温度降至室温或30℃以下，停滞一段时间，取出。

最初的低温气流膨化干燥工艺最优条件，主要通过比较热风干燥和膨化干燥曲线以及产品质量来确定。早期的研究表明，水果和蔬菜在原始状态下并不能被直接膨化，因为在膨化的过程中会发生爆裂，不同的原料都对应一个特定的膨化压力和原始含水率，进而才能膨化并形成多孔的结构。美国农业部东部研究中心对果蔬的膨化工艺研究较多，其中对苹果进行了较为全面的研究，包括对原材料的测验、渗透脱水、预干燥的研究，连续化生产的最佳工艺、能量估算、品种影响等。国外一些学者对马铃薯膨化前处理也进行了较为细致的研究，重点研究了烫漂与干燥条件对马铃薯膨化率、外部干燥层的影响，并通过电镜观察其微观结构的变化。在加工过程中对温度和压力要求较高的物料，如马铃薯等，原料的前处理尤为重要，适当的前处理可以防止原料在加工过程中颜色改变，并可增加产品的膨化效果。研究人员对胡萝卜、马铃薯、苹果、蘑菇、芹菜、梨、菠萝等果蔬原料的低温气流膨化工艺进行了广泛研究，确定了蒸汽压力、膨化温度、干燥时间、切片尺寸、含水率、品种等对膨化产品的影响。国外学者在探讨低温气流膨化的过程中发现，并不是所有的原料都可以进行膨化试验，如豆类、花生和椰子等无法成功地进行膨化；肉类等蛋白质类食品也不易被膨化；一些谷物类食物，如小麦、黑麦、大米等的压力需要大于700 kPa才能膨化，操作也具有一定的困难。

影响低温气流膨化的要素主要如下。

(1)切片厚度对产品质量的影响

随着切片厚度的增加，产品的膨化度增加，但厚度的增加会使预干燥的难度增大。为了保持产品的一致性，同一批产品的厚度应尽可能一致。

(2)膨化前物料含水量对产品质量的影响

气流膨化前物料水分含量是影响产品膨化度的重要因素之一。含水量太低，会影响膨化效果，造成外观、口感差等负面影响。含水量也不能太高，一是会给膨化后的调节水分增加困难，影响生产效益；二是产品受热时间过长而影响产品色泽。

在膨化过程中，水分含量是影响膨化的一个重要因素，气流膨化过程实际是干燥过程。干燥过程是物料中的水分变成蒸汽状态，蒸汽再扩散到周围的环境中的过程。从理论上讲，物料含水量越高，产生的蒸汽量越大，对膨化效果影响也越大，但是物料含水量过高时，会影响膨化的正常实现。究其原因，第一，过量的水往往是自由态和表面吸附态的水，在加热过程中由于水分的梯度扩散以及较慢的辐射传热，水分主要在物料的表面汽化。因此水分很难在较短的时间内完全迅速汽化，而剩余的那部分未汽化的液态的水有较大的表面张力，在细胞之间起粘连作用，一定程度上阻碍了膨化的进行。第二，过量的水与物料其他组分间结合力较弱，较易优先汽化，占用有效能量，影响膨化效果。第三，过量的水可能会导致定型物质如蛋白质在增压阶段提前变性，从而影响膨化。第四，含过量水的物料，即使经历了膨化过程，物料仍然剩余过多的水分。过量水分的存在使晶格难以定型，产品回软，失去膨化制品应有的风味。水分含量过低，不能产生足够的蒸汽，也就不能形成足够的膨化动力，因而产品的膨化度较低，甚至不能膨化，发生干燥过程的收缩现象。

(3)均湿处理对产品质量的影响

水分在物料中分布的差异性和水分与物料之间的结合差异性导致物料间存在湿度梯度，不同湿度梯度会造成膨化动力产生时间上的差异性和质量的不均匀性，影响膨化质量，所以物料必须进行均湿处理，使其水分分布尽量均匀，以利于膨化动力的均匀发生。

(4)操作温度对产品质量的影响

温度是水分蒸发的载体，是压力形成的充分条件。操作温度低，则膨化度太低，影响产品外观；操作温度过高，营养成分损失较多，而且容易焦煳。此外，缓慢升温使物料内部受热均匀，其膨化效果要比快速升温要好。

(5)操作压力对膨化效果的影响

膨化是一个物理过程，是利用物料与其外界压强的瞬间变化而实现的，压力的大小控制是整个膨化过程中关键性的技术问题。压力越高，压力罐与真空罐之间的压力差越大，膨化效果越明显。

(6)停滞时间对膨化效果的影响

停滞时间的长短也影响着膨化效果，停滞时间过长，产品焦煳，有苦味。另外，较长的停滞时间会使产品的营养成分损失较多；停滞时间过短，产品膨化不足，膨化度小，产品发硬，不酥脆。

真空低温膨化产品主要用于以下几个方面：①可以作为休闲食品；②由于复水迅速，可作为其他水果馅饼、水果蛋糕、水果沙司等食品的馅料；③产品经超微粉碎，可作为果蔬固体饮料的基料，或直接冲调成速溶果蔬饮料。

3. 高温短时气流膨化

国内外对高温短时气流膨化方式的研究较少，只有苋菜籽、板栗片、马铃薯块(片)、苦荞麦以及小麦休闲食品等的相关报道。

高温短时气流膨化是一种新型先进膨化技术，可满足包括原颗粒物料和重组物料等多种形状大小的物料无油、连续膨化加工，物料受热时间短，营养保持好，是一种应用前景广阔的多功能膨化技术。

4. 气流膨化与挤压膨化的主要区别

气流膨化与挤压膨化原理基本一致，物料进入加压罐后，通过加热和加压，使果蔬内部压力与外部平衡，然后突然减压，原料水分突然汽化，发生闪蒸，产生类似“爆炸”的现象。两者的原料不同，气流膨化主要为粒装原料，水分和脂肪含量高时，仍可进行加工生产；挤压膨化原料粒装、粉状均可，但一般不适合高脂肪原料加工。加工过程中前者无剪切力和摩擦力，无混炼均质效果，后者均存在。前者热能主要来源为外部加热，后者为外部加热和摩擦生热。前者膨化压力小，主要来自气体膨胀、水分汽化，后者主要是螺杆与套筒间结构变化所致。相比较，前者产品外形主要是球形，使用范围较窄。

真空低温膨化食品与油炸膨化食品和挤压膨化食品相比具有如下优点：①营养丰富。真空低温膨化干燥由于加工温度低、时间短，从而保留了原果蔬中绝大部分营养成分；②便于人体消化吸收。与普通热风干燥相比，真空低温膨化干燥能够产生均匀、显著的蜂窝状结构，便于人体消化吸收；③复水迅速。由于真空低温膨化食品呈蜂窝状结构，所以在复水时，单位时间内吸收水分多，复水迅速；④保质期长。真空低温膨化产品不含油，从而避免了油脂氧化现象，同时产品含水量在3%以下，不利于微生物的生长繁殖及各种有害生化反应的进行，因此产品保质期较长。

气流膨化与挤压膨化原理基本一致，物料进入加压罐后，通过加热和加压，使果蔬内部压力与外部平衡，然后突然减压，原料水分突然汽化，发生闪蒸，产生类似“爆炸”的现象。

8.2.3 气流膨化食品生产工艺

气流膨化技术是继真空低温油炸膨化后的一项新的技术，它的原理是物料进入膨化罐后，突然减压，使原料微孔内的水分突然气化，发生闪蒸。就在水变成水蒸气的过程中，原料内微孔体积猛增，引起物料膨化。

膨化工艺的特性，决定了物料进膨化罐膨化之前必须具备一定的条件才能膨化，条件包括：第一，原料必须含有一定的固形物；第二，原料必须具有一定的微孔结构；

第三，加热时原料要软化，原料内微孔壁阻力不能太大，使微孔内水分瞬间汽化，膨胀力能使微孔体积猛增。只有具备了以上特点的原料，送入膨化罐，再适当调整好原料水分、膨化温度、膨化压力差、膨化时间、停滞时间，才能膨化出优良的产品。而水分含量高、固形物含量少的物料，干燥后原料内部不易形成微孔，或微孔形成不均匀，直接干燥后气流膨化很难达到理想效果。因此，气流膨化的原料，膨化前必须进行合适的预处理，使原料具备气流膨化所需的条件后才能进行气流膨化。

以生产苹果脆片为例，其工艺流程为：苹果→清洗→去皮去核→切片→护色→预干燥→均湿→含水量调整→气流膨化→定型→冷却→包装→成品。

以生产菠萝脆片为例，其工艺流程为：原料→去皮、去核→切片→烫漂→浸渍→热风干燥→均湿→气流膨化→冷却→包装→成品。

以生产酥脆胡萝卜为例，其工艺流程为：原料→挑选→清洗→去皮→切块→糖煮→预干燥→均湿→气流膨化→冷却→分级→称重→包装→入库。

复习思考题

1. 简述挤压蒸煮加工的特点和应用范围，挤压膨化与挤压组织化的基本原理。

2. 单螺杆与双螺杆挤压机的性能及特点有哪些？

3. 简述间接膨化小吃食品与二次挤压法大豆组织蛋白生产工艺。

4. 食品物料成分在挤压过程中会发生哪些主要变化？各种成分对挤压加工有什么影响？

5. 简述气流膨化机的组成与工作原理，气流膨化的原料要求与压力的形成等与挤压膨化的不同点。

参考文献

[1]宋洪波，迟玉杰，邓尚贵，等. 食品加工新技术[M]. 北京：科学出版社，2013.

[2]江连洲. 植物蛋白工艺学[M]. 北京：科学出版社，2016.

[3]秦文，曾凡坤. 食品加工原理[M]. 北京：中国质检出版社，2011.

[4]刘雄，曾凡坤. 食品工艺学[M]. 北京：科学出版社，2017.

[5]王勇，路红波，刘俊荣. 挤压蒸煮技术在水产饲料业的应用[J]. 水产科学，2005，24(8)：50-52.

[6]张泽庆. 食品挤压技术[J]. 粮食加工，2008，33(2)：63-66.

[7]马亮，王新文，秦永林，等. 双螺杆挤压设备的特征及应用[J]. 粮食与食品工业，2007，14(5)：35-38.

[8]刘永，周家华，曾颢，等. 大豆蛋白的挤压组织化及其应用[J]. 食品技术，2002(10)：13-15.

[9]刘俊荣，路红波，王勇，等. 热塑挤压蒸煮技术在鱼蛋白综合开发方面的应用[J].

渔业现代化，2006(2)：42-44.

[10]穆士华，孔庆华. 内螺纹挤压加工的影响因素及优化措施[J]. 新疆农机化，2005(4)：62-63.

[11]蔡霞. 大豆组织蛋白加工工艺及专用设备的研究[J]. 广西轻工业，2007(10)：9-10.

[12]胡光华，李浩权，陈煜龙，等. 多功能气流膨化机的研制[J]. 包装与食品机械，2009，27(2)：5-7，51.

[13]陈海峰，王晶，曲敬贤. 果蔬低温高压气流膨化干燥的研究进展[J]. 食品与发酵科技，2015，51(3)：1-2，15.

[14]孟宇竹，陈娜屏，卢大新. 膨化技术及其在食品工业中的应用[J]. 现代生物医学进展，2006，6(10)：132-133.

[15]王荣梅，张培正，李坤，等. 低温气流膨化酥脆胡萝卜的研制[J]. 现代食品科技，2005，22(1)：45-47，50.

[16]石启龙. 苹果气流膨化前后质构变化研究[J]. 食品工业科技，2002，23(1)：27-28.

[17]王荣梅，张陪正，李坤，等. 低温气流膨化枸杞研究[J]. 中国食物与营养，2006(3)：44-46.

[18]刘谋泉，孔美兰. 气流膨化菠萝脆片的工艺研究[J]. 食品开发与机械，2008(7)：71-74.

[19]胡建平. 气流膨化对苦荞品质的影响[J]. 粮食科技与经济，2017，41(1)：64-69.

[20]董现义，杜景平，秦宏伟，等. 低温气流膨化红薯脆片初探[J]. 食品研究与开发，2004，25(3)：91-92.

[21]朱兰兰，张培正，李坤，等. 气流膨化香蕉脆片的工艺初探[J]. 食品与发酵工业，2005，31(1)：15-18.

[22]刘志勇，吴茂玉. 低温气流膨化干燥技术在果蔬脆片生产中的应用[J]. 农产品加工，2013(9)：30-31.

第9章　超临界流体萃取与微胶囊造粒

9.1　超临界流体萃取

9.1.1　超临界流体的概念和性质

1. 超临界流体的临界点

图 9-1 为纯流体的典型压力-温度图。将纯物质沿气液饱和线升温，当达到图中 *C* 点时，气液分界面消失，体系的性质变得均一，不再分为气体和液体，*C* 点称为临界点。与该点相对应的温度和压力分别称为临界温度和临界压力。温度与压力都在临界点之上的物质状态归为超临界流体。

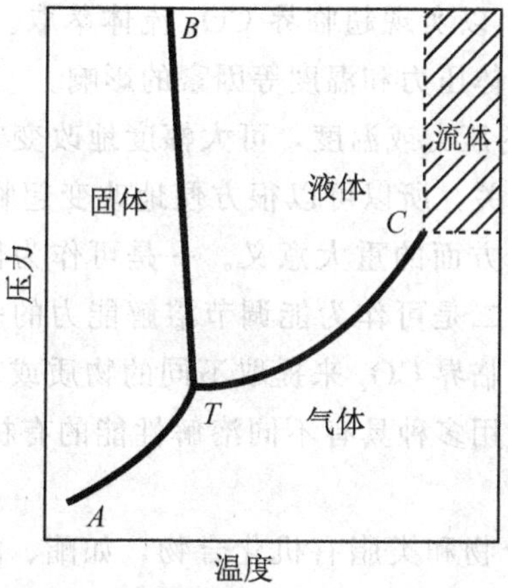

图 9-1　纯流体的典型压力-温度图

2. 超临界流体的基本性质

(1)超临界流体具有传递特性

与液体萃取相比，超临界流体萃取可以更快地完成传质，达到平衡，促进高效分离过程的实现。

(2)超临界流体对固体或液体具有溶解能力

超临界流体的传递性质导致物质在其中的溶解度远远大于常态下的数值，一般可达几个数量级，而在某些条件下甚至可达到按蒸汽压计算的 10^{10} 倍。在临界区附近，操作压力和温度的微小变化，会引起流体密度的大幅度变化，因而也将影响其溶解能力。物质在超临界流体中的溶解度随着操作压力的增加而增加，随着温度的升高而降低。因此，可利用压力、温度的变化来实现萃取和分离的过程。

(3)超临界流体的其他性质

在超临界状态下，气体和液体两相的界面消失，表面张力为零，反应速度最大，热容量、热传导率等物性出现峰值。超临界流体的这些特殊性质，使其成为良好的分离介质和反应介质，根据这些特性发展起来的超临界流体技术，在分离、提取、反应、材料等领域得到了越来越广泛的开拓利用。

9.1.2 超临界 CO_2 和夹带剂的溶解特点

1. 超临界 CO_2 及其溶解特点

CO_2 临界温度（$T_c=31.06$℃）是超临界溶剂临界点最接近室温的，其临界压力（$P_c=7.39$ MPa）也比较适中。特别应指出的是，CO_2 的临界密度（$\rho=0.448$ g/cm^3）是常用超临界溶剂中最高的（合成氟化物除外）。已知超临界流体的溶解能力一般随流体密度增加而增加，可见 CO_2 具有作为超临界溶剂最适合的临界点数据。

在超临界状态下，流体具有溶剂的性质，称为溶剂化效应。超临界 CO_2 流体的重要特性是它对溶质的溶解度，而溶质在超临界 CO_2 流体中的溶解度又与超临界 CO_2 流体的密度有关，超临界 CO_2 流体压力降低或温度升高能引起明显的密度降低，使溶质从超临界 CO_2 流体中析出，以实现超临界 CO_2 流体萃取。超临界 CO_2 流体的溶解能力受到溶质、溶剂性质、流体压力和温度等因素的影响。

改变超临界 CO_2 流体的压力或温度，可大幅度地改变它的密度。因为超临界 CO_2 流体的溶解度与密度密切相关，所以可以很方便地改变超临界 CO_2 流体的溶解度，这一性质在实际应用中有两个方面的重大意义。一是可作为使用方便、溶解性能良好的溶剂，靠降低压力来完成。二是可作为能调节溶解能力的多用途溶剂。由于能很方便地改变溶解度，可以仅用超临界 CO_2 来提取不同的物质或对混合物中的某些成分进行选择性地提取，而不需要使用多种具有不同溶解性能的有机试剂。超临界 CO_2 流体溶解度的经验规律总结如下。

①极性较低的碳氢化合物和类脂有机化合物，如酯、醚、内酯类、环氧化合物等可在 7～10 MPa 较低压力范围内被萃取出来。

②引入极性基团（如—OH，—COOH）将使萃取过程变得困难。对苯的衍生物，具有 3 个酚羟基或 1 个羧基和 2 个羟基的化合物仍然可以被萃取，但具有 1 个羧基和 3 个以上羟基的化合物是不可能被萃取出来的。

③更强的极性物质，如糖类、氨基酸类，则在 40 MPa 压力以下是不可能被萃取出来的。

④化合物的相对分子质量越高，萃取越难。

⑤当混合物中组分间的相对挥发度较大或极性（介电常数）有较大差别时，可以在不同的压力下使混合物得到分馏。在 CO_2 的密度和介电常数有剧变的条件下，这种组分的分馏作用变得更为显著。

2. 夹带剂及其溶解度

夹带剂是在纯超临界流体中加入的一种少量的、可以与之混溶的、挥发性介于被分离物质与超临界组分之间的物质。它可以是某一种纯物质，也可以是两种或多种物质的混合物。夹带剂分为两大类。一类是极性夹带剂，指在超临界溶剂中加入少量的具有极性官能团(如酸、碱功能团)的物质。极性夹带剂与极性溶质分子间的极性力形成氢键或其他特定的化学作用力，可使某些溶质的溶解度和选择性都有很大改善。另一类是非极性夹带剂。①非极性夹带剂可使非极性溶质溶解度大大提高；②非极性夹带剂与极性溶质没有特定的分子间作用力(如形成氢键)，它使溶质溶解度的增加只能依靠分子间吸引力的增加，对选择性不会有大的改善。

夹带剂在超临界流体萃取中的作用如下。

①大大增加被分离组分在超临界 CO_2 流体中的溶解度。

②加入与溶质起特定作用的夹带剂，可使该溶质的选择性(或分离因子)大大提高。

③增加溶质溶解度对温度、压力的敏感程度，使被萃取组分在操作压力不变的情况下，通过适当提高温度，就可使溶解度大大降低，从而从循环气体中分离出来，以避免气体再次压缩的高能耗。

④同有反应的萃取精馏相似，夹带剂可用作反应物。

⑤能改变溶剂的临界参数。

夹带剂的种类不同，所起作用的机制也各不相同。一般来说，夹带剂可从两个方面影响溶质在超临界流体中的溶解度和选择性：一是溶剂的密度；二是溶剂与夹带剂分子间的相互作用。而影响溶质溶解度与选择性的决定因素，是夹带剂与溶质分子间的范德华作用力或夹带剂与溶质之间形成的特定分子间作用，如形成氢键及其他各种化学作用力等。另外，在溶剂的临界点附近，溶质溶解度对温度、压力的变化最为敏感，加入夹带剂，混合溶剂的临界点相应改变。

9.1.3　超临界流体萃取的基本特征

超临界流体萃取的基本特征如下。

①由于超临界流体的溶解能力随着其密度的增加而提高，因此，通过改变超临界流体的密度，就可以实现待分离组分的萃取与分离。

②在接近临界点处只要温度和压力有微小的变化，超临界流体的密度和溶解度都会有较大变化。

③萃取过程完成后，超临界流体由于状态的改变，很容易从分离成分中较彻底地脱除，不给产品造成污染。

④超临界流体萃取技术所选用萃取剂，其临界温度温和，并且化学稳定性好，无腐蚀性，因此特别适用于热敏性或易氧化的成分的提取。

⑤溶剂循环密封使用，避免了产品的外界污染，对环境友好。

⑥超临界流体萃取需在相应的高压设备中完成，对设备要求高。

9.1.4　超临界流体萃取的工艺过程

1. 技术原理

超临界流体在其临界点附近，温度、压力的变化将会引起流体密度的显著变化。

温度不变时，微小的压力变化将大大改变超临界流体的密度；压力不变时，温度升高也会引起流体的密度大幅度减小。同时超临界流体的溶解能力又与其密度有很大关系，即超临界流体的密度增大，对溶质的溶解能力提高。在超临界点附近温度和压力的微小变化将会引起溶质的溶解度发生几个数量级的变化，因此超临界流体萃取是通过调节操作压力和温度来改变流体的密度，从而改变流体的萃取能力，实现不同物质的萃取分离。超临界流体萃取是利用临界或超临界状态的流体，依靠被萃取的物质在不同的蒸汽压力下所具有的不同化学亲和力和溶解能力进行分离、纯化的操作，即此过程同时利用了蒸馏和萃取现象，即蒸汽压和相分离均在起作用。

2. 操作特性

不同物质的物理性质不同，溶解度也不同，被萃取物质在超临界流体中的溶解度不仅依赖于密度的大小，而且还依赖于超临界流体分子与溶质分子之间的亲和力大小，以及被分离物质的挥发度大小。一般来说，对于结构类似的化合物，其溶解度顺序与蒸汽压顺序相同。因此，超临界萃取同时具有精馏和液液萃取的特性。流体在临界区附近，压力和温度的微小变化，会引起流体的密度大幅度变化，而非挥发性溶质在超临界流体中的溶解度大致上和流体的密度成正比。超临界流体萃取正是利用了这个特性，以超临界条件下的流体作萃取剂，利用流体在超临界状态下对物质有特殊增加的溶解度，形成了新的分离工艺。超临界流体可从混合物中有选择地溶解其中的某些组分，然后通过减压、升温或吸附将其分离析出。

3. 萃取装置

超临界流体萃取装置主要包括加压、萃取、分离斧温度及压力控制 4 个部分，主要设备有压缩机、高压泵、阀门、换热设备、萃取釜、分离釜、加料器和储罐等，如图 9-2 所示。

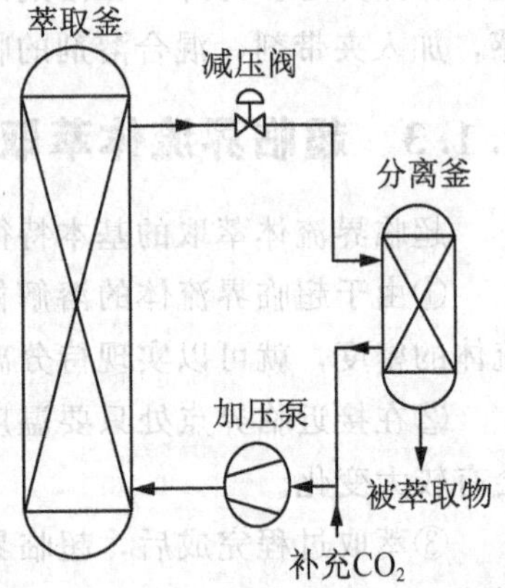

图 9-2　萃取装置

超临界流体萃取技术就是以超临界状态(温度和压力均在临界值以上)的流体为溶媒，对萃取物中的目标组分进行提取分离的过程。其特点是萃取温度较低，制品不存在热分解问题；对温度和压力进行调节，可以实现选择性萃取；对非挥发性物质分离非常简单；制品中无溶剂残留问题；溶剂可以再生、循环使用，运行经济性较好；无环境污染问题。

超临界流体萃取的操作压力一般在 7～35 MPa，有的可达 100 MPa，温度多数在室温到 50℃。超临界流体萃取的流程往往根据萃取对象不同进行设计，被萃取的物料分为固体物料和液体物料。

4. 超临界流体萃取的基本流程

(1)固体物料间歇式超临界萃取系统

图 9-3 所示为超临界 CO_2 流体萃取的基本流程。

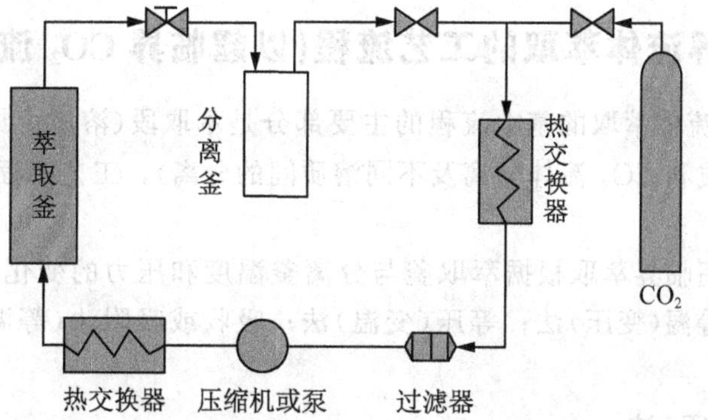

图 9-3　固体物料超临界 CO_2 流体萃取的基本流程

(2)液体物料超临界萃取系统

图 9-4 所示为液体物料超临界流体萃取流程示意图。

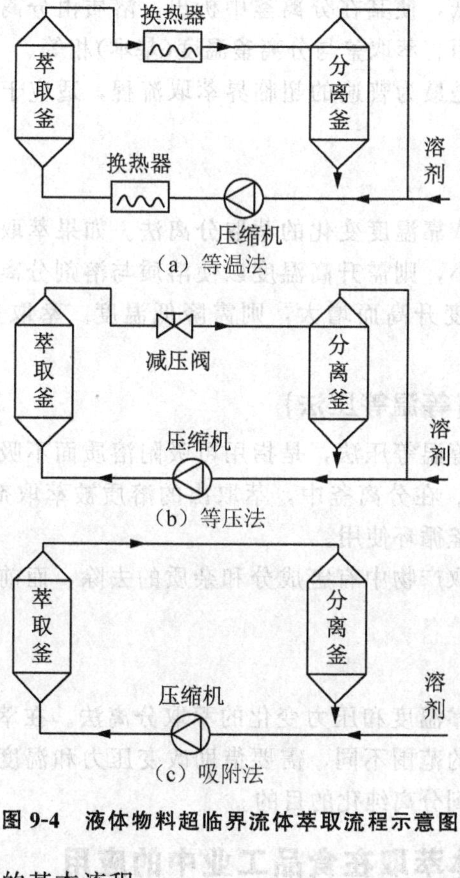

图 9-4　液体物料超临界流体萃取流程示意图

(3)超临界流体萃取的基本流程

①物料放入萃取釜。

②加压的超临界流体进入萃取釜。

③压力与温度的组合使萃取效果达到最大。

④带组分的超临界流体在分离釜分离，超临界流体可循环使用。

9.1.5 超临界流体萃取的工艺流程(以超临界 CO_2 流体为例)

超临界 CO_2 流体萃取的基本流程的主要部分是萃取段(溶质由原料转移至 CO_2 流体)和分离段(溶质和 CO_2 流体分离及不同溶质间的分离)，工艺流程的变化也主要体现在这两个工序。

固体物料的超临界萃取根据萃取釜与分离釜温度和压力的变化情况可分为 4 种典型的工艺流程：等温(变压)法；等压(变温)法；吸收或吸附法(等温等压法)；变温变压法。

1. 等温(变压)法

等温(变压)法是指依靠压力变化的萃取分离法。萃取剂经压缩达到最大溶解能力的状态点(即超临界状态)后加入到萃取釜中与物料接触进行萃取。在一定温度下，当萃取了溶质的超临界流体通过膨胀阀进入分离釜后，由于压力降低，被萃取组分在超临界流体中的溶解度降低，使其在分离釜中析出，溶质由分离器下部取出，气体经压缩机返回萃取器循环使用。萃取釜与分离釜温度(基本)相等。

该过程易于操作，是最为普遍的超临界萃取流程，适应于从固体物质中萃取油溶性组分、热不稳定成分。

2. 等压(变温)法

等压(变温)法是指依靠温度变化的萃取分离法。如果萃取组分在超临界流体中的溶解度随温度升高而减小，则需升高温度以使溶质与溶剂分离。如果萃取组分在超临界流体中的溶解度随温度升高而增大，则需降低温度。萃取釜与分离釜压力(基本)相等。

3. 吸收或吸附法(等温等压法)

吸收或吸附法也称等温等压法，是指用可吸附溶质而不吸附萃取剂的吸附剂进行的萃取分离法(吸附法)。在分离釜中，萃取出的溶质被萃取剂吸附后与萃取剂分离，气体经压缩后返回萃取釜循环使用。

该种方法常用于萃取产物中有害成分和杂质的去除，而前两种方法常用于萃取产物为需要精制的产品。

4. 变温变压法

变温变压法是指依靠温度和压力变化的萃取分离法。在萃取过程中，不同物质所对应的临界温度和压力的范围不同，需要借助改变压力和温度的方法使被萃取物质完全或基本析出，从而达到分离纯化的目的。

9.1.6 超临界流体萃取在食品工业中的应用

超临界流体萃取是最早研究和应用的超临界技术之一，应用于食品和医药工业。超临界流体萃取技术在药物、保健品提取等方面的研究和应用也取得了较大进展，美国科学家已开始用超临界 CO_2 流体从植物中提取抗癌药物，从油料作物中提取具有保健功能的不饱和脂肪酸。

超临界流体萃取自20世纪70年代开始崭露头角，随后便以其环保、高效等显著优势轻松超越传统技术，迅速渗透到萃取分离、石油化工、化学反应工程、材料科学、生物技术、环境工程等诸多领域。

1. 超临界 CO_2 萃取技术在中药有效成分萃取领域中的应用

从动物、植物中提取有效药物成分仍是目前超临界 CO_2 萃取在医药工业中应用较多的一个方面。用超临界 CO_2 对草蒲根、金丝桃叶、月桂叶、肉豆蔻、莳萝、茜草、苍术、高良姜等的有效成分进行提取，萃取物中均能检出它们的有效成分。

紫杉醇是治疗卵巢癌的有效药物，红豆杉属树木，在高压下并加入夹带剂后，从红豆杉的根皮中用超临界 CO_2 萃取紫杉醇，效果优于传统乙醇萃取法，且选择性高。

2. 亲脂性物质的提取

有效成分为亲脂性的物质有萜类、色素、生物碱、内酯、黄酮、有机酸、苷类等，在中药中涉及面极广，如穿心莲、丹参、姜黄、高良姜、大黄、银杏、青蒿素等。传统的提取方法一般是采用不同比例、不同浓度的氯仿、乙醇、乙酸乙酯等有机溶剂进行提取。

超临界流体萃取青蒿素，作为溶剂的 CO_2 价格低、无毒、不燃，可以循环使用。CO_2 萃取青蒿素工艺简单，周期短，操作温度接近常温，青蒿素几乎不发生热裂解等化学变化；通过改变 CO_2 密度和操作参数(萃取压力、温度)，可提高 CO_2 对青蒿素的溶解选择性，萃取物中杂质(蜡状物)含量低，青蒿素提纯精制简单，回收率高，产品质量好，有很好的工业应用前景。

3. 在复方制剂中的应用

姜朴软胶囊提取工艺研究：应用超临界萃取比常规萃取优势明显。

①固相萃取(SFE)提取方法。将药材粉碎成粗粉；装入超临界萃取罐中，以压力为25 MPa，温度为40℃、流量为22 L/h的条件萃取4 h；以压力为7.0 MPa，温度为45℃的条件解析、萃取出浅红棕色或浅棕黄色的油状物，萃取率为4.0%～4.5%。

②常规提取方法。需要连续提取15 h，得油率为0.5%～0.6%。

4. 在其他食品工业中的应用

超临界流体萃取常用于以下几个方面：咖啡因、尼古丁的脱除，啤酒花(也称葎草花或蛇麻，其籽粒用于酿造啤酒，给予啤酒香气和苦味)的萃取，动植物油脂(如大豆油、沙荆油、蒜油、鱼油、米糠油)的提取，鱼油中二十碳五烯酸(EPA)与二十二碳六烯酸(DHA)的提取，蛋黄磷脂与大豆磷脂的萃取，植物色素的萃取，食品脱色、脱臭等。

实例：从咖啡豆中除去咖啡因。

大量摄入咖啡因对人体有害。以往工业上除咖啡豆中咖啡因采用二氯乙烷萃取。缺点有两个：其一，残留二氯乙烷影响咖啡品质；其二，二氯乙烷同时将部分有用香味物质(芳香化合物)带走。超临界 CO_2 萃取除咖啡因：浸泡过的咖啡豆直接置于萃取容器中，连续(循环)用超临界 CO_2 萃取(温度为70℃～90℃；压力为16～20 MPa)10 h，气体中的咖啡因用水吸收，蒸馏可回收咖啡因。经超临界 CO_2 萃取处理后的咖啡豆中咖啡因含量从0.7%～3%降低到0.02%。

9.2 微胶囊造粒

9.2.1 微胶囊造粒的概念和作用

1. 微胶囊造粒的概念

微胶囊造粒是指利用天然或合成高分子材料，将分散的固体物质颗粒、液体，甚至是气体物质完全包埋在一层膜中形成具有半透性或密封囊膜的微小粒子的技术。一般微胶囊粒子大小在微米至毫米范围。包裹的过程即为微胶囊化(microencapsulation)，形成的微小粒子称为微胶囊(microcapsule)。微胶囊内容物的释放条件、释放速率是可控制的。采用微胶囊技术制得的产品称为微胶囊制品。制备时先将被包覆内容物分散成微粒，然后使成膜材料在微粒上沉积聚合或干燥固化，形成外层包衣面。被包覆的物料称为心材、囊心、内核、填充物，心材可以是固体粉末，也可以是液体材料，采用特殊的制备方法，还可以包封住气体。微胶囊外部的包覆膜称为壁材、囊壁、包膜、壳体。

微胶囊粒子的大小和形状因制备工艺不同而存在很大差异，通常制备的微胶囊粒子大小一般在 2～1 000 μm，有时甚至扩大到数毫米，但多数分布在 5～200 μm。如果微胶囊颗粒小于 5 μm，就会因剧烈的布朗运动而难于收集；当粒度超过 300 μm 时，因颗粒表面静电摩擦因数显著减小而易于沉积。胶囊壁的厚度在 0.2～10 μm，囊心占微胶囊总质量的比例在 20%～95%。目前制备的纳米胶囊粒径在 1～1 000 nm。由于心材、壁材和微胶囊化方法不同，微胶囊的大小、形态和结构变化较大。微胶囊的直径一般在 1～1 000 μm，直径小于 1 μm 的颗粒称为纳米颗粒或纳米微胶囊，直径大于 1 000 μm 的颗粒称为微粒或大胶囊。含固体粒子的微胶囊形状与囊内固体形状接近，含液体或气体的微胶囊形状一般为球形，也有米粒状、肾形、块状、针状或不规则状。胶囊的外表面有光滑的，也有折叠的。微胶囊的结构也有多种(图 9-5)，典型的有单核微胶囊(连续的心材被连续的壁材包埋)、多核微胶囊(心材被分隔成若干部分，嵌在壁材的连续相中)、双壁或多膜微胶囊(连续的心材被双层或多层连续的壁材环绕)及复合微胶囊(用连续的壁材包囊多个微胶囊)等。

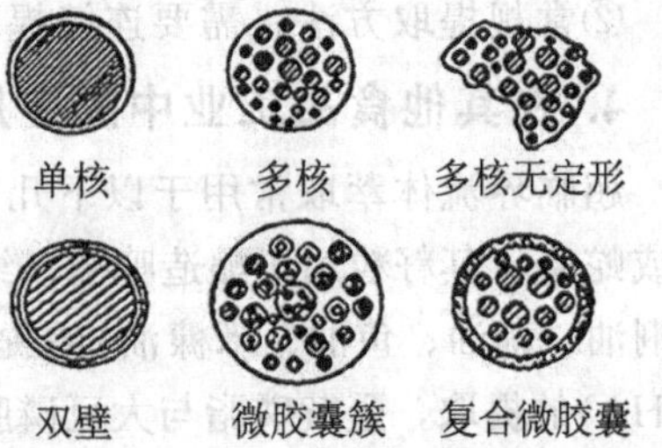

图 9-5 常见的微胶囊的形状和结构示意图

2. 微胶囊造粒的功能特点

微胶囊技术之所以能得到广泛应用，是因为通过对活性物质进行微胶囊化可以达到许多目的，简言之，微胶囊具有改善和提高物质外观及其性质的能力，能够贮存微细状态的物质，在需要时释放该物质，并且能保持物质原有的色、香、味、形和溶解性、热敏性、光敏性、压敏性等性状。概括起来，微胶囊化造粒的功能主要有以下几点。

(1)改善物质的理化性质

①固态化。将液体、气体转变为容易处理的固体。液态物质微胶囊化而成的细粉状产物称拟固体，在使用上具有固体特性，但仍然保留液体内核，能够使液态物质在需要的时间破囊而出，使用方便、精确，运输和贮存都得到简化。微胶囊化后可将原先不易加工贮存的气体、液体或半固体物料转变成较稳定的固体粉末，从而具有良好的流动性和分散性，容易与其他原料混合均匀，便于运输、贮存和添加使用。例如，将液体油脂微胶囊化后可制成粉末油脂。另外，微胶囊产品在外观上虽然呈固态，其内部仍可维持液相，能保持液相的反应性，该性质在某些场合特别有用。例如：在制造压敏复写纸时，用来包封无色染料；在彩色照相技术中，用来包囊显色药品；在聚合物固化或交联过程中，用来包埋交联助剂等。

②改变物质的密度或体积。物质的密度经微胶囊化后可以增加或减少。根据需要使物料经微胶囊化后重量增加，下沉性提高，或者制成含空气的胶囊而使物料密度下降，让高密度固体物质能漂浮在水面上。例如，将密度大的固体制成含有空气或空心的微胶囊后，体积增加，密度降低，可变成能漂浮在水面上的产品。这一技术对生产高档水产品饵料十分有用。

③改变物质的性能。通过微胶囊化可以改变物质的亲和性。如将疏水性药物用亲水性壁材微胶囊化后，可提高其亲水性。

(2)控制释放

适合的壁材及微胶囊化方法，可对囊心物质的释放时间和释放速率进行控制，使其在适当条件下缓慢(长效)释放或立即(瞬间)释放。控制物质的释放时机，包括风味物质的释放，减少其在加工过程中的损失，降低生产成本。降低挥发性，保存易挥发物质，减少食品香气成分损失，并掩盖不良气味的释放，如香精和香辛料的微胶囊。

(3)保护心材

心材是指被包裹的物料。有些物质很容易受氧气、温度、水分、pH、紫外线等环境因素的影响，微胶囊化后，保护敏感成分，防止其受氧化、紫外辐射和温湿度等因素的影响，有利于保持物料特性和营养，可使该物质与外界环境相隔离，提高其稳定性。例如，维生素A棕榈酸酯广泛用于动物饲料添加剂，以明胶包埋后即可提高该化合物的抗湿度和抗环境氧化的能力，提高其稳定性。另外，易挥发的物质经微胶囊化后，能够抑制挥发，延长贮存时间，如一种当胶黏剂用的含甲苯的微胶囊，其稳定性实验结果表明，在室温下包囊的甲苯几乎不释放。

(4)降低对健康的危害，减少毒副作用

硫酸亚铁、乙酰水杨酸(阿司匹林)等药物经微胶囊化后可以通过控制其在消化系统中的释放速度来减轻肠胃疼痛。例如，以烃作溶剂并以特定的乙基纤维素包埋的阿司匹林可以控制释放，与传统的阿司匹林制品相比可明显降低胃出血量。对于制药工业来说，可采用微胶囊技术制造靶制剂，达到定向释放的效果。

(5)屏蔽味道和气味

微胶囊化可以掩饰某些物质(如药物、食品添加剂)中令人不愉快的味道和气味，扩大其应用范围。例如，氨基酸有维持机体生长发育的功能，能够治疗肝病及乙基砷、苯中毒，但多数氨基酸的味道让人难以接受，而经微胶囊化后，即可掩盖其臭味。再如，抗生素磺胺类药物苦味很大，经微胶囊化后可掩盖其苦味；有色泽和气味的中草药液经微胶囊化后，也可以掩蔽服用时的不良味道。

(6)隔离不相容组分

利用微胶囊技术能阻止活性成分之间发生化学反应。隔离活性成分，使易于反应的物质处于同一物系而相互稳定。例如，将自由基引发剂(如过氧化苯甲酰)经微胶囊化以后，与可固化的聚酯树脂相混合，在一般条件下聚酯树脂不会固化，但是在特定条件下，它会固化。例如，当引发剂的微胶囊破裂时，会释放自由基引发剂，从而将聚酯树脂固化。再如，配制全价营养饲料时，常常要先后加入几种饲料添加剂，部分添加剂会发生相互作用，或与某种配料发生反应而造成不良影响，若采用微胶囊技术对其进行包埋隔离，即可使各种有效成分有序地释放以发挥作用。

9.2.2 微胶囊造粒的材料和方法

1. 微胶囊的心材和壁材

(1)心材

被包裹的物料称为心材或填充物。心材可以是单一的固体、液体或气体，也可以是它们的混合物。在农产品加工中可作为心材的物质主要有以下类型。

①溶剂：苯、甲苯、环已烷、氯代苯类、石蜡类、醚类、酯类、醇类和水等。

②加工助剂：固化剂、增塑剂、氧化剂、还原剂、引发剂、阻燃剂、发泡剂、胶黏剂、酸、碱、染料(特别是用于无碳复写纸的隐色染料)和颜料等。

③食品：油脂、酒类、饮料、调味品(如酱油、香辛料、味素)等。

④食品添加剂：香精香料、酸味剂、抗氧化剂、防腐剂、色素、甜味剂、氨基酸、缓冲剂、螯合剂等。

⑤生物材料类：酶制剂、特异性药物、微生物细胞、动物细胞、植物细胞和生物活性物质(如活性多糖、低聚糖、免疫蛋白、多肽、茶多酚、卵磷脂、DHA、EPA等)。

⑥其他：杀虫剂、除草剂、肥料和饲料添加剂等。

(2)壁材

用于包裹的囊壁称为壁材或保护膜。壁材是决定微胶囊性能的关键因素之一。一般要求其成膜性能好，与心材不发生反应，具有一定的机械强度、稳定性。对于用于食品工业中微胶囊的壁材，还要能满足食品工业的安全卫生要求，应具备适当的渗透性、吸湿性、溶解性，材料来源要广泛、易得，成本要低廉。一般来说，如果心材物质是亲油性物质，一般宜选用亲水性聚合物作壁材，反之，则应选用非水溶性材料作壁材。合适的壁材非常关键，也是微胶囊化工艺成功的关键，壁材在很大程度上决定了产品的理化性质。

微胶囊的包囊壁材主要包括天然高分子化合物、半合成高分子材料、合成高分子材料以及无机材料。

①天然高分子化合物。主要包括碳水化合物、蛋白类和脂类物质等，这些天然的高分子材料具有无毒和成膜性好等特点。碳水化合物主要包括植物胶类(海藻酸钠、琼

脂、阿拉伯胶、黄原胶和卡拉胶等)、糊精类(如麦芽糊精、环糊精)、糖类(如蔗糖、麦芽糖和乳糖等)。蛋白类包括明胶、大豆分离蛋白、乳胶蛋白等，这些物质主要利用了蛋白质的乳化性质，能形成具有较好弹性的界面膜。脂类包括硬脂酸甘油酯，单甘酯和卵磷脂等，主要用于水溶性材料。

②半合成材料。主要指一些纤维素的衍生物，如甲基纤维素、乙基纤维素、羧甲基纤维素和羧乙基纤维素等；变性淀粉类；棕榈酸甘油酯；等等。

③合成高分子材料。主要包括体内可生物降解和不可生物降解两类。常用的有聚酯类、聚氨基酸类和共聚物等。其中可体内降解的高分子材料越来越受到重视，其特点是无毒、成膜性好、化学性质稳定。其他类有聚丙烯、聚乙烯醇和聚乙二醇等。

④无机材料。可用于微胶囊壁材的无机材料包括硫酸钙、石墨、硅酸盐、矾土、镍、玻璃、陶瓷和黏土类等。

天然材料一般无毒、免疫原性低、生物相容性好、可降解且产物无毒副作用，是最常用的微胶囊制备材料；合成材料一般化学稳定性和成膜性好，应用较多的主要是乳酸/乙醇酸共聚物，它是目前唯一获得美国食品药品监督管理局批准可用于人体的一类控释制剂材料；将天然材料与合成高分子混合作为微胶囊材料，既利用合成材料弥补天然材料强度上的不足，又利用天然材料弥补合成材料生物相容性上较差的缺点，典型代表是海藻酸钠/聚赖氨酸微胶囊。以上壁材可单独使用，也可混合使用，并且还可以添加抗氧化剂、表面活性剂、色素等以提高品质。实际应用中，很少使用一种壁材来实现微胶囊化，而是常用两种或两种以上的壁材复合物来达到较好的包埋效果。

壁材的选择：微胶囊技术实质上是一种包装技术，其效果的好坏与“包装材料”壁材的选择紧密相关，而壁材的组成又决定了微胶囊产品的一些性能，如溶解性、缓释性、流动性等，同时它还对微胶囊化工艺有一定影响，因此壁材的选择是进行微胶囊化首先要解决的问题。选材基本原则如下。

①根据心材的物理性质来选择适宜的壁材。油溶性心材需选水溶性的壁材，水溶性的心材则需选择油溶性的壁材，即壁材不与心材反应，不与心材混溶。

②了解壁材本身的性能。如渗透性、溶解性、可聚合性、黏度、电性能、乳化性、吸湿性、成膜性、机械强度及稳定性等。

③考虑制备微胶囊所选择的方法对壁材的要求。

④对于食品工业，所选壁材首先应符合食品卫生及食品安全的要求，能提高产品的风味和色泽，改善产品的外观，提高其贮藏稳定性。

⑤如果心材为生物活性物质，还要考虑壁材的毒性及与心材的相容性。

⑥材料来源广泛、易得，成本比较低廉。

通常一种材料很难同时具备上述性能，因此在微胶囊技术中常常采用几种壁材复合使用。例如，对于包囊具有生物活性的壁材来说，主要有海藻酸钠-聚赖氨酸-海藻酸钠微胶囊、壳聚糖-海藻酸钠微胶囊、聚赖氨酸-壳聚糖-海藻酸钠微胶囊、甲基丙烯酸乙酯-甲基丙烯酸甲酯共聚物微胶囊、硫酸纤维素钠-聚二丙烯基二甲基氯化铵等。

2. 微胶囊造粒方法的分类和选择

(1)缓释型微胶囊

该微胶囊的壳相当于一个半透膜，在一定条件下可允许心材物质透过，延长心材物质的作用时间。根据壳材的来源不同，可分为天然高分子缓释材料(明胶和羧甲基纤维素)及合成高分子缓释材料。而对于合成高分子缓释材料，按其生物降解性能的不同，又可分为生物降解型和非生物降解型两大类。

(2)压敏型微胶囊

此种微胶囊包裹了一些待反应的心材物质，当作用于微胶囊的压力超过一定极限后，胶囊壳破裂而流出心材物质，由于环境的变化，心材物质产生化学反应而显出颜色。

(3)热敏型微胶囊

温度升高使壳材软化或破裂释放出心材物质，或是心材物质由于温度的改变而发生分子重排或几何异构而产生颜色的变化。

(4)光敏型微胶囊

壳材破裂后，心材中的光敏物质选择性吸收特定波长的光，发生感光或分子能量跃迁而产生相应的反应或变化。

(5)膨胀型微胶囊

壳材为热塑性的高气密性物质，而心材为易挥发的低沸点溶剂，当温度升高到高于溶剂的沸点后，溶剂蒸发而使胶囊膨胀，冷却后胶囊依旧维持膨胀前的状态。

9.2.3 微胶囊造粒的一般步骤和质量评定

1. 微胶囊造粒的一般步骤

微胶囊化从广义上说就是以一种或几种物质为包囊材料，在介质中通过不同的成囊方法，将另一种或几种物质包埋起来，形成一种微小的囊体。微胶囊化的基本步骤是先将心材分散成微粒，然后以壁材包裹，最后固化定形。心材为固态时，可用磨细后过筛的方法控制其粒度，也可制备成溶液，按液态心材包埋；液态心材可用均质、搅拌、超声振动等方法分散成小液滴，均匀分布在介质中。微胶囊心材和壁材的种类繁多，性能各异，在材料和工艺选择上必须正确合理，才可能制备成功。食品工业的心材主要是油脂类、调味品类、香精类、色素类、酸味剂类、营养强化剂类和生物活性材料类，可以是固体，也可以是液体，可能是亲油性的，也可能是亲水性的。尽管微胶囊化方法多种多样，但是微胶囊化过程大致可分为以下 4 个步骤，如图 9-6 所示。

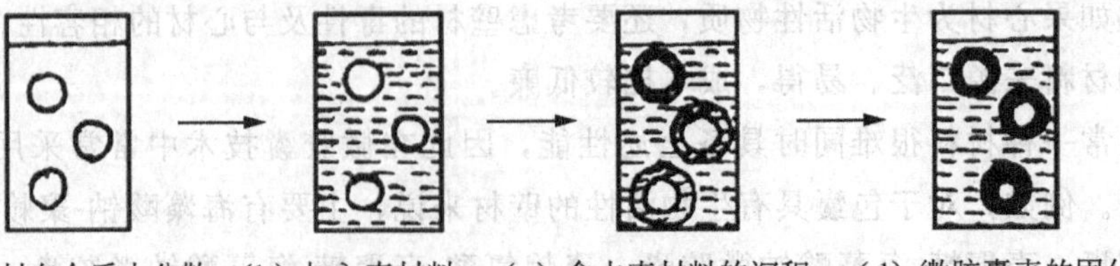

图 9-6 微胶囊化的基本步骤

(1)心材悬浮

将预先分细的心材，分散于微胶囊化介质内悬浮。

(2)三相体系的建立

将包囊壁材倒入含有心材的介质中分散，建立三相体系。

(3)聚合物沉积

通过某种微胶囊化方法，将包囊壁材凝聚、聚集、沉积、涂层或包覆在已分散的心材周围，形成初级微胶囊。

(4)囊壁的固化

上述形成的微胶囊囊壁一般不太稳定，需通过化学或物理方法进行固化处理，以达到一定的机械强度。

2. 微胶囊造粒的质量评定

对于微胶囊产品来说，针对不同的心材，选用不同的壁材和不同的方法所制得的微胶囊的性能可能相差很大，有时对于同种壁材由于胶囊化工艺条件的差异，也会引起产品质量的不一致性。因此，微胶囊的质量评定就显得很重要。有关微胶囊质量评定内容，目前大致包括以下几项。

(1)溶出速度

通过微胶囊溶出速度的测定可直接反映心材的释放速度，溶出速度为评定微胶囊质量的主要指标之一。溶出速度的测定一般是根据具体产品的具体形式来确定，目前，片剂药物中微胶囊产品溶出速度的测定采用美国药典 19 版中描述的转篮式释放仪，或国产的片剂仪以及改进的烧杯法等。对于食品工业来说，由于微胶囊应用的时间较短，至今尚没有形成一种专门的方法，只能借助其他行业的类似方法进行。

(2)微胶囊心材含量的测定

心材含量是评定微胶囊产品质量的重要指标之一，所用的方法需视具体产品以及不同的心材性质做具体选择。如对挥发油类微胶囊的含量测定，通常是以索氏提取法来计算含油量。对其他类型的微胶囊产品也可以采用溶剂提取法或水提取法等来进行。

(3)微胶囊的包埋量和包埋率

包埋量：即心材与壁材的比例。心材比例大，则生产效率高，成本低，但其他方面效果下降。

包埋率：即心材真正被胶囊化包埋的比例。因为有部分心材会裸露于表面，先用有机溶剂清洗微胶囊粉末，洗去未被包埋的心材，再将洗过的胶囊溶于水，再用蒸馏水或有机萃取法测定释放出的心材。包埋率越高越好。

(4)微胶囊的囊形与粒径

微胶囊可采用光学显微镜、扫描或电子显微镜观察形态并提供照片。微胶囊的形态应为圆整球形或椭圆形的封闭囊状物。

微胶囊粒径的测定方法可采用显微镜法，即用装有带校正过的目镜，观测微胶囊，分别测定并计算其大小，对于非球形微胶囊，应在显微镜上另加特殊装置，也可借助粒度分布测定法进行分析。

9.2.4 微胶囊造粒的主要制备方法

微胶囊制备的新方法、新技术一直是众多研究者的方向之一，目前已形成物理法、化学法和物化法三大类多种制备方法（表 9-1）。

表 9-1 微胶囊的制备方法

物理法	喷雾干燥法、喷雾冷冻法空气悬浮包埋法、真空蒸发沉积法、静电结合法、溶剂蒸发法、包结络合物法和挤压法
化学法	界面聚合法、凝聚法（相分离法）、原位聚合法、锐孔法、辐照化学法、分子包接法
物化法	水相分离法、油相分离法、复相乳液法、熔化分散冷凝法、粉末床法等

物理法是利用物理和机械原理的方法制备微胶囊。化学法主要利用单体小分子发生聚合反应生成高分子成膜材料并将心材包覆。物化法是通过改变条件（温度、pH、加入电解质）使溶解状态的成膜材料从溶液中聚沉出并将心材包覆形成微胶囊。目前应用较为普遍的微囊化方法主要有喷雾干燥法、喷雾冷冻法、空气悬浮包埋法、凝聚法（相分离法）、界面聚合法、原位聚合法及分子包接法等。

1. 喷雾干燥法

喷雾干燥法是先将心材分散在壁材的溶液中，形成悬浮液或乳状液，然后将此分散溶液送到含有喷雾干燥的雾化器中，分散溶液则被雾化成小的液滴，液滴里的溶剂迅速地被蒸发而使壁材物质析出，形成微胶囊。影响该过程的因素有心材与壁材的比例、初始溶液的浓度、黏度及温度。与其他工艺相比，该法操作简单，只需一道工序就可获得良好的粉末或颗粒。经液体喷雾形成非常细微的雾滴，其比表面积大为增加，有助于良好的热交换，所以瞬间即可使水完全蒸发。目前该法主要应用于油类及香精、香料油树脂等风味物质及食品行业中的微胶囊化，如乳粉、速溶咖啡等均采用喷雾干燥法。选用的壁材多为明胶、阿拉伯胶、变性淀粉、蛋白质、纤维酯等食品级胶体。阿拉伯胶和麦芽糊精的组合被认为是用来包埋香味物质的一种特性优良、成本较低的最佳壁材。各种淀粉类衍生物由于其优良的乳化性、成膜性和抗氧化性及较高的玻璃化相变温度也被越来越广泛地应用。此外，壁材的物理性质决定着囊壁的性能。喷雾干燥法所用的壁材是易溶于水的，复水后壁材会立即溶解，心材得以全部释放，加之干燥时微胶囊壁膜上易形成较大的核孔洞通道，因此这种方法不适用于制备以控制释放为目的的微胶囊，而适用于掩蔽苦味及臭味或把液态心材转变为固态形式的目的。另外，由于喷雾干燥过程极短，物料的温度不会超过气流的温度，因此，喷雾干燥法适合于热敏性材料的微胶囊化。大量试验表明：喷雾干燥法最适合于亲油性液体物料的微胶囊化，而且心材的憎水性越强，包埋效果越好。

(1)喷雾干燥的原理

喷雾干燥是食品工业中应用最为广泛的微胶囊化方法。其原理是首先制备乳化分散相，即把心材分散在已液化的壁囊材中混合形成溶液，后加入乳化剂，热分散体系经均质变成水包油型乳状液，液体物料被雾化成无数个液滴，在干燥塔内的热空气气流中使溶液中溶解壁材的溶剂迅速蒸发，促使壁膜的形成与固化，形成粉末状的微胶囊。

喷雾干燥是依靠机械力(高压或离心力)的作用，通过雾化器将物料破碎为雾状微粒(其直径为 10～1 000 μm)，并与干燥介质接触，在接触瞬间进行强烈的热交换与质交换，使浓缩物料中的绝大部分水分在短时间内被干燥介质带走而完成干燥。

(2)喷雾干燥微胶囊化过程

喷雾干燥法制备微胶囊的工艺可以使用不同温度的干燥介质，可使用热空气，也可使用冷空气。因此可以将喷雾干燥微胶囊化技术分为狭义喷雾干燥工艺和喷雾冷冻、冷却、冻结工艺，喷雾干燥微胶囊化系统装置流程图如图 9-7 所示。

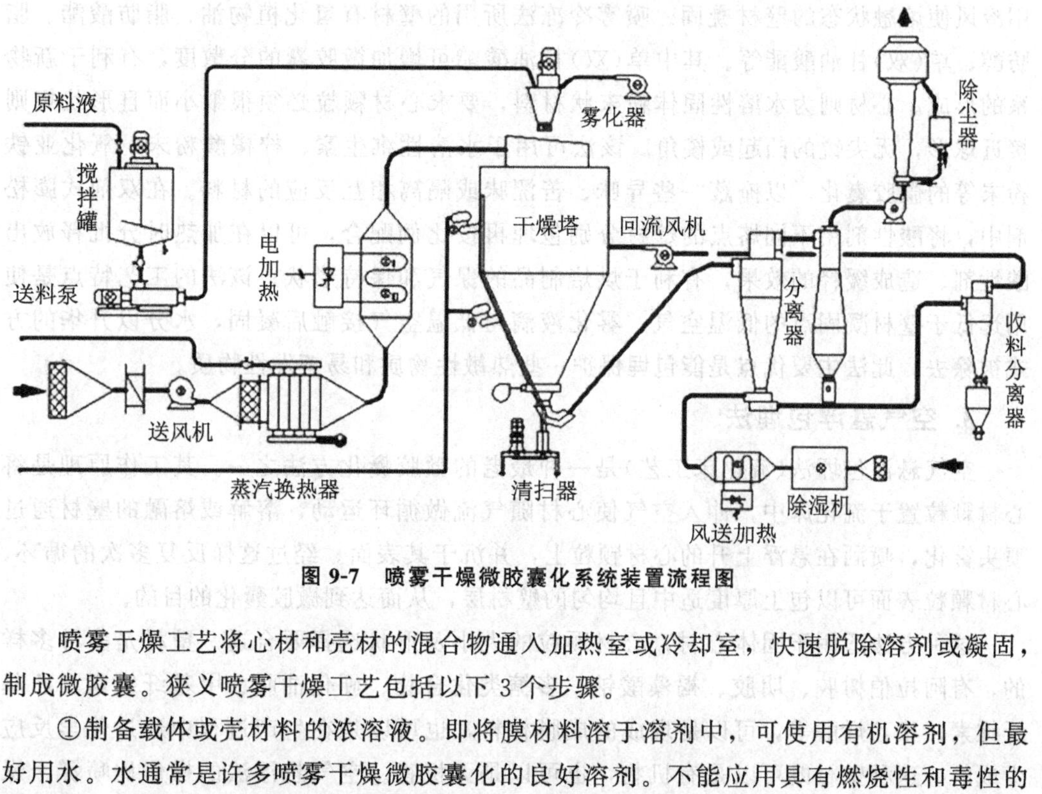

图 9-7　喷雾干燥微胶囊化系统装置流程图

喷雾干燥工艺将心材和壳材的混合物通入加热室或冷却室，快速脱除溶剂或凝固，制成微胶囊。狭义喷雾干燥工艺包括以下 3 个步骤。

①制备载体或壳材料的浓溶液。即将膜材料溶于溶剂中，可使用有机溶剂，但最好用水。水通常是许多喷雾干燥微胶囊化的良好溶剂。不能应用具有燃烧性和毒性的溶剂。

②将被包囊的心材在壳材的溶液中乳化。心材通常是疏水性或水不相容性油(香料、维生素等)。另外，固体粉末也可以被包囊。当被包囊物为油性心材时，可加入适当的乳化剂以形成初始的乳浊液或分散液，将心材乳化直至形成较小的油滴(1～3 μm)。

③喷雾干燥。制备好适宜的分散液或乳浊液后，将分散好的乳浊液加入喷雾干燥器的加热室中。液滴被喷射到加热室后或者在一个旋转的盘上被旋转后，所制成的小液滴具有大表面积，雾化所形成的液滴快速形成球状。在加热室中，球状液滴表面与热空气接触，产品开始干燥。热空气将壳材料干燥并包囊心材形成胶囊。这些胶囊落到喷雾干燥箱体的底部而被收集。物料在喷雾干燥室中的停留时间小于 30 s。

工艺流程如下。

心材＋壁材溶液→溶液或悬浮液(雾化喷嘴)→雾化(干燥室)→成品。

(3)喷雾干燥法的优缺点

①优点：干燥速率高，时间短；生产过程简单、操作控制方便、可连续生产、简便经济；产品具有良好的分散性和溶解性；物料温度较低。

②缺点：设备尺寸大；设备价格高；耗动力大(包括热能、电能)；包埋率比其他方法低。

2. 喷雾冷冻法

喷雾冷冻法所用的设备与操作和喷雾干燥法相似，只是热风干燥蒸发水分变成了用冷风使熔融状态的壁材凝固。喷雾冷冻法所用的壁材有氢化植物油、脂肪酸酯、脂肪醇、单(双)甘油酸酯等。其中单(双)甘油酸酯可增加微胶囊的分散度，有利于新物系的形成。心材则为水溶性固体粉末状材料，要求心材颗粒必须很细小而且形状规则接近球形，无尖锐的凸起或棱角。该法可用于水溶性维生素、柠檬酸粉末、氧化亚铁粉末等的微胶囊化，以掩蔽一些异味、苦涩味或隔离相互反应的材料。在双剂式膨松剂中，将酸性剂用不同熔点的壁材分别包埋再按比例配合，可以在加热时分批释放出酸性剂、造成缓释的效果，有利于烘焙制品的保气和保持形状。该法的工艺特点是使用远低于壁材凝固点的低温空气，雾化液滴与低温空气接触后凝固，水分以升华的方式被除去。此法主要优点是能包埋保护一些热敏性物质和易挥发性物质。

3. 空气悬浮包埋法

空气悬浮包埋法(流化床工艺)是一种最老的微胶囊化方法之一。其工作原理是将心材颗粒置于流化床中，冲入空气使心材随气流做循环运动，溶解或熔融的壁材通过喷头雾化，喷洒在悬浮上升的心材颗粒上，并沉于其表面。经过这样反复多次的循环，心材颗粒表面可以包上厚度适中且均匀的壁材层，从而达到微胶囊化的目的。

这种方法适用于固体心材，心材颗粒的大小及形状选择要合适。壁材是多种多样的，有阿拉伯树胶、明胶、褐藻酸钠、多糖类化合物、硬化油脂、甲基纤维素、乙基纤维素、聚乙烯醇等，可以是现成的成膜材料，也可以是在生产过程中通过化学反应生成的。这种壁材既可以是有机物，也可以是无机物。空气悬浮法的操作比喷雾干燥法复杂得多，操作时要根据心材的相对密度、颗粒大小及强度选择风压，还要根据壁材料液的喷雾速度、料液浓度等因素选择风压以保证物料悬浮并能在干燥过程中上下浮动。这种方法在食品工业中的应用还需大量的研究工作。

空气悬浮包埋法是应用流化床将囊心固体粉末悬浮在空气中，再用壁材溶液以喷雾形式加到流化床上，在悬浮滚动的状态下，逐渐对囊心形成包覆、干燥而得到微胶囊。

流化床包囊工艺主要是对固体微粒或者吸附了液体的多孔微粒进行微胶囊化。在空气悬浮喷涂工艺中，颗粒被可溶解或熔融的聚合物涂层。该聚合物以不稳定的平衡形式悬浮在向上流动的空气流中。通常，流化床涂布器是通过悬吊一个沸腾床，或将固体微粒悬在一个流动的气流柱中(一般是空气流)，然后将胶囊壁材液体喷射到微粒上。刚刚被涂布的微粒进行干燥、溶剂蒸发或冷凝，重复此涂布-干燥过程，直至获得一个符合要求的涂布厚度。应用一系列的循环步骤进行涂布，可以最大限度地降低胶囊壁的缺陷，但是较费时间；一步涂布过程较迅速，但所得的胶囊壁具有永久缺陷，对胶囊的控制释放将有严重影响。

4. 凝聚法(相分离法)

凝聚法又称相分离法，是在壁材和心材的混合物中加入另一种物质或溶剂，使包埋物的溶解度降低，从混合液中凝聚出来而形成微胶囊的方法。因操作条件的不同，凝聚法又分为单、复凝聚法两种。单凝聚法是以一种高分子化合物为壁材，将心材物质分散其中后加入凝聚剂(如乙醇或硫酸钠等亲水物质)，由于大量的水分与凝聚剂结合，致使包埋物的溶解度下降凝聚为微胶囊；复凝聚法是以两种相反电荷的壁材物质作包覆物，心材物质分散于其中后，在一定的条件下，两种壁材由于电荷间的相互作用使溶解度下降凝聚为微胶囊。所制得的微胶囊颗粒分散在液体介质中，通过过滤、离心等手段进行收集、干燥，使微胶囊产品成为可自由流动的分散颗粒。该法工艺较简单，易控制，包埋率可达85%～90%，可制成粒径不到1 μm的微胶囊，但这种方法成本高，妨碍了其应用和推广。

5. 界面聚合法

界面聚合发生在两种不同的聚合物溶液之间，是将两种活性单体分别溶解在不同的溶剂中，当一种溶液被分散在另一种溶液中时，相互间可发生聚合反应。该反应是在两种溶液界面间进行的，界面聚合法已成为一种较新型的微胶囊化方法。将两种含有双(多)官能团的单体分别溶解在不相混溶的两种液体中，在两相界面上两种单体发生缩聚反应。在不搅拌的情况下，几分钟后即可在界面上形成缩聚产物的薄膜或皮层。这种缩聚纤维可以连续抽拉成薄膜或长丝，而在暴露出的新界面上继续进行缩聚反应，直到单体完全耗尽为止。通过加热、搅拌、溶剂萃取、冷冻、干燥等方法将壁材中的溶剂去除，形成囊壁，再与介质分离得到微胶囊产品。利用界面聚合法可以使疏水材料的溶液或分散液微胶囊化，也可以使亲水材料的水溶液或分散液微胶囊化。常见过程为：单体A存在于与水不相混溶的有机溶剂中，称为油相。然后将含单体A的油相分散至水相中，使其呈非常微小的油滴。当把可溶于水的单体B加入到水相中，搅拌整个体系时，则在水相和油相界面处发生聚合反应，在油滴表面上形成了聚合物的薄膜，油被包埋在该薄膜之内，得到含油的微胶囊。反之当把含有单体B的水溶液分散到油相中去，使其分散成为非常小的水滴，再将单体A加入到油相中去，则可获得含水的微胶囊，由于界面聚合法中连续相与分散相均必须提供活性单体，因此微胶囊化的效率高。界面聚合法微胶囊化产品很多，例如甘油、水、药用润滑油、胺、酶、血红蛋白等。这种方法中所用的壁材均不具可食性，因此在食品工业中还不具备实用价值。

6. 原位聚合法

原位聚合法是一种与界面聚合密切相关，但又有明显区别的微胶囊制备技术。在界面聚合法制备微胶囊的工艺中，胶囊外壳是通过两类单体的聚合反应形成的。参加反应的单体至少有两种，其中必然会存在两类单体，其中一类是油溶性单体，另一类是水溶性单体。它们分别位于心材液滴的内部和外部，并在心材液滴的表面进行反应，形成聚合物薄膜。原位聚合法中单体和催化剂全部位于囊心的内部或外部，而且要求单体是可溶的，而形成的聚合物是不可溶的，聚合物沉积在囊心表面并包覆形成微胶囊。

原位聚合法基本原理：在原位聚合法胶囊化的过程中，不是把反应性单体分别加到心材料液滴和悬浮介质中，而是单体与引发剂全部加入分散相或连续相中，即单体成分和催化剂全部位于心材液滴的内部或外部。在微胶囊化体系中，单体在单一相中是可溶的，而聚合物在整个体系中是不可溶的，所以聚合反应在心材液滴的表面处发生。聚合单体产生低相对分子质量的预聚体，当这个预聚体尺寸逐渐增大后，沉积在心材物质的表面，由于交联和聚合反应的不断进行，最终形成固体的胶囊外壳，生成的聚合物薄膜可覆盖心材液滴的全部表面。

7. 分子包接法

分子包接法的基本原理：利用具有特殊分子结构的β-环状糊精(β-CD)作壁材，包埋其他物质的一种分子水平的微胶囊技术。β-CD是由7个葡萄糖分子以α-1，4糖苷键结合形成的具有环状结构的麦芽低聚糖，其独特的环状空间结构形成了中间部位疏水、外表亲水的特性，当被包埋物的分子尺寸和理化性质与空腔匹配时，在范德华力和氢键的作用下形成稳定的包含物。分子包接法生产的微胶囊产品，在干燥状态下稳定，温度达到200℃也不会分解；在湿润状态下，心材容易释放出来，适应于食品的加香，如包埋香精、香料等，也可包埋微生物、色素、油脂等。

9.2.5 微胶囊技术在食品工业中的应用

微胶囊技术在食品工业中有广泛的应用前景，将食品及原料微胶囊化可以把液态食品固体化，使用更方便，质量更可靠；食品添加剂和营养素的微胶囊化可使添加剂和营养素免受环境影响而变质，而且微胶囊的缓释功能使添加剂和营养素的效能发挥更充分。

1. 食品及食品原料的微胶囊化(如粉末油脂、粉末酒类等)

实例：粉末油脂。

微胶囊化能够对油脂进行有效的保护，降低在保存过程中的氧化哈败，而且极大地提高油脂的使用方便性，最广泛应用的粉末油脂是人们熟悉的咖啡伴侣，产品的保质期可达1年。此外如深海鱼油、小麦胚芽油、γ-亚麻酸、DHA、EPA等含高度不饱和脂肪酸的油脂极易氧化变质，而且带有特殊腥味或异味。通过微胶囊化使其成为固体粉末，不但能有效降低其氧化变质的可能，而且异味也可得到掩蔽。

2. 食品添加剂的微胶囊化(如粉末香精、食用色素等)

(1)粉末香精应用实例

粉末香精已广泛用于固体饮料、固体汤料、快餐食品和休闲食品中，能起到减少香味损失、延长留香时间的作用。如焙烤制品在高温焙烤时香料易被破坏或蒸发，形成微胶囊后香料的损失大为减少，如果制成多层壁膜的微胶囊，而且外层为非水溶性壁材，那么在烘烤的前期香料会受到保护，仅在到达高温时才破裂释放出香料，因而可减少香料的分解损失。

糖果食品，特别是口香糖需要耐咀嚼，常使用含溶剂少的高浓度香料微胶囊。固体汤粉调味品中，使用微胶囊形式的固体香辛料可以把葱、蒜等的强刺激气味掩盖住。

(2)食用色素应用实例

番茄红素微胶囊(喷雾干燥法)，以蔗糖和食用明胶为壁材，质量比为 9∶1。壁材以 400 mL 蒸馏水溶解，番茄红素用氯仿溶解，1 g 番茄红素溶于 10 mL 氯仿；均质 30 min，在均质的同时将氯仿挥发掉，再将此乳化液溶于水，使其固形物含量为 10%～15%。喷雾干燥进风温度 120℃～140℃，出风温度 80℃～100℃。

3. 营养强化剂的微胶囊化(如微量元素、天然维生素等)

实例：大豆磷脂微胶囊(喷雾干燥法)。

称取 100 g 粉末状大豆磷脂，加入 1 000 mL 温水搅拌乳化后，在 40℃水浴恒温下加入 100 g 微孔淀粉在搅拌下进行吸附，然后缓慢加入 10%明胶溶液 400 mL，定容至 1 500 mL，充分混合均匀。喷雾干燥工艺条件为：进料温度 50℃～60℃，进风温度 160℃左右，出风温度 90℃左右。

4. 抗氧化剂的微胶囊化

将抗氧化剂进行微胶囊包埋，可提高耐热性，便于贮存和食品加工，而且减少了在食品中的添加量，降低了毒性，提高了食品稳定性。

5. 与发酵法结合应用

由发酵法生产出来的各种物质可为微胶囊技术的应用提供各种原料。例如，氨基酸可以广泛应用于医药、食品及其调味剂、日用化工等，它可作为抗癌药物制剂、各类调味剂等的原料。而发酵法和微胶囊技术的结合应用，为各类食品及药物制剂的开发生产提供广泛的空间。

6. 微胶囊技术在食品工业中的其他应用

(1)微胶囊技术在乳制品生产中的应用

在乳品生产中，应用微胶囊技术，可生产各种风味乳制品，如可乐乳粉、果味乳粉、姜汁乳粉、发泡乳粉、啤酒乳粉、粉末乳酒及膨化乳制品等。

(2)微胶囊技术用于 DHA 和益生菌等的包埋处理

利用微胶囊技术对功能成分，如 DHA 和益生菌等进行包埋后，对食品的加工以及价值提升具有重要意义。

(3)现在研究比较多的微胶囊

酶解生产微胶囊胡萝卜速溶粉工艺研究；维生素 C 微胶囊的制备及应用；微胶囊化榛仁油的制备工艺研究；调配料微胶囊化技术；斥水微胶囊 DHA 在食品中的应用研究；微胶囊血粉及补血酥；增稠剂在食品微胶囊技术中的应用。

复习思考题

1. 什么叫作超临界流体？

2. 超临界流体有哪些特性？

3. 简述超临界 CO_2 流体的溶解特点和夹带剂的作用。

4. 超临界流体萃取系统的主要构成包括哪些？

5. 结合超临界流体萃取技术的基本原理和特点，你认为该技术最有应用价值的领域有哪些？

6. 简述微胶囊技术、微胶囊造粒的功能和特点。

7. 微胶囊壁材可分为几类？举出实例说明其特性。

8. 简述微胶囊制备方法的分类及其基本原理。

9. 论述喷雾干燥法制备微胶囊的原理和特点。

10. 微胶囊质量的评价项目有哪些？

11. 原位聚合法微胶囊化的聚合反应类型有哪些？

12. 简述喷雾干燥法、相分离法和界面聚合法微胶囊造粒的原理和工艺特点。

参考文献

[1]韩布兴. 超临界流体科学与技术[M]. 北京：中国石化出版社，2005.

[2]马海乐. 生物资源的超临界流体萃取[M]. 合肥：安徽科学技术出版社，2000.

[3]朱自强. 超临界流体萃取的原理和应用[M]. 北京：化学工业出版社，2000.

[4]张德权，胡晓丹. 食品超临界 CO_2 流体加工技术[M]. 北京：化学工业出版社，2005.

[5]廖传华，黄振仁. 超临界 CO_2 流体萃取技术-工艺开发及其应用[M]. 北京：化学工业出版社，2004.

[6]Arai Y，Sako T，Takebayashi Y. Supercritical fluids：molecular interactions，physical properties，and new applications[M]. Berlin，New York：Springer，2002.

[7]吴克刚，柴向华. 食品微胶囊技术[M]. 北京：中国轻工业出版社，2006.

[8]张俊，齐葳，韩志慧. 食品微胶囊、微粉碎加工技术[M]. 北京：化学工业出版社，2005.

[9]许时婴，张晓鸣，夏书芹，等. 微胶囊技术原理与应用[M]. 北京：化学工业出版社，2006.

第 10 章 食品发酵

10.1 食品发酵概述

10.1.1 食品发酵的概念

发酵(fermentation)这一术语最初是由拉丁语 fervere 派生而来的，指的是在发酵过程中产生的鼓泡和类似翻涌的现象。到目前为止，在中国黄酒的酿造和欧洲啤酒、果酒等的发酵中，仍然以起泡现象作为反映发酵进程的指标。随着科学技术的发展，尤其是近代微生物技术的进步，发酵作为一门工程学科不断地发展。

目前，发酵通常是指碳水化合物和碳水化合物类物质在厌氧或需氧条件下的分解，它主要是描述最终产品而不是生化反应的机制。发酵工程是利用微生物的某种特性，通过现代化工程技术手段进行工业规模生产的技术，它包括传统发酵工业(又称为酿造工业，包括白酒、黄酒、葡萄酒、啤酒等酒类以及酱油、食醋、腐乳、豆豉、酱腌菜等成分复杂、风味要求较高的副食佐餐调味品的生产)和现代发酵工业(包括酒精、抗生素、柠檬酸、谷氨酸、酶制剂、单细胞蛋白等成分单一、风味要求不高的产品的生产)。

在食品工业中，发酵通常是指食品原料在微生物的作用下转化为新类型食品或饮料的过程，并把这种类型的食品统称为“发酵食品”。发酵食品是一类在色、香、味、形等方面具有独特特点的特殊食品，它是食品原料(包括其自身的酶)经微生物(细菌、酵母菌和霉菌等)的发酵作用或经过生物酶的作用所产生的一系列特定的生物化学反应及其代谢产物。传统发酵食品工艺中的微生物主要来源于自然界，而现代食品发酵工艺则采用微生物纯培养技术，这种技术不仅能提高原料的利用率，缩短生产周期，而且便于机械化生产，但其产品与传统的名优特产品相比，有的虽然保留了传统产品的某些特点，但其风味却有很大变化，这种现象在白酒、黄酒、酱油、食醋、腐乳、酱腌菜等的生产中较为常见。

10.1.2 食品发酵保藏原理

食品发酵主要是利用能够产酸和产酒精的微生物的生长来抑制其他微生物的生长。

1. 发酵产酸

微生物的发酵产酸不仅可为发酵食品提供柔和的酸味，还可抑制有害微生物的生长繁殖，如肉毒杆菌在 $pH<4.5$ 时就难以生长并产生毒素，因此在高酸性发酵食品中一般不会有肉毒杆菌的生长。发酵产酸是由一些产酸微生物造成的，产酸发酵的类型包括：乳酸发酵、醋酸发酵、其他有机酸发酵等。目前，乳酸发酵主要是用于发酵乳制品和果蔬腌渍品的生产中。发酵乳制品包括酸凝乳、酸奶油以及干酪等。果蔬腌渍品包括腌渍酸菜、泡菜等。在生产这些产品时，大都是利用微生物将乳糖发酵后生成

乳酸，从而降低了制品的pH，在改善了制品的风味、口感和质地的同时，也抑制了有害微生物的生长，从而提高其耐贮性。

食品原料经醋酸杆菌发酵后可生成乙酸，一定浓度的乙酸可以抑制腐败微生物的生长和代谢活动，因而起到防腐作用。食醋以及果醋等发酵食品的生产就是应用了该原理，这类食品的保质期相对较长。

2. 发酵产乙醇

乙醇发酵技术常用于酿酒工业。食品原材料经酵母的发酵作用后，产生一定浓度的乙醇，乙醇除了具有调节和改善风味的作用外，还可以抑制其他有害微生物的生长。

3. 抑制其他腐败微生物的生长

促使产乙醇或产酸的微生物在生长和代谢同时能够抑制和控制分解蛋白质和脂类微生物的生长。一旦发酵糖类的微生物大量繁殖，就能限制其他类型微生物的生长，这不仅是由于它们能产生酸和乙醇，而且还因为它们可消耗食品中的某些组分，否则这些组分会被分解蛋白质和脂类物质的微生物所利用而造成食品的腐败变质。

10.1.3 食品发酵的类型

微生物发酵是一个复杂的生化反应过程，有一系列连续反应并随之产生许多中间产物，需要一系列酶的参与。现代发酵技术是利用微生物的代谢活动过程，经生物转化而大规模地制造各种工业发酵产品，已经形成了一个品种繁多、门类齐全的独立工业体系，在国民经济中占有重要地位。目前，工业发酵类型多种多样，按照不同发酵方式的特点，可将发酵的类型分为以下几种。

①根据发酵过程中是否需要 O_2，将食品发酵分为好氧发酵和厌氧发酵。

②根据发酵过程微生物生长的基质状态，将食品发酵分为液体发酵和固态发酵。

③根据发酵过程是在培养基的表面还是深层进行，将食品发酵分为表面发酵和深层发酵。

④根据发酵工艺类型，将食品发酵分为分批发酵、补料分批发酵和连续发酵。

⑤根据发酵所使用的菌种是否被固定在载体上，将食品发酵分为游离发酵和固定化发酵。

⑥根据发酵所使用的菌种是单一还是混合的，将食品发酵分为单一纯种发酵和混合发酵。

在实际的发酵生产中，大多时候是多种发酵类型同时进行。

10.1.4 食品发酵的微生物

凡是与发酵食品有关的微生物，都可以称为发酵食品微生物。食品发酵过程中涉及的微生物种类繁多，主要可分为酵母菌类、霉菌类和细菌类三大类。

1. 酵母菌类

酵母菌类是一类具有较大经济价值的微生物，它们与食品发酵工业的关系密切，酒类、酱油、食醋及各种发酵豆制品的风味形成等过程都需要利用酵母菌的发酵作用。

酵母菌可将葡萄糖、果糖和甘露糖分解后生成乙醇和甘油，有些酵母菌也能利用半乳糖；酵母菌一般不能利用戊糖；双糖、三糖，如蔗糖、乳糖、棉籽糖等能被一些酵母菌全部或者部分发酵。千百年来，酵母菌及其发酵食品大大改善和丰富了人类的生活，例如酵母菌参与的各种酒精饮料、酱油、食醋、馒头、面包等。

以啤酒为例，啤酒是以大麦芽和具有芳香气味的啤酒花为主要原料，经糖化后，由啤酒酵母发酵而成的一种含二氧化碳的低浓度酒精饮料。用于酿造啤酒的啤酒酵母主要有两类：上面酵母和下面酵母。其中上面酵母呈圆形、卵圆形或腊肠形，通常细胞长宽比为1∶2。该种酵母在啤酒酿造过程中，易漂浮在泡沫层中，在液面发酵和聚集，因此这类酵母又称为上面发酵酵母。下面酵母在啤酒发酵结束时沉于容器底部，因此又称为下面发酵酵母。啤酒的上面发酵指的是利用上面酵母在较高温度下进行发酵，而下面发酵则是指利用下面酵母在较低温度下进行发酵。我国啤酒酿造通常为下面发酵。

在食醋酿造过程中，酵母菌首先利用单糖进行酒精发酵，为醋酸菌合成醋酸提供前体物质；而在醋酸发酵阶段，酵母菌发生自溶并释放出营养物质，供其他微生物利用。

2. 霉菌类

霉菌广泛分布于自然界，大量存在于土壤和空气中。在食品加工业中用途十分广泛，许多酿造发酵食品、食品原料的制造，如豆腐乳、豆豉、酱油、柠檬酸等都是在霉菌的参与下生产加工出来的。霉菌能将加工原料中的碳水化合物、蛋白质和其他食品中的组分进行转化，制造出多种多样的食品、调味品及食品添加剂。不过，在许多食品的生产中，除了有霉菌的参与，还要有细菌、酵母菌的共同作用才能完成。在食品生产中可利用的霉菌很多，主要有根霉、毛霉和曲霉。

利用毛霉进行豆腐发酵可以制作霉菌型腐乳，四川的豆豉也是利用毛霉进行发酵制得的大豆制品。食醋的酿造过程中也有霉菌参与，其主要作用是降解蛋白质、多糖等大分子物质。而在酒曲中霉菌主要起糖化作用，曲霉、根霉、红曲霉等具有较高的糖化能力。

红曲霉是红曲发酵中的主要菌群。在发酵过程中，红曲霉以熟米为底物，发酵产生醇、酯、酸等多种初级代谢产物类的芳香物质和多种水解酶类，如淀粉酶、蛋白酶、半乳糖酶、核糖核酸酶等，产生优质香气和甘甜味道。红曲霉能够代谢产生多种有益物质，如天然红曲色素、莫纳可林K(Monacolin K，也称洛伐他汀)、γ-氨基丁酸等。因此，红曲霉也被广泛应用于食品发酵行业，用于酿制红酒、红露酒、曲醋、红腐乳等。

3. 细菌类

细菌是自然界中分布最广、数量最多的一类微生物，在发酵食品工业中应用十分广泛。其中，常用的细菌主要有乳酸菌、醋酸杆菌、芽孢杆菌等。各种发酵细菌被广泛应用于酿酒、酱制品发酵、提取酶制剂等。

乳酸菌是一类无芽孢的革兰阳性细菌，种类繁多，跨越多个菌属，它们利用糖类物质进行发酵，其主要发酵产物为乳酸。乳酸菌在众多食品的发酵制作过程中都扮演着重要的角色，其中包括乳制品、肉制品、豆制品、泡菜、醋、酒、面制品等。由于乳酸菌自身具有许多重要的生理功能，同时乳酸菌在食品发酵过程中能代谢产生一些对人体有利的生理活性物质，能增加发酵食品的功能特性，因此乳酸菌发酵制品对人体健康十分有益。例如，饮用乳酸菌发酵制品可提高机体对钙、磷、铁的吸收，防止婴儿佝偻病及老人骨质疏松症等；乳酸菌发酵饮料等中的乳酸菌进入肠道后，大量增殖产生乳酸、乙酸等有机酸，对肠道有刺激增强蠕动的作用，从而改善机体的便秘状况；许多乳酸菌发酵制品还具有抗癌、防癌、抗衰老等作用。

醋酸杆菌是一类能使糖类和乙醇氧化成醋酸的革兰阴性菌的总称。醋酸杆菌的一般特征为：细胞椭圆到杆状，直或稍弯曲，单生，成对或成链排列。有些退化型的菌种可呈球状、分支、棍棒形等其他形态。其运动细胞鞭毛周生或极生，无芽孢形成，严格好氧。醋酸杆菌是食醋生产中参与发酵的重要微生物，具有较强的氧化能力，能将乙醇氧化为醋酸，在食醋酿造中构成食醋的主体成分，并可将醋酸和乳酸进一步氧化成二氧化碳和水。

芽孢杆菌属的菌株细胞呈杆状，革兰阳性菌，或在生长初期为革兰阳性，一般为好氧菌或兼性厌氧菌，有些是严格厌氧菌。这一菌属的菌株生理特性呈多样化，嗜冷、嗜热、嗜酸、嗜碱甚至嗜盐的菌株都有。它们的最适生长温度为25℃～40℃，最低可在5℃～20℃生长，最高可在35℃～55℃生长。细胞直径为0.4～1.8 μm，长0.9～10.0 μm。芽孢杆菌在纳豆、白酒酿造过程中发挥着重大作用。纳豆是盛行于日本的一种传统发酵食品，一直是日本国民膳食结构的主要组成部分。它是由蒸煮后的大豆接种纳豆芽孢杆菌后发酵而制成的一种大豆发酵食品，迄今已有2 000多年的历史。纳豆芽孢杆菌是枯草芽孢杆菌的一个亚种，细胞大小为0.7～0.8 μm，是革兰阳性菌，属于好氧菌中的非致病菌。纳豆芽孢杆菌能分泌多种酶分解蛋白质、碳水化合物和脂肪等大分子，产生氨基酸、有机酸、寡糖等多种易被人体吸收的成分，赋予纳豆特殊的香气和口感。在纳豆芽孢杆菌发酵纳豆的过程中还会产生一些生理活性物质如纳豆激酶、凝乳酶、维生素K、多聚谷氨酸等，使发酵后的纳豆具有多种保健功效，如抗肿瘤、降血压、抗菌、降血糖和抗氧化等。白酒是独具中华传统文化特色的一种发酵食品。白酒发酵过程中芽孢杆菌是细菌中的优势菌群，可以利用淀粉、蛋白质等大分子物质，代谢产酸和产生香气物质。对清香型小曲酒微生物组成进行分析时发现，小曲酒中细菌的种类较多，主要以芽孢杆菌属和乳酸菌为主。

10.1.5　发酵食品的分类

1. 按发酵原料分类

根据所使用的发酵原料的不同，发酵食品可分为以下几个大类：发酵谷类食品(如馒头、包子、发酵米粉、醋、面酱等)、发酵酒精饮料、发酵豆类食品(如豆豉、酱油、腐乳等)、发酵蔬菜(如酸菜、泡菜等)、发酵乳制品(如酸奶、干酪等)和发酵肉制品(如腌鱼、香肠等)。

2. 按发酵产物分类

根据发酵的终产物可将发酵食品分为两大类：有机酸发酵(如乳酸、醋酸及其他食用酸)和酒精及二氧化碳发酵(如酒类、面包等)。

3. 按发酵工艺分类

根据发酵工艺的不同，发酵食品可分为传统发酵食品和现代发酵食品两大类。传统发酵食品通常有较长的生产历史，最初只是作为一种保存食物的方法，具有原料复杂、地区特异性、季节性、发酵过程比较粗犷等特点。自然界中存在的微生物种类繁多，受环境因素和气候条件的影响，具有地方特性。因此，许多国家和地区都有着具有当地特色的传统发酵食品。例如，中国的酱油和腐乳，日本的纳豆和清酒，韩国的泡菜以及欧美国家的香肠、酸奶和干酪等。

而现代发酵食品是采用纯菌种发酵，利用自动发酵罐控制发酵过程，使产品的生产过程更加简单可控，也更易复制，例如，经现代发酵工艺生产的馒头、面包、酸奶、干酪、酒酿、泡菜、酱油、食醋、豆豉、黄酒、啤酒、葡萄酒等都属于现代发酵食品。现代发酵工艺则是利用现代生物技术和机械设备进行分析发酵菌株的分离、选育和改良，人为控制菌种比例和添加量，将工艺过程控在最适发酵条件，使发酵食品的生产周期大大缩短，产量高，产品质量稳定，因此更能满足人民日益增长的需求。

此外，按照发酵工艺的不同，发酵食品还可分为好氧发酵食品、厌氧发酵食品和兼性厌氧发酵食品三大类。常见的好氧发酵食品有醋、酱油等，常见的厌氧发酵食品有酸奶、酒类等。

10.1.6 我国传统发酵食品产业现状及发展趋势

开门七件事，“柴米油盐酱醋茶”，传统发酵食品与人民群众生活息息相关，且是具有鲜明中华文化特色的民生产业。传统发酵食品工业因其工艺传统、风味独特、富有民族特色，得到人民群众的广泛喜爱并获得持续稳定发展。传统发酵食品工业不仅在食品工业中占比高、社会影响大，而且日益成为我国轻工食品领域的一张文化名片而被国际社会所关注。

1. 我国传统发酵食品产业发展的现状

我国传统发酵食品种类繁多，按原料不同主要分为发酵谷物、发酵豆类、发酵茶、发酵乳、发酵蔬菜、发酵肉类等，集中在酒业、调味品两大行业，生产企业则遍布全国。传统发酵食品通常采用开放式混菌发酵体系，受环境影响较大，极富区域和工艺特色。当前主要的传统发酵产业按产值排名，前5名分别是白酒、酱油、黄酒、料酒、食醋(表10-1)。这些产品的共有工艺特点是基于复杂的发酵微生物群落代谢，发酵周期较长，代谢产物组成复杂且风味独特。

相比国际上先进的发酵食品产业，我国传统发酵食品产业仍较多地采用多菌种混合固态发酵、手工或半机械化操作，生产效率低且能耗高，存在产品质量不稳定、环保压力大等问题；同时相关企业的研发投入较少，行业集中度低，核心技术不强，市场竞争力亟待提升。

表 10-1 我国传统发酵食品产业营收状况

产业	营收/亿元				
	2016 年	2017 年	2018 年	2019 年	2020 年
白酒	6 162.0	5 654.0	5 364.0	5 617.0	5 060.0
黄酒	198.2	195.8	167.0	173.0	177.0
料酒	78.5	90.7	109.0	130.0	150.0
酱油	760.0	836.0	920.0	1 000.0	1 100.0
食醋	65.8	78.5	94.8	104.0	114.0

2. 我国传统发酵食品产业存在的问题

(1)产业研发创新投入不足

我国传统发酵食品产业的发展由以家庭为单位的小作坊式生产模式逐步向工业化高度集成的工厂生产模式发展，纵观产业发展历程，对研发创新的重视程度及实际投入始终处于低位。

(2)产业整体能耗高、环保压力大，绿色制造体系不完善

我国传统发酵食品产业始终存在能耗高、环保压力大、新技术应用不足的问题。产业细分领域的龙头企业在转型升级方面聚焦于加强资源利用、提升清洁生产水平，而对于绿色制造核心技术研究与应用创新关注较少。相关的中小企业升级能力严重不足，基本处于被动应付状态，且业内不同细分领域之间发展不均衡。

(3)产业智能制造转型处于初级阶段，核心装备进口依赖度偏高

我国传统发酵食品产业生产技术水平整体较低，工艺个性突出，发酵阶段不仅具有流程性制造过程不间断的特征，而且微生物反应使得体系组分不断变化。引入的智能制造系统需要同时具备实时感知、主动决策(甚至自主决策)能力，较高的技术和设备要求导致体系化构建较为困难，因而国产成套通用装备匮乏，核心关键装备依赖进口。我国传统发酵产业缺乏明确的、具有可操作性的智能化升级路径，智能制造体系不完善，关键共性技术研究不充分，软硬件衔接研究与应用尚不成熟。

(4)产业离散度高，企业盈利能力不足

从传统发酵食品产业的发展历史沿革看，行业呈离散型分布，中小企业数量占比高，整体技术水平较低，抗风险能力较弱。近年来，我国传统发酵食品产业总产值和利润保持了3%～5%的年增长率，但不同行业之间差异较大。以产业内体量最大的白酒行业(体量占比约为70%)为例，近5年销售总额稳定在5 500亿～6 500亿元，但行业整体亏损面接近10%。

3. 我国发酵食品的发展趋势

近年来，随着居民消费能力不断提升，健康饮食观念逐渐增强，加上发酵食品具有一定的保健功能，使得市场对发酵食品的消费需求居高不下，不断推动着行业持续向好发展，我国发酵食品的发展趋势主要表现为以下几个方面。

(1)开发具有较高安全性与稳定性的发酵食品及生产用微生物

在发酵食品微生物的菌种选育过程中，首先要注重安全性，用于发酵食品生产的微生物菌种本身是安全的，为非致病菌，应保证其代谢产物也不含毒素，由其生产的发酵食品对人体不能有任何损害；其次，应确保发酵菌种的遗传稳定性，只有生产性能稳定的菌种，才能保证产品质量均一稳定。

(2)开发个性化的发酵食品及生产用微生物

在开发发酵食品及生产用微生物的过程中，应重视产品的个性化，突出优势，根据产品所要求的不同特性，研究生产具有个性化的微生物发酵剂，且保存、运输及使用方便，质量稳定，价格适中，产品的针对性及个性化强。同时，发酵食品要首先考虑顾客的爱好，让产品最大限度地符合顾客和市场的需要。

(3)开发具有功能性的发酵食品

功能性发酵食品主要是以高新生物技术(包括发酵法、酶法)制取的具有某种生理活性的物质，生产出能调节机体生理功能的食品，使消费者在享受美味的食物同时，也受益于保健的作用。

10.2 食品发酵的工艺流程及其影响因素

10.2.1 食品发酵的一般工艺流程

1. 发酵原料及其预处理

发酵工业所用原料通常以糖质或淀粉质等碳水化合物为主，再加入少量的氮源，选用的原料多为玉米、薯干、谷物、米糠、豆粕等相对廉价的农产品，在使用前通常需要将这些原料进行粉碎、压榨等。而针对淀粉含量较高的原料，如高粱、大米等在进行酒类酿造时，还需要将淀粉进一步分解为可供酒曲中的微生物直接利用的葡萄糖等。

2. 发酵培养基的配制和灭菌

微生物的生长、繁殖需要不断地从外界吸收营养物质，以获得能量并合成新的物质。因此，培养基的配制需与相应的发酵微生物的需要相适应。培养基的成分通常包括碳源、氮源、磷源、硫源、无机离子、生长因子、水分等，此外还可以根据需要添加促进剂或抑制剂。同时，培养基中碳氮比、pH等也会对菌体的代谢产生影响，应加以控制。待培养基的组分及各组分的相关比例确定后，即可进行配制。培养基配制好后，一个重要的工作就是对其进行灭菌，以杀灭杂菌，保证所接种生产菌的纯度。对培养基进行灭菌，采用高压水蒸气直接加热灭菌的方法，一般是121℃保温20～30 min，然后冷却。

除培养基需要灭菌外，发酵设备和通入的空气也需要灭菌。发酵设备的灭菌常采用实灌灭菌法，即与发酵培养基一起灭菌；若发酵培养基采用连续灭菌法，则发酵设备要先用无菌蒸汽进行灭菌。对空气除菌常采用高空采风或加强吸入空气的前过滤等预处理后，再对其进行除菌。空气除菌方法包括辐照法、加热法、静电法、过滤法等，其中过滤法更经济实用，是目前最常用的空气除菌方法。

3. 菌种的活化及扩大培养

菌种使用前，通常处于保藏状态(常见保藏方式为斜面保藏、沙土管保藏、液状石蜡封存或真空冻干)。保藏一段时间后，菌种可能处于休眠状态，因此使用前，须先对其进行活化和扩大培养。通常的做法是将生产菌种接入试管斜面活化后，再通过摇瓶或茄形瓶制备一定数量的优质纯种微生物，即制备种子。种子必须是生命力旺盛、无杂菌的纯种培养物。种子数量要适当，接种体积要达到发酵罐体积的1%～10%。因此，需要根据发酵容器的大小，对种子进行逐级扩大培养以适应生产需要。

4. 发酵

发酵过程是发酵工业中最重要的一步，其间涉及氧的传递、发酵温度的控制、pH的控制、物料补加、微生物发酵动力学等一系列操作和过程。制订合理的发酵工艺，并加以严格控制，保障发酵微生物的高效运行，避免杂菌的污染，对发酵的顺利进行及保证发酵物的产量非常重要。

5. 发酵产品及其分离提纯

不同的发酵工艺会产生不同的发酵产品，常见的发酵产品包括完整的细胞、酶制剂和各种代谢产物(包括有机酸、氨基酸、溶剂、抗生素、药用蛋白质、维生素等)。

发酵产物大多数经微生物代谢分泌到细胞外，但有些发酵产物在细胞培养过程中不能分泌到细胞外的培养液中，而保留在细胞内，故需先对其进行细胞破碎，使细胞内产物释放出来。具体的破碎方法有机械法(如压力法、研磨法、超声波法等)和非机械法(如酶法、化学法、物理法等)两类。

发酵产物分离的方法有沉淀分离、树脂分离、离子交换、萃取分离、膜分离等。发酵产物分离后，还需要采用蒸发、结晶、干燥等技术进行提纯。

6. 发酵副产物及废物处理

从发酵液中提取的产品，仍残留未被利用的培养基成分、菌体蛋白及各种代谢产物等，若不加以处理而直接排放，势必对环境造成影响。因此，发酵完成后应对发酵废物进行无害化处理。目前利用发酵废物生产单细胞蛋白和利用发酵纤维质废物生产乙醇的工艺已较为成熟，而针对发酵工业废水的处理，则视其对氧的需求，分别采用活性污泥法或消化法，待达到工业废水排放的相关国家标准方可排放到环境中。

10.2.2 发酵对食品品质的影响

当对食品进行发酵时，微生物会从它所发酵的食品组分中获得能源，因此，食品的成分就受到了一定程度的氧化。与未进行发酵的食品相比，发酵食品虽然损失了原有的一部分营养成分，但也提高了其他的某些营养成分。这是由于微生物不仅可将食品中的复杂物质进行分解，而且还进行着新陈代谢，可合成多种人体必需的维生素。例如，工业上生产的核黄素、维生素B_{12}和维生素C的原始化合物大多是由特种发酵而制成的。同时发酵可将植物结构和细胞中不易消化的营养素释放出来，从而提高食品的营养价值，这主要是借助于微生物酶的生化作用将这些不易消化的保护层和细胞壁分解掉。发酵还可以将人体不易消化的纤维素、半纤维素和类似的聚合物在酶的作用下分解成简单糖类和糖的衍生物，从而增加食品的营养价值。当然，在这些变化过程中，食品原来的质地和外形也同时发生变化，因而，与发酵前相比，发酵食品的状态有显著差异。

发酵不仅为人类提供了花色、品种繁多的食品，改善了人类的食物结构，还延长了食品的保藏时间。许多食品的最终发酵产物，特别是酸和醇，能抑制引起食品腐败变质的菌种生长，同时还能阻止或延缓混杂在食品中的致病微生物和产生有毒化合物的微生物的生长活动。食品发酵过程所使用的温和条件很少产生像其他食品加工单元操作那样的风味和营养品质的剧烈变化。一般情况下，物料中蛋白质和碳水化合物的变化还会使发酵食品变软，发酵食品的风味和口感的变化通常也很复杂。

1. 提高营养价值

食品发酵时，微生物能够利用它所发酵的成分来获得能源，食品的成分受到一定程度的氧化，以致食品中可供人体消化利用的能量减少。发酵时还会产生发酵热，使介质温度略有升高，从而相应地消耗掉一些能量，这些能量原为食品能量中的一部分，不再可能成为人体有用的能源。因此，从这方面来看，看似发酵降低了食品的营养价值。但实际上，发酵非但没有降低食品原有的营养价值，反而使其有所提高。

(1)食品的原辅材料经微生物发酵后，会在最终产品中形成许多种对人体生长、发育、健康起一定作用的营养物质，甚至其中有些营养成分是其他食品中没有或含量很低的，如一些可食用微生物菌体、维生素、氨基酸等。通过发酵，有些人体不易消化吸收的大分子物质发生降解，提高了其消化吸收率，如蛋白酶对蛋白质的分解、淀粉酶对淀粉的分解、脂肪酶对脂肪的分解、纤维素酶对纤维素和类似物质的分解等，而且可以消除一些食品中的抗营养因子。

(2)发酵能将封闭在植物结构和细胞中的营养成分释放出来，这种情况多出现在谷类和种子类食品中。研磨过程能将许多营养成分从被纤维或半纤维结构环绕的内胚乳中释放出来。然而，在许多欠发达国家中，粗磨往往不足以释放此类植物产品中所有营养成分，甚至在煮制后，一些被截留的营养成分仍然不能被人体有效地消化吸收。发酵作用，尤其是由某些霉菌产生的发酵作用能分裂在物理和化学意义上不可消化的外壳和细胞壁。此外，霉菌生长时的菌丝能穿透食品结构，改变了食品的结构，使煮制水和人体消化液更易透过此结构。酵母菌和细菌的酶作用也能产生类似的效果。

(3)发酵过程中，一些益生菌由于生长条件适宜而大量生长繁殖，如乳酸菌、双歧杆菌等。乳酸菌在肠道中的繁殖可以抑制病原菌的生长繁殖，促进人体分泌消化酶和肠道蠕动，降低血清胆固醇的含量，活化NK细胞(natural killer cell，机体重要的免疫细胞)，增强人体免疫力；双歧杆菌在肠道中的代谢活动可产生乙酸和L型乳酸，易被消化吸收，能促进胃肠道蠕动，防止便秘和消化不良，并且有机酸能降低肠道pH，抑制腐败菌的生长，减少致癌物的产生和肝脏对吲哚、甲酚、胺等的解毒压力，促进人体正常的代谢。

2. 改善食品的风味和香气

在发酵食品生产过程中，适当的微生物发酵会产生许多给产品带来良好风味的呈味和香气成分，如泡菜生产中产生的乳酸，蛋白质水解时产生的多肽和氨基酸，酒类生产中产生的醇、醛、酯类物质等。这些呈味和香气成分使发酵后的食品比其所用的原料更富有吸引力。

3. 改变食品的组织结构

在某些发酵食品中，微生物的活动也能改变食品的组织结构。面包和干酪便是这方面的两个实例，如酵母发酵所产生的二氧化碳可使焙烤面包形成蜂窝状结构。在制造某些干酪时，由于乳酸菌产生的二氧化碳不断地滞留在凝乳中，使干酪出现了许多小孔。当然，上述这些伴随着原始食品物料的结构和外形的重大变化，不能被认为是质量上的缺陷，恰恰相反，由于这些变化使得发酵食品更受消费者的欢迎。

10.2.3 影响食品发酵的因素及控制方法

在影响微生物繁殖和代谢的许多因素中，最常采用的控制食品发酵过程的因素包括原料、酸度、酒精含量、发酵剂、温度、含氧量和食盐。这些因素还决定发酵食品在此后储藏期间可能繁殖的微生物的种类。

1. 原料

各种微生物对营养物质都有一定的嗜好性，所以发酵原料的主要成分会对存在的微生物进行选择。例如以淀粉为主料时，能利用淀粉的菌类(如根霉、黑曲霉等)生长就会占优势，若以富含蛋白质的黄豆作为主料时，则对蛋白质分解能力强的微生物占优势。牛乳中可利用的碳水化合物主要是乳糖，所以它就选择能分解乳糖的乳酸菌作为优势菌，因此，从这个角度上分析，发酵原料也是一种选择性的培养基。传统工艺就是利用这种选择作用，巧妙地调配成分不同的原料，把自然界带入的各种野生菌，在发酵机制中进行选择性富集培养，这些微生物的生长和代谢结果就能生产出特有风味的食品。

2. 酸度

不同的微生物各自有其最适宜生长的 pH 环境，一般来说，细菌喜好偏中性的 pH，霉菌和酵母菌适宜微酸性，放线菌则适宜微碱性。对于大多数微生物来说，当环境 $pH<2$ 时，便受到抑制，不能生长。因此，不论是食品原有的成分、外加的成分还是发酵后产生的成分，酸都具有抑制微生物生长的作用。因为高浓度的氢离子，可以降低细菌原生质膜外面的蛋白质的活性，这些蛋白质包括与输送溶质通过原生质膜相关的蛋白质和催化导致合成被膜组分反应的酶，从而影响了菌体对营养物的吸收；另外，高浓度的氢离子还会影响微生物正常的呼吸作用，抑制微生物体内酶系统的活性。含酸食品虽然有一定的防腐能力，但是有氧存在时，表面上也可能会有霉菌生长，霉菌会将酸消耗掉，导致食品失去防腐能力，于是在这类食品表面上就会逐渐发生脂肪降解和蛋白质降解现象。

3. 酒精含量

酒精与酸一样，都具有防腐作用。这是由于酒精有脱水作用，它可以使菌体蛋白脱水变性。另外，酒精还可以溶解菌体表面的脂质，起到机械除菌的作用。酒精的防腐能力取决于酒精的浓度，不同的微生物对酒精的耐受程度不同，即使是酵母菌也不能忍受它自己所产生的超过某一浓度的酒精及其他发酵产物，体积分数12%～15%的酒精就能抑制酵母菌的生长。一般发酵饮料酒精含量仅为9%～13%，这样的发酵饮料缺少防腐能力，还需要对其进行巴氏杀菌才能长时间保藏。如果在发酵饮料中加入酒精使其含量达到20%，则无须杀菌处理也可防止变质和腐败。葡萄酒的酒精含量一定程度上取决于葡萄的原始含糖量、酵母菌的种类、发酵的温度和氧气的含量，其中酵母的种类是一个重要因素。虽然酒精对所有酵母菌都有抑制作用，但作用的大小与酵母的耐受力有关。不过，有些细菌可以耐受较高浓度的酒精，如乳酸菌在26%的酒精浓度下仍能生长。

4. 发酵剂

为了使发酵目的产物高产、稳产和速产，对发酵生产所用的菌种就有许多要求。如果在发酵开始时加入大量预期菌种，它们就能迅速生长繁殖，并能抑制其他杂菌的生长，促使发酵向着预定的方向发展。例如，在和面时加入酵头(俗称面肥)，在葡萄汁中放入发酵旺盛的酒液，在新鲜牛乳中放入已经发酵的酸奶。这种使用酵种的方法沿用至今。不过，随着人们对微生物及其代谢产物的认识越来越深，许多发酵产品的生产已改用预先培养的菌种，即发酵剂。它可以是纯菌种，也可以是混合菌种。目前许多国家都已经生产出优良的葡萄酒活性干酵母产品。干酵母产品除了基本的酿酒酵母外，还有抑菌性酿酒酵母、二次发酵用酵母、增香酵母、高酒精产量酵母等许多品种。但是，在具体的食品发酵过程中，食品中存在各种各样的酶和微生物，同时食品本身差异也很大，因而实际的发酵过程非常复杂。

5. 温度

不同微生物的最适生长温度不同，因而在食品发酵过程中可通过调节温度来控制不同类型的发酵作用。温度起伏会影响微生物的生长繁殖。例如，温度为0℃时，牛乳中少有微生物活动；4.4℃时，微生物生长缓慢，牛乳容易变味；温度达到21.1℃时，乳酸链球菌生长比较突出；37.8℃时，保加利亚乳杆菌生长迅速；温度升高至65.6℃时，嗜热乳杆菌能够生长，其他微生物基本死亡。在混合菌种发酵时，可以通过调节发酵温度使不同类型的微生物的生长速率得到控制，从而达到需要的发酵效果。

6. 含氧量

根据微生物对氧气的需求情况，可将它们分为以下5类：需氧微生物、兼性需氧微生物、微量需氧微生物、耐氧微生物和厌氧微生物。

需氧微生物需要氧气供呼吸作用，没有氧气则不能生长。但过高的氧浓度对需氧微生物也是有毒害作用的，很多需氧微生物不能在氧气浓度大于大气中氧浓度的条件下生长。绝大多数微生物都属于这一类型。一般地讲，霉菌是需氧性的，在缺氧条件下不能存活，所以控制缺氧条件是控制霉菌生长的重要途径。例如，真空包装食品就可以抑制霉菌的繁殖；而腐乳、酱油等就需要有充足的氧供应，以确保发酵的进行。

有些微生物只能在无氧的环境中进行呼吸，称为厌氧呼吸，这种微生物称为厌氧微生物。

兼性需氧微生物在有氧或无氧存在的情况下都能生长，但所进行的代谢途径不同。在有氧存在的条件下，兼性需氧微生物进行有氧呼吸。例如，酵母菌在有氧呼吸时繁殖远超过发酵活动；在无氧存在的条件下，酵母菌则进行酒精发酵，将糖分转化成酒精。如葡萄酒酵母、啤酒酵母和面包酵母，它们在通气情况下就会大量繁殖，在缺氧条件下它们能将糖分迅速发酵。

根据对氧需求的不同，细菌可分为需氧型、厌氧型或兼性厌氧型。醋酸菌是需氧菌，它们在缺氧条件下难以生长，因此，酿醋时要先让酵母菌在缺氧条件下将糖转化成酒精，然后再在通气条件下由醋酸菌将酒精氧化生成乙酸。乳酸菌为兼性厌氧菌，它在缺氧条件下才能将糖分转化成乳酸。肉毒杆菌为专性厌氧菌，它只有在完全缺氧的条件下才能良好生长。

由以上讨论可以看出，适当地提供或切断氧气的供应，可以促进或抑制(发酵)菌的生长，同时可以引导发酵生产向预期的方向发展。

7. 食盐

各种微生物的耐盐性并不完全相同，在选择和分类细菌时就常利用它们的耐盐性作为依据。在其他参数相同的条件下，加盐量不同即可控制微生物及它们在食品中的发酵活动。因此，食品发酵时可用盐作为选择适宜微生物进行生长活动的手段，也就是说盐可作为一种防腐剂。同时，盐也可作为一种呈味剂，它会影响发酵食品的咸味，还会影响食品发酵过程中微生物的生长代谢活动，从而直接和间接地影响发酵食品的风味。

乳酸菌、酵母菌和霉菌对盐有一定耐受度，但盐的抑菌作用会影响乳酸菌、酵母菌、霉菌的生长繁殖，盐浓度越高，抑制作用越强。

许多发酵食品都是利用这种酸和盐的互补作用来加强对细菌的抑制作用的。脂肪分解菌等同样也会在酸和盐的互补作用下受到抑制，不过这些菌对酸比对盐敏感得多。如果耐盐的霉菌和能利用酸的菌生长以致发酵食品中酸度下降，那么脂肪分解菌等就会大量生长而导致食品腐败。

食盐的主要成分是氯化钠，此外还含有一些其他盐类成分，如钙、镁、铁的氯化物等。虽然，所有的阳离子都能对微生物产生毒害作用，但从食品质量和安全性方面考虑，这些杂质应越少越好。

10.3 食品发酵工艺举例

10.3.1 食醋

1. 定义及分类

食醋是以粮食、果实、酒类等含有淀粉、糖类、酒精的原料，经微生物发酵酿造而成的一种液体酸性调味品。根据加工工艺分为酿造食醋和配制食醋。酿造食醋是指单独或混合使用各种含有淀粉、糖的物料或酒精，经微生物发酵酿制而成的液体调味品。酿造食醋根据发酵工艺分为固态发酵食醋和液态发酵食醋。配制食醋是以酿造食醋为主体，与冰乙酸(食品级)、食品添加剂等混合配制而成的调味食醋。

2. 食醋的酿造原理

食醋的酿造过程以及风味的形成是由各种微生物所产生的酶引起的一系列生物化学反应的结果。食醋酿造分为淀粉的水解、酒精发酵和醋酸发酵 3 个主要过程。

(1)淀粉的水解

淀粉的水解是将大米、薯干、高粱等原料，经过粉碎使细胞膜破裂，再经蒸煮糊化，加入一定量的淀粉酶，使糊化后的淀粉变成酵母能够发酵的糖类。淀粉转化为可发酵性糖类物质的过程称为糖化。糖化发酵时所用的酶包括 α-淀粉酶、糖化酶、转移葡萄糖苷酶、果胶酶、纤维素酶等。由于这些酶的协同作用，使淀粉分解生成发酵性的糖，即葡萄糖、麦芽糖，再由酵母发酵生成酒精。还有少部分非发酵性糖可变为残糖而存在醋中，使食醋带有甜味。

(2)酒精发酵

淀粉水解后生成的大部分葡萄糖被酵母菌细胞吸收后，在细胞内一系列酶的作用下，完成糖代谢过程，生成乙醇和二氧化碳。根据计算，1 分子的葡萄糖生成 2 分子的酒精和 2 分子的二氧化碳。发酵还会产生甘油和琥珀酸、醋酸、乳酸等副产物，是食醋香味的来源。

(3)醋酸发酵

醋酸发酵是依靠醋酸菌的作用，将酒精氧化生成醋酸，并放出热量。其反应为

$$C_2H_5OH + O_2 \longrightarrow CH_3COOH + H_2O$$

理论上，1 kg 酒精能生成纯醋酸 1.304 kg。在实际生产中，由于醋酸的挥发、氧化分解、酯类的形成、醋酸被醋酸菌作为碳源消耗等原因，难以达到理论值。为了计算方便，一般以 1 kg 酒精大致生成 1 kg 醋酸的比例计算，就是说 1 L 酒精可以生成 20 L 醋酸含量 5%的食醋。

3. 食醋加工工艺及操作要点

食醋加工工艺流程如图 10-1 所示。

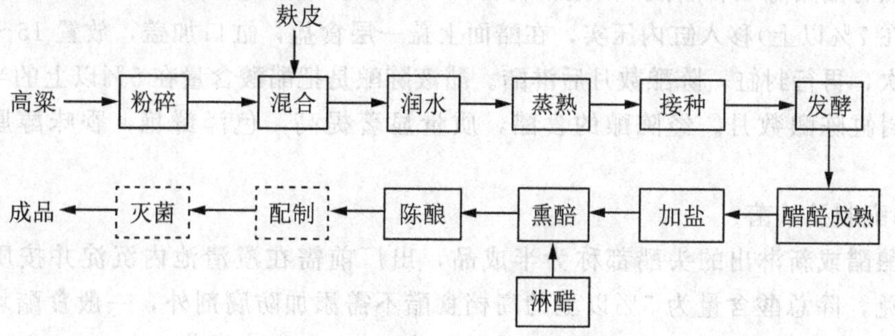

图 10-1　食醋加工工艺流程图

(1)原料处理

将薯干(或高粱、碎大米)粉碎，加入麸皮和谷糠混合，加入混合料质量2～3倍的水，迅速翻拌均匀，使物料吸水均匀；润水后，进行蒸料；蒸好的料需用机械打碎结块，冷却至30℃～40℃。

(2)淀粉糖化及酒精发酵

在冷却的熟料中加入混合干料总重量60%的冷水，同时加入酒母和打碎的麸曲，充分翻拌，制成含水量为60%～62%的醅。把醅移入缸中并压实，入缸醅温为24℃～28℃，室温为28℃左右。醅入缸的第二天，当品温升至38℃～40℃时，进行第一次翻醅(也称倒缸)。发酵期间温度控制在35℃以下，发酵5 d(冬季可延长至7 d)，至酒醅中酒精含量达7%～8%。

(3)醋酸发酵

醋酸发酵是在酒醅成熟后，在酒醅中拌入谷糠和醋酸菌种子醅，并充分混匀制成醋醅，继而进行的。在醋酸发酵期间，温度控制在38℃～41℃，每天翻醅1次。一般每经24 h后可使醅面品温高达40℃以上，而中层、底层品温与表面比较相差很大，所以每天必须进行翻醅调温，使表层品温不致过高，同时使中层、底层醋醅也能接触空气，使发酵顺利进行。当品温下降至35℃左右时，醋酸发酵基本结束，应及时向醋醅内加盐，并拌匀，再放置2 d进行后熟。醋酸发酵周期一般为10～20 d。

(4)淋醋

淋醋采用三循环法(也称三次套淋法)，即用二醋浸泡成熟醋醅20～40 h，淋出头醋，剩下的渣子为头渣；用三醋浸泡头渣20～24 h，淋出二醋，剩下的渣子为二渣；用清水浸泡二渣，淋出三醋，剩下的渣子为三渣，三渣可作饲料。头醋为半成品，二醋和三醋用于淋醋时浸泡。

(5)熏醋

熏醋是把发酵成熟的醋醅放置于熏醋缸内，缸口加盖，用文火加热至70℃～80℃，每隔24 h倒缸1次，共熏5～7 d，所得熏醅具有其特有的香气，色红棕且有光泽，酸味柔和，不涩不苦。熏醅后，可用淋出的醋单独对熏醅浸淋，也可对熏醅和成熟醋醅混合浸淋。

(6)陈酿

陈酿有醋醅陈酿和醋液(半成品)陈酿两种方法。醋醅陈酿是把加盐的成熟醋醅(醋酸含量在7%以上)移入缸内压实，在醅面上盖一层食盐，缸口加盖，放置15～20 d后翻醅1次，再行封缸，陈酿数月后淋醋。醋液陈酿是把醋酸含量在5%以上的半成品醋(头醋)封缸陈酿数月。经陈酿的食醋，质量显著提高，色泽鲜艳，香味醇厚，澄清透明。

(7)配制及杀菌

陈酿醋或新淋出的头醋都称为半成品，出厂前需在澄清池内沉淀并按质量标准进行配兑，除总酸含量为5%以上的高档食醋不需添加防腐剂外，一般食醋均应在加热杀菌时加入0.06%～0.1%的苯甲酸钠，在80℃～90℃灭菌15～30 min后，即得成品醋。

10.3.2　酱油

1. 定义及分类

酱油分为酿造酱油、配制酱油、铁强化酱油。酿造酱油是以大豆和(或)脱脂大豆、小麦和(或)麸皮为原料，经微生物发酵制成的具有特殊色、香、味的液体调味品。配制酱油是以酿造酱油为主体，与酸水解植物蛋白调味液、食品添加剂等配制而成的调味品。其中酿造酱油的含量不得少于 50%。铁强化酱油是指按照标准在酱油中加入一定量的乙二胺四乙酸铁钠制成的营养强化调味品。本节以酿造酱油为例进行讲述。酿造酱油根据发酵工艺分为高盐稀态发酵酱油和低盐固态发酵酱油。目前，广泛使用的是低盐固态发酵酱油。

2. 酱油加工工艺及要点

低盐固态发酵酱油生产工艺流程如图 10-2 所示。

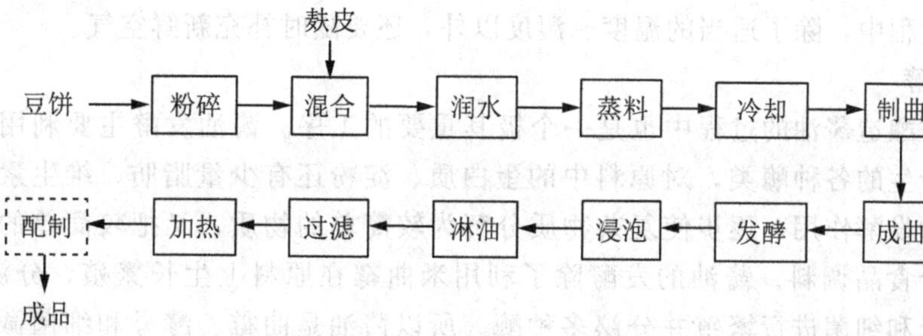

图 10-2　酱油加工工艺流程图

(1)原料准备

豆饼粉碎是为润水、蒸熟创造条件的重要工序。豆饼颗粒过大，不容易吸足水分，因而不易蒸熟。同时在制曲过程中会影响菌丝的繁殖，减少曲霉繁殖的总面积，也就相应地减少了酶的分泌量。因此需将豆饼粉碎，一般来说，原料越细越好。但原料细度要适当，如果原料过细，辅料比例又少，润水时易结块，制曲时通风不畅，就制不好曲，发酵时会出现酱醅发黏、淋油不畅，在这种情况下，反而给生产造成困难，还影响原料利用率。

(2)润水

润水就是向原料内加入一定量的水，其目的是利用蛋白质在蒸料时适度变性，使淀粉易于充分糊化，以便溶出米曲霉所要的营养成分，使米曲霉生长、繁殖有充足的水分供给。

一般加水量为豆饼质量的 80%～100%，应随气温高低调节用水量，一般润水时间为 1～2 h，润水时要求水、料分布均匀，使水分渗入物料内部。

(3)蒸料

蒸料的目的主要是使豆粕及麸皮中的蛋白质适度变性，也就是具有立体结构的蛋白质中的氢键被破坏后，使原来绕成螺旋状的多肽链变成松散紊乱状态。这样有利于米曲霉在制曲过程中的生长和米曲霉中的蛋白酶水解蛋白质。蒸料可使物料中的淀粉糊化成可溶性淀粉和糖分，这样更容易被酶利用。此外，加热蒸煮还可以杀灭附在原料表面的微生物，利于米曲霉的正常生长和发育。

(4)制曲

制曲是酱油加工中的关键环节。制曲工艺直接影响酱油质量。制曲中所培养的米曲霉分泌多种酶，其中的蛋白酶和淀粉酶使原料中的蛋白质分解成氨基酸，把淀粉分解成各种糖类。因此，制曲过程就是生产各种酶的过程。

制曲工艺的重点是严格控制曲内的温度和湿度。温度过高、湿度过大，黑根霉容易生长，从而抑制曲霉的生长。一般地，米曲霉生长最适宜的温度为35℃以下，超过40℃米曲霉就停止生长。这是由于在40℃时，水分蒸发加快，曲料产生干皮，妨碍曲霉菌丝的繁殖。同时，黑根霉开始生长，会使曲产生不愉快的霉味。若湿度过大，也易引起杂菌繁殖，产生大量的热量，影响曲霉的生长，黑根霉也由于水分较大而得到生长。总之，若温度、湿度控制不当，环境不适于米曲霉的生长繁殖，其他细菌、酵母菌或霉菌反而获得较好的繁殖条件，导致成曲质量低劣。米曲霉是好氧微生物，在生长发育过程中，除了适当的温度、湿度以外，还要随时补充新鲜空气。

(5)发酵

发酵在酿造酱油的过程中也是一个极其重要的工序。酱油发酵主要利用微生物生命活动中产生的各种酶类，对原料中的蛋白质、淀粉还有少量脂肪、维生素和矿物质等进行多种发酵作用，逐步使复杂物质分解为较简单的物质，又把较简单的物质合成为一种复合食品调料。酱油的发酵除了利用米曲霉在原料上生长繁殖，分泌多种酶，还利用酵母和细菌进行繁殖并分泌多种酶。所以酱油是曲霉、酵母和细菌微生物综合发酵的产物。

发酵的具体过程为：将成曲粉碎，加入约55℃的盐水，搅拌均匀后加入发酵池。入池后，酱醅品温要求在42℃～46℃，保持4 d，从第5 d起，每天在池底通入热蒸汽3次，使品温逐步上升，最后达48℃～50℃，一般发酵8 d酱醅基本成熟。为了增加风味，应延长到12～15 d。

(6)浸泡

酱醅成熟后，加入70℃～80℃的二淋油浸泡20 h左右，二淋油用量应在计划产量的基础上增加25%～30%。品温60℃以上时，可在发酵池中浸泡，也可移池浸泡，但必须保持酱醅疏松，以利浸滤。

(7)过滤

酱醅经二淋油浸泡后，过滤得头淋油(即生酱油)；头淋油可从容器下放出，溶出食盐；加食盐量应视成品规格定。接着再加入70℃～80℃的三淋油浸泡8～12 h，滤出二淋油；同时加入热水浸泡2 h左右，滤出三淋油。

(8)加热和配制

生酱油需经加热、配制、澄清等加工过程，方可得到成品酱油。酱油含盐量一般在16%以上，绝大多数的微生物繁殖会受到抑制。病原菌与腐败菌虽不能生存，但酱油本身带有曲霉、酵母及其他菌和生产过程中被污染的细菌，尤其是耐盐性的产膜酵母菌的存在会使酱油表面生白花，引起酱油酸败变质。加热灭菌的作用有：①杀菌防腐，使酱油具有一定的保质期。②破坏酶的活性，使酱油组分稳定。③通过加热增加芳香气味，还可挥发一些不良气味，从而使酱油风味更加调和。④增加色泽，在高温下促使酱油色素进一步生成。⑤酱油经过加热后，其中的悬浮物和杂质因与少量凝固性蛋白质凝结而沉淀下来，经过滤，得到澄清的产品。加热温度依酱油品种而定。一般酱油加热温度为 65℃～70℃，时间为 20～30 min。有些酱油品种还加入甜味剂和助鲜剂，其添加量依各品种要求而定。为了防止酱油发白变质以及抑制酱油中的酵母、霉菌和杂菌的生长繁殖，可按国家有关食品添加剂的使用标准添加苯甲酸及其盐类、山梨酸钾等防腐剂。

10.3.3　豆豉

1. 定义及分类

豆豉是以未处理的整粒大豆为主要原料接种相应的微生物，经过短时间的发酵所制得的食品。豆豉是创始于我国的一种传统发酵食品，原名“幽菽”，后更名为豆豉。用于发酵豆豉的菌种有根霉、毛霉、曲霉或者细菌，根据发酵菌种的不同称为霉菌型豆豉(由根霉、毛霉、曲霉等霉菌酿制而成)，也有称毛霉型豆豉、根霉型豆豉、曲霉型豆豉和细菌型豆豉。利用这些菌种所分泌的蛋白酶等酶系，把大豆蛋白质分解到一定程度，加入食盐、酒、香辛料等辅料抑制酶活力，延缓发酵过程，而形成具有独特风味的发酵食品。豆豉是我国四川、湖南、江西、福建、广东等省常见的古老酿造食品，成品不仅色泽光润、质地细腻、味道鲜美、醇香可口，而且营养丰富，是人们喜爱的一种佐餐调味佳品。豆豉不仅保留了大豆原有营养成分，还去除了大豆中对人体不利的胰蛋白酶抑制物质、植物血凝素，并因微生物的作用，产生一定量的核黄素和维生素 B_{12}。营养物经酶解更易被人体吸收利用，促进食欲及消化，适于胃肠吸收障碍的病人、消化能力减退的老人和消化不良的儿童食用。

2. 加工工艺及要点

豆豉加工工艺流程如图 10-3 所示。

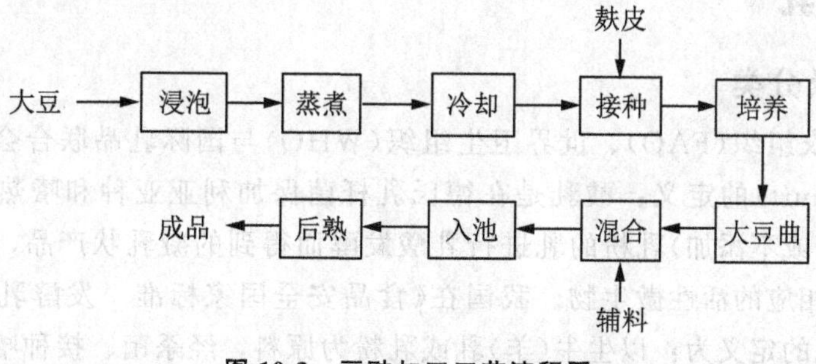

图 10-3　豆豉加工工艺流程图

(1)大豆精选、浸泡

在大豆精选、洗净的基础上，加水浸泡，泡豆水的用量控制在 1∶3.5 左右，一般浸泡 4～5 h，浸泡程度以豆粒膨胀无皱纹、手指能将豆瓣分离即可。

(2)蒸煮

在常压下蒸煮 1～2 h，其间翻动使受热均匀。煮后以手指捏成饼状、无硬心为标准。

(3)冷却接种

煮后摊晾，拌入面粉，面粉加入量为大豆量的 50%，待品温到 30℃～35℃时，接入菌种，再次拌匀，装盘入曲室。

(4)制曲

豆豉的种类不同，菌种不同，风味不一，各地都保持着特有的制作方法。广东阳江豆豉，曲室温度在 25℃～27℃，品温 25℃～29℃；四川潼川豆豉、河南开封豆豉，曲室温度为 28℃～30℃，品温 35℃～37℃。制曲时，要注意翻曲，翻曲次数随着品温的高低而异，品温高时需多翻几次，品温低时则需少翻几次。制曲时间：广东阳江豆豉为 2～3 d，四川潼川豆豉、河南开封豆豉为 3～5 d。其实，豆豉粒长满菌丝，最后形成丰满的黄绿色、黑褐色或微橘红豆豉曲，它们是霉菌生长结果，属于霉菌型豆豉。细菌型豆豉则以枯草芽孢杆菌发酵，成熟的豆曲表面呈灰白色，带皱褶，灰白色表面下呈淡黄色，有拉丝。

(5)发酵

豆豉发酵和酱油、豆酱发酵不同，在入池或入缸发酵前，需洗去豆豉表面的孢子及其杂物(也有不洗的)，再拌入辅料，入缸或罐发酵。由于豆豉的不同，所拌辅料及其配比也不尽相同：广东阳江豆豉是加入 17%的食盐和少量的硫酸亚铁(青矾)。四川潼川豆豉加入 18%食盐、1%酒精(用酒精度 50%以上的白酒)和 1%井水。河南开封豆豉则每 100 kg 加食盐 33 kg，陈皮 13 kg，生姜 2 kg，小茴香 13 g，西瓜瓤 165 kg。发酵温度各地也不尽相同：四川潼川豆豉为 20℃～22℃，因为温度较低，发酵时间为 1 年；河南开封豆豉的发酵温度为 30℃～35℃，发酵时间为 2 个月左右；广东阳江豆豉的发酵温度为 30℃～45℃，发酵时间也在 2 个月左右。发酵结束，即为成品。河南开封豆豉呈糊状，广东阳江豆豉发酵结束后，须暴晒，直至含水量达 35%左右，即为成品。

10.3.4 酸乳

1. 定义及分类

联合国粮农组织(FAO)、世界卫生组织(WHO)与国际乳品联合会(IDF)于 1977 年对酸乳(yoghurt)的定义：酸乳是在德氏乳杆菌保加利亚亚种和嗜热链球菌的作用下，使用添加(或不添加)乳粉的乳进行乳酸发酵而得到的凝乳状产品，最终产品中须含有大量的、相应的活性微生物。我国在《食品安全国家标准　发酵乳》(GB 19302—2010)中对酸乳的定义为：以生牛(羊)乳或乳粉为原料，经杀菌、接种嗜热链球菌和德氏乳杆菌保加利亚亚种发酵制成的产品。依据其制作工艺、发酵微生物的特性及产品特征、原料组成等，分类方式和产品标准也不相同，大体上可以分为以下几类：①根据脂肪含量，酸乳可分为：全脂酸乳，脂肪含量＞3.0%；半脱脂酸乳，脂肪含量介于 1.5%～3.0%；脱脂酸乳，脂肪含量＜0.5%；②根据产品组织状态与发酵后加工工艺分类，酸乳可分为凝固型酸乳、搅拌型酸乳、饮料型酸乳、冷冻型酸乳、浓缩型酸乳和酸乳粉 6 种；③根据风味的不同，酸乳可分为天然纯酸乳、加糖酸乳、调味酸乳、果料酸乳、复合型和营养健康型酸乳与疗效酸乳 6 大类；④根据发酵剂菌种的不同，酸乳可分为传统酸乳和益生菌酸乳两种。传统酸乳是指由保加利亚乳杆菌和嗜热链球菌发酵而成的酸乳。成品中含有活性益生菌，对人体具有更加有益的保健功效；⑤根据原料乳不同，酸乳可分为酸牛乳、酸羊乳、酸马乳、酸水牛乳、酸耗牛乳等。

2. 凝固型酸乳的加工工艺及要点

凝固型酸乳加工工艺流程如图 10-4 所示。

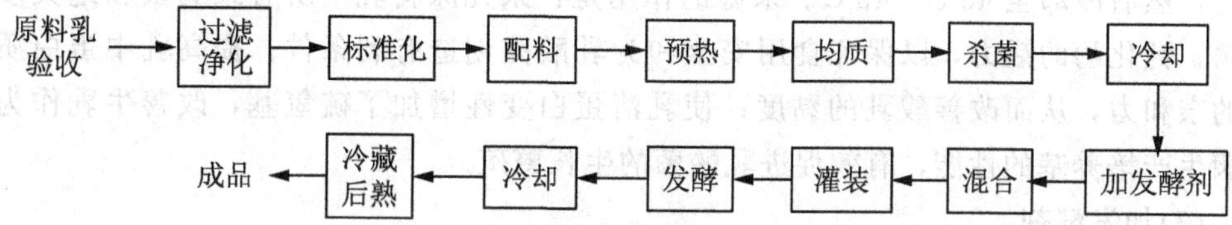

图 10-4 凝固型酸乳加工工艺流程图

(1)原料乳验收

牛乳、羊乳等各种家畜乳汁或乳粉(脱脂或不脱脂)均可作为酸乳加工的原料乳，其中：牛乳是最主要的原料乳。生产酸乳的原料乳必须是来自正常饲养、无传染病和乳腺炎的健康产乳家畜。以新鲜牛乳为例，其原料感官、理化和微生物限量指标要求应符合《食品安全国家标准 发酵乳》(GB 19302—2010)规定。例如，要求乳汁新鲜，相对密度＞1.027，牛乳酸度在 18°T 以下，乳脂肪含量＞3.1%，非脂乳固体含量＞8.1%，蛋白质含量≥2.8%；具有乳正常色泽，为白色或稍带黄色，不含肉眼可见异物，不得有红色、绿色或其他异色；具有乳香味和微甜味，不能有苦、咸、涩的滋味和饲料、青贮、霉菌等异味；原料乳中不得含有抗生素和防腐剂等阻碍因子，不得掺碱或掺水；杂菌数应在 500 000 CFU/mL 以下。

(2)过滤、净化

原料乳需用多层纱布、双联过滤器等除去其中肉眼可见的杂质，对于乳中的细小尘埃、白细胞等，则需要离心净乳机进行净化处理。

(3)标准化

原料乳中的脂肪和非脂固体的含量随着地区、季节和饲养管理等的不同而有着较大的差别。为了保证产品的质量稳定性，乳中的脂肪与非脂乳固体的含量要求达到一定的比例，因此必要时应对原料乳进行标准化。当原料乳中脂肪含量不足时，应添加稀奶油；若脂肪含量太高时，则应添加脱脂乳粉或进行适当脱脂处理。

(4)配料

将原料乳加热到 40℃左右，然后加入相应的脱脂乳或稀奶油(经标准化公式计算)调节乳脂和非脂乳固体含量的比例，搅拌溶解，乳的温度升高至 50℃左右时添加蔗糖，蔗糖的添加量一般为 5%～8%。对于生产适于特殊人群(如糖尿病患者)饮用的酸乳，可以用山梨醇、甜味菊等代替蔗糖。根据其他口味，可以添加水果或果酱类，因其本身含有糖类，因此乳中糖类的总浓度不宜高于12%，否则因渗透压的提高而对乳酸菌产生抑制作用。搅拌溶化后将乳温升至65℃左右，采用循环泵过滤器滤除杂质。

(5)预热、均质

原料乳配料后经过板式或片式热交换器串联均质机，使之温度达到55℃～65℃，在15～20 MPa压力下进行均质，使乳中脂肪、酪蛋白细微化，有利于提高酸乳的稳定性和黏度，获得良好风味和细腻的口感，提高产品的消化吸收率。

(6)杀菌、冷却

均质后原料乳进入杀菌设备继续升温，一般采用90℃～95℃、5～10 min的杀菌条件，然后冷却至43℃～45℃。杀菌的作用是：杀死原料乳中所有致病菌和绝大多数杂菌，钝化酶的活力，以保证食用安全和为乳酸菌创造有利条件；提高乳中蛋白质与水的亲和力，从而改善酸乳的黏度；使乳清蛋白变性增加了硫氢基，改善牛乳作为乳酸菌生产培养基的性能，有效促进乳酸菌的生长繁殖。

(7)加发酵剂

通常，凝固型酸奶常用的菌种为德氏乳杆菌保加利亚亚种和嗜热链球菌，由于这两种菌具有共生关系，因此，一般通过调节两者之间的比例来控制发酵的酸度和发酵时间，通常使用的比例为1∶1，也可以用德氏乳杆菌保加利亚亚种与乳酸链球菌以1∶4的比例搭配。乳品工厂一般采用的接种量为2%～3%。影响接种量的因素有发酵时间和温度，以及发酵剂的产酸能力等。接种时，必须按无菌操作方式进行，避免微生物污染，将发酵剂进行充分搅拌，加入菌种后要充分搅拌原料乳，使菌体与原料乳混合均匀，并要保持乳温相对恒定。

(8)灌装

经接种并充分摇匀的乳应立即灌装到销售用的容器。包装容器和材料要保存于良好环境，灌装前进行消毒处理，保持灌装机的清洁和工作器具的卫生。

(9)发酵

瓶装后的乳液需要在一定的温度下保持一定的时间，在此过程中乳酸菌生长繁殖、产酸，从而使乳液凝固。发酵时间主要受接种量、菌种活性和培养温度的影响。以德氏乳杆菌保加利亚亚种和嗜热链球菌为混合发酵剂时，培养温度保持在43℃，培养时间为2.5～4 h(2%～3%的接种量)。若以乳酸链球菌为发酵剂时，培养温度保持在30℃～33℃，培养时间为10 h左右。一般发酵终点可根据如下条件判断：滴定酸度达到65～70°T时，乳酸酸度为0.7%～0.8%；pH<4.6；缓慢倾斜瓶身，观察乳的流动性和组织状态，如流动性较差，有微小颗粒出现，表面有少量水痕。发酵过程中应注意以下几点：避免震动，否则会影响酸乳的组织状态；发酵温度应维持恒定，避免温度大幅度波动；准确判定发酵时间，防止酸度不够或过高以及严重时乳清析出。

(10)冷却

发酵结束后将酸乳移出发酵室进行迅速冷却，以便能有效地抑制乳酸菌的生长；降低酶的活力，防止产酸过度，减慢脂肪上浮和乳清析出的速度。可先在常温下自然冷却，也可采用通风、水浴、冷却室等办法辅助其冷却。在10℃左右将酸乳转入冷库，在2℃～8℃进行冷藏后熟。酸乳冷却时从42℃降至10℃左右期间，酸度会升高至0.8%～0.9%，pH降低至4.1～4.2。如果发现酸度偏高，应直接入冷库，缩短冷却时间。

(11)冷藏、后熟

牛乳的冰点平均为－0.54℃，天然酸奶冰点平均为－1℃，风味酸奶更低，因此，酸乳冷藏温度一般控制在0℃或再低一些，目的是将酶的变化和其他生物化学变化控制到最低程度。由于酸乳的特殊风味成分(双乙酰)含量在冷藏下一般需12～24 h达到高峰值，因此将这段时间称为后熟。

复习思考题

1. 论述食品发酵的概念及食品发酵的保藏原理。
2. 举例说明食品发酵的主要类型。
3. 论述食品发酵过程中常用的微生物及其发酵机制。
4. 举例说明发酵食品的种类。
5. 论述食品发酵的一般工艺流程。
6. 论述发酵对食品品质的影响。
7. 论述影响食品发酵的因素及控制方法。
8. 简述食醋的酿造原理和加工工艺。
9. 简述豆豉的加工工艺。
10. 论述凝固型酸乳的加工工艺。

参考文献

[1]刘雄，韩玲．食品工艺学[M]．北京：中国林业出版社，2017.

[2]孟宪军．食品工艺学概论[M]．北京：中国农业出版社，2006.

[3]夏小乐，吴剑荣，陈坚．传统发酵食品产业技术转型升级战略研究[J]．中国工程科学，2021，23(2)：129-137.

[4]赵志峰．食品工艺学概论[M]．成都：四川大学出版社，2016.

[5]王如福，李汴生．食品工艺学概论[M]．北京：中国轻工业出版社，2006.

[6]尤婷婷，张文婧．微生物发酵技术对食品品质的影响研究[J]．科学技术创新，2020(23)：33-34.

[7]何国庆．食品发酵与酿造工艺学[M]．北京：中国农业出版社，2012.

[8]陈坚，汪超，朱琪，等．中国传统发酵食品研究现状及前沿应用技术展望[J]．食品科学技术学报，2021，39(2)：1-7.

[9]张雅卿，叶书建，等．发酵食品风味物质及其相关微生物[J]．酿酒科技，2021(2)：85-96.

[10]周艳玲. 食品发酵中微生物的应用现状与发展方向[J]. 现代食品，2020(9)：63-64.

[11]张春月，金佳杨. 传统与未来的碰撞：食品发酵工程技术与应用进展[J]. 生物技术进展，2021，11(4)：418-429.

[12]张秋芳，张超. 传统大豆发酵食品工业化开发关键技术研究[J]. 现代食品，2020(11)：11-12.

[13]石晓丹，王家林，马骏. 纳豆的研究现状及展望[J]. 食品工业，2021，42(7)：227-230.